ÉTUDES

SUR

L'ASTRONOMIE

INDIENNE ET CHINOISE

PAR

J.-B. BIOT

MEMBRE DE L'ACADÉMIE DES SCIENCES ET DE L'ACADÉMIE FRANÇAISE
MEMBRE LIBRE DE L'ACADÉMIE DES INSCRIPTIONS ET BELLES-LETTRES

PARIS

MICHEL LÉVY FRÈRES, LIBRAIRES-ÉDITEURS
RUE VIVIENNE, 2 BIS ET BOULEVARD DES ITALIENS, 15
A LA LIBRAIRIE NOUVELLE

—

1862

ÉTUDES

SUR

L'ASTRONOMIE INDIENNE

ET SUR

L'ASTRONOMIE CHINOISE

DU MÊME AUTEUR

—

MÉLANGES SCIENTIFIQUES

ET

LITTÉRAIRES

VOYAGES — OPÉRATIONS GÉODÉSIQUES
ÉTUDES SUR NEWTON — CRITIQUE LITTÉRAIRE ET SCIENTIFIQUE
ESQUISSES BIOGRAPHIQUES — ÉCONOMIE RURALE
VOYAGES DE DÉCOUVERTES.

Trois volumes in-8.

PARIS. — IMP. SIMON RAÇON ET COMP., RUE D'ERFURTH, 1.

ÉTUDES

L'ASTRONOMIE INDIENNE

L'ASTRONOMIE CHINOISE

PAR

J. B. BIOT

MEMBRE DE L'ACADÉMIE DES SCIENCES ET DE L'ACADÉMIE FRANÇAISE, MEMBRE LIBRE
DE L'ACADÉMIE DES INSCRIPTIONS ET BELLES-LETTRES.

PARIS

MICHEL LÉVY FRÈRES, LIBRAIRES ÉDITEURS

2 BIS, RUE VIVIENNE, ET BOULEVARD DES ITALIENS, 15

A LA LIBRAIRIE NOUVELLE

1862

AVERTISSEMENT

———

L'impression de ces études était parvenue à la seizième feuille, au moment du décès de M. Biot. Elle a pu être reprise, après une courte interruption, grâce à l'obligeance de MM. Ad. Regnier et V. Caillet, qui ont bien voulu me seconder, jusqu'à la fin du volume, comme ils assistaient l'auteur lui-même, pour les soins que demandait l'impression.

M. Biot avait tracé le plan de l'ouvrage ainsi qu'i suit :

1° Introduction ;

2° Études d'astronomie indienne, se composant :

> I. Des articles sur *The Oriental Astronomer*, de M. Hoisington ;
>
> II. Des articles sur la traduction du *Sûrya-Siddhânta*, de M. Burgess.

3° Précis de l'astronomie chinoise.

L'introduction a été le dernier travail dont M. Biot

A

se soit occupé. Il n'a pu l'achever. Nous avons trouvé, dans ses papiers, une chemise qui renferme un manuscrit et des feuilles imprimées, et porte cette suscription écrite de sa main :

INTRODUCTION.

1° Partie manuscrite. Pag. 1-24 ;

2° Nouvelles recherches sur la division de l'année des anciens Égyptiens. Brugsch.

Sur la période chaldaïque.

Le texte complet de la partie manuscrite, qui est tout entière de la main de M. Biot, ne laisse aucun doute sur l'intention qu'il avait d'y rattacher les deux derniers articles mentionnés ci-dessus : l'un, par extrait probablement, car il occupe huit feuilles d'impression dans le *Journal des Savants;* l'autre à l'aide d'une rédaction commencée, mais non terminée.

Nous donnons, sous le titre d'*Introduction*, la partie manuscrite sans y rien changer. Quant aux annexes, on ne pouvait songer, surtout en cours d'impression, à suppléer M. Biot pour les remanier et les achever. Leur importance pourrait motiver une publication spéciale, où le premier des deux articles figurerait sous le titre d'*Études sur l'astronomie égyptienne*.

Enfin, nous avons cru devoir terminer le volume par deux lettres que M. Biot a adressées à M. le professeur Th. Benfey (de Gœttingue), aux dates des 3 décembre 1861 et 13 janvier 1862. Elles ont pour objet de bien préciser les points de dissentiment qui existent entre l'auteur et de célèbres indianistes, et d'indiquer les moyens de lever les doutes qui pourraient rester encore sur cette matière difficile.

Quoique M. Biot m'eût plusieurs fois associé à ses travaux, je ne me serais pas cru autorisé à écrire ici ces quelques lignes, s'il ne m'y avait convié lui-même par les dernières *recommandations adressées à sa fille et à ses petits-enfants :*

« Je confie à mon petit-fils d'adoption, Françis Le-
« fort, le soin de choisir dans mes papiers manuscrits,
« les portions de mémoires ou d'ouvrages commencés,
« dont la publication pourrait être utile, et semblerait
« l'être assez pour pouvoir être effectuée sans frais de sa
« part; lui recommandant d'être extrêmement sévère
« dans ce choix; car j'ai toujours vu que les œuvres
« posthumes nuisent généralement plus qu'elles ne
« servent à la mémoire de leurs auteurs. »

Ce legs m'imposait un devoir. J'ai fait des efforts pour le remplir, sous le poids d'une grande douleur : une nouvelle mort est venue briser le lien intime qui rattachait à l'aïeul le petit-fils d'adoption.

Paris, le 8 mars 1862.

F. LEFORT.

INTRODUCTION

Les études d'astronomie ancienne peuvent être envisagées à deux points de vue qui offrent des motifs d'intérêt différents.

Le premier est purement scientifique. On se propose de rechercher, dans les textes anciens, des observations astronomiques de dates reculées, qui, étant soumises aux calculs rétrospectifs que nos théories modernes permettent de leur appliquer, servent à vérifier l'exactitude de ces théories et à perfectionner les éléments sur lesquels on les a établies. Ceci est l'œuvre particulière des mathématiciens et des astronomes, dont les philologues leur préparent et leur fournissent les matériaux, d'autant plus précieux qu'ils sont plus rares.

L'autre point de vue, moins habituellement exploré, conduit à des résultats d'un intérêt spécial pour la philosophie et l'histoire. Mettant à profit les ouvrages techniques dans lesquels des savants laborieux ont rassem-

blé les méthodes d'observation et les règles de calcul
astronomique en usage chez diverses nations de l'antiquité, ainsi que les applications qu'elles en ont faites,
on s'attache à découvrir, dans cet ensemble, le caractère
particulier de leur esprit et les tendances morales qui
s'y décèlent. On examine ensuite ce que ces applications
ou ces méthodes offrent d'original, ou d'emprunté à
d'autres peuples ; si elles supposent des observations
réellement effectuées par des procédés propres, ou si
l'on y reconnaît l'emploi, intentionnellement déguisé,
de méthodes étrangères, appropriées aux coutumes et
aux superstitions locales, attestant ainsi des communications d'idées, non avouées, qui peut-être n'ont pas
laissé de traces dans l'histoire écrite, et qui toutefois
ressortent avec une incontestable évidence de ce genre
d'investigation. Voilà surtout ce que j'ai tâché de faire,
pour l'astronomie indienne et pour l'astronomie chinoise, dans les études ici rassemblées.

De pareilles recherches ne peuvent s'effectuer avec
sûreté qu'à certaines conditions assez difficiles à réunir
Premièrement, les ouvrages d'exposition auxquels on
a recours, ne doivent pas être consultés avec une aveugle
confiance. Les méthodes et les procédés d'observation
qu'on y décrit ont souvent besoin d'être vérifiés, dans
les énoncés de leurs détails, sur les passages correspondants du texte original, littéralement traduits, sans aucun mélange d'idées ou d'expressions empruntées à la
science moderne. Vient ensuite l'appréciation critique
de ces documents. Pour la faire avec un juste sentiment

de leur valeur, il ne suffit pas d'avoir la connaissance
générale des théories et des calculs astronomiques; il
faut en outre posséder la pratique personnelle de l'astronomie observatrice, non pas seulement de celle qu'on
acquiert dans nos observatoires en manœuvrant des instruments de précision tout établis, mais aussi, et plus
indispensablement encore, de celle qui peut s'appliquer partout, sans aucune science, avec le seul secours des yeux et du temps. L'érudition littéraire,
jointe à la critique la plus sagace et même à une
notion générale de nos théories modernes, ne saurait suppléer à cette préparation. Celui qui ne l'a
pas reçue jugera toujours les observateurs anciens au
point de vue de son temps, sans pouvoir se mettre in-
tellectuellement à leur place. Il lui arrivera sans cesse
de leur attribuer ce qui était alors impossible, et de leur
refuser ce qui était très-aisé. C'est ce que l'on voit tous
les jours, surtout dans les questions qui concernent l'ancienne astronomie des Égyptiens, où le champ ouvert
à l'imagination est d'autant plus libre que les documents
originaux sont plus rares et plus difficiles à interpréter
avec sûreté, en y discernant les indices d'observations
réelles, à travers les fictions mythologiques dont elles
sont toujours revêtues. Je ne parle pas ici des systèmes
fantastiques inspirés aux membres de la Commission
d'Égypte par la première vue de ces monuments gigan-
tesques, dont ils ne pouvaient distinguer les âges divers, offrant à leurs regards étonnés d'immenses parois,
toutes recouvertes d'hiéroglyphes qui leur étaient inin

telligibles, auxquels s'entre-mêlaient des tableaux sculptés, où des représentations évidemment astronomiques se montrent associées à des emblèmes religieux. Comment des mathématiciens, des ingénieurs, des astronomes, imbus des idées accréditées alors en France sur le symbolisme astronomique des traditions religieuses, auraient-ils pu se défendre d'en voir là une expression manifeste, attestée par le témoignage d'une incommensurable antiquité? Mais ce qui se conçoit moins, c'est la persistance dans un certain nombre d'esprits de ces interprétations fabuleuses, après la découverte du langage hiéroglyphique et des notions précises qui en sont résultées, tant sur les âges relatifs de ces monuments que sur l'absence de toute science théorique dans les tableaux astronomiques qu'on y a tracés. Ainsi, aujourd'hui encore, des érudits très-distingués vous soutiendront que les prêtres égyptiens, attachés par état, pendant tant de siècles, à l'observation constante du ciel, ont connu la précession des points équinoxiaux, dont ils auraient même exprimé la révolution par des périodes numériques embrassant des milliers d'années. Quelques-uns leur accorderont d'avoir mesuré des degrés du méridien terrestre aussi exactement, si ce n'est un peu mieux, que nous le faisons aujourd'hui, avec nos méthodes trigonométriques et nos instruments de précision. D'autres, au contraire, non moins renommés pour leur érudition, se révolteront contre l'idée que ces prêtres aient pu seulement déterminer les époques annuelles des équinoxes et des solstices, rejetant, comme une pure folie, la pensée qu'ils aient pu avoir quelques connaissances astronomiques antérieurement aux Grecs. Dans ces opinions contradictoires, ce sont, des deux parts, la pratique et l'instinct de l'observation qui manquent. J'en donnerai ici quelques exemples qui, en fournissant une appréciation plus fidèle des connaissances astronomiques que l'antique Égypte a réellement possédées, montreront à quel point, dans ce genre de questions, l'absence du sens pratique peut jeter les meilleurs esprits hors du droit chemin de la vérité. Ce sera en même temps un exercice de critique prudente, qui nous sera utile quand nous étudierons ce qu'a été, ce qu'a pu être l'astronomie primitive des Indiens et des Chinois.

Voyons d'abord les faits tels qu'ils se présentent. On a constaté que les quatre faces des pyramides de Memphis sont orientées à quelques minutes près. Les Égyptiens savaient donc, dans ce temps-là, tracer une ligne méridienne et sa perpendiculaire. Ces opérations leur étaient effectivement très-faciles. Les pyramides sont construites par assises horizontales; et on voit par les monuments figurés que les Égyptiens connaissaient la règle, l'équerre et le niveau de maçon. Il n'en faut pas davantage.

Sur une plate-forme en pierre, rendue horizontale au moyen de l'équerre et du fil à plomb, posez une règle bien droite, à arêtes tranchantes, comme on en trouve dans leurs tombeaux, et, le matin, à un jour quelconque, alignez-la sur le point de l'horizon oriental où le soleil se lève; puis, tracez sur la plate-forme une ligne droite suivant cette direction. Tracez-en de même une autre, le soir, suivant la direction où il se couche : l'intermédiaire entre ces deux est la méridienne, qui vous marquera le nord et le sud. Vous obtiendriez le même résultat en érigeant sur la plate-forme un jalon vertical, et bissectant les directions des ombres qu'il projette le matin et le soir. Ce second procédé a été employé par les Chinois depuis un temps immémorial; il est décrit dans l'ancien recueil d'ordonnances intitulé le *Tcheou-li*, comme une pratique prescrite par les rites pour établir l'orientation des édifices publics en construction[1]. Quel que soit celui des deux procédés auquel on ait recours, la détermination ainsi obtenue ne comportera qu'une très-petite erreur, occasionnée par le déplacement que les points de l'horizon, où le soleil se lève et se couche, subissent dans l'intervalle d'un jour. Mais si le hasard ou un choix judicieux vous porte à faire cette opération à l'une des deux époques de l'année où ce déplacement diurne est peu ou point sensible, époques appelées aujourd'hui les deux solstices, l'incertitude du tracé graphique pourra seule l'affecter.

Le même procédé vous servira pour connaître très-

---

[1] *Tcheou-li*, ou *Rites des Tcheou*, liv. XLIII, fol. 21; t. II, p. 554, traduction d'Édouard Biot.

On voit, dans ce même passage, que les Chinois de ce temps déterminaient aussi la direction de la ligne méridienne, en bissectant les directions des élongations orientales et occidentales des étoiles circumpolaires, procédé beaucoup plus précis, dont les Grecs ne se sont jamais avisés.

approximativement la durée de l'année solaire. Ayant aligné le matin votre règle suivant la direction du soleil levant, établissez un signal fixe sur cette direction ; ou, ce qui sera encore plus sûr, prenez pour signal un point remarquable de l'horizon où le soleil se sera levé à un certain jour, en choisissant pour cela l'époque de l'année où son déplacement matutinal est le plus rapide. Depuis ce moment, le point de son lever s'écartera progressivement de sa position précédente, en remontant vers le nord, jusqu'à une certaine amplitude où il s'arrêtera. De là il redescendra vers le sud, rejoindra votre signal, le dépassera, et s'en écartera dans ce sens jusqu'à une autre limite où il redeviendra encore stationnaire. Puis il reprendra sa marche vers le nord, et quand il atteindra une seconde fois le point de l'horizon qui vous sert de signal, vous connaîtrez que la révolution entière de l'astre est accomplie. Une seule épreuve ainsi effectuée vous montrera que l'intervalle de ces deux retours a compris, en nombres ronds, 365 jours. En réitérant l'observation sur le même point de l'horizon, après deux fois, trois fois, vingt fois 365 jours, vous verrez que cette période est un peu trop courte pour y ramener le soleil, et qu'il faut y ajouter un jour après quatre révolutions pareilles, ce qui la porte à $365^j \frac{1}{4}$. Cette seconde évaluation est tant soit peu trop forte ; mais la différence est si petite, qu'à ces anciennes époques, après l'intervalle d'un siècle, elle aurait produit une erreur absolue moindre que $\frac{3}{4}$ de jour.

Cette période de $365^j \frac{1}{4}$, qui exprime si approximati-

vement la durée de l'année solaire, a donc pu être reconnue de très-bonne heure, sans aucune science, par
le procédé simple que je viens d'expliquer. Aussi la
trouve-t-on établie chez les Chinois, plus de vingt-quatre
siècles avant l'ère chrétienne, comme un élément fondamental de leur calendrier luni-solaire; et il est très-
présumable que les mathématiciens d'Alexandrie, qui
l'introduisirent dans le calendrier de Jules César, la
tenaient des Égyptiens. Ceux-ci toutefois n'en ont jamais fait usage pour la numération officielle du temps.
Leur année civile, comme celle des Chaldéens, se composait de 12 mois, chacun de 30 jours, suivis de 5 appelés supplémentaires ou additionnels: en tout 365. Toutes
les dates que l'on a trouvées inscrites sur leurs monuments figurés ou dans les papyrus, et l'on en compte
aujourd'hui des milliers, sont invariablement exprimées
sous cette forme abstraite, qui était liée à leurs rites
religieux. De là il résultait que les 365 jours, ainsi
continûment énumérés, parcouraient successivement
toutes les phases de l'année solaire; ce qui a fait donner
à cette forme d'année civile l'épithète de *vague*, par la
quelle on la désigne habituellement. Mais, en dehors
de l'usage officiel, il serait comme impossible que le
Égyptiens n'eussent pas cherché à reconnaître la durée
de l'année solaire, régulatrice naturelle des travaux
agricoles, quand ils pouvaient si aisément la découvrir.
Aussi voyons-nous que, dans la notation figurée de leur
calendrier civil, les quatre phases cardinales de la révolution du soleil, appelées par nous *les équinoxes* et

les solstices, sont individuellement désignées par les attributs spéciaux des divinités qui présidaient aux quatre mois où ces phénomènes s'opéraient, quand la série abstraite des 365 jours revenait en concordance avec l'année solaire réelle; ce qui, d'après nos calculs modernes[1], avait périodiquement lieu à des époques distantes, embrassant 1506 de ces années[2]. Il faut donc que les Égyptiens aient connu ces quatre phases cardinales quand leur calendrier fut primitivement établi, pour les y avoir marquées dès lors avec tant de justesse.

[1] A l'époque d'Hipparque, 128 ans environ avant l'ère chrétienne, la véritable durée moyenne de l'année solaire était de 365^j,242392. Or la fraction précédente de jour, répétée 1506 fois, représente 365^j à 0^j,04 près.

[2] Les mythes religieux et les inductions critiques s'accordent pour indiquer que l'année vague des Égyptiens se composait primitivement de 360 jours. Alors elle revenait en concordance avec les phases solaires et la succession des travaux agricoles de l'Égypte, après des intervalles qui embrassaient alternativement 70 et 69 de ces mêmes années. La brièveté de la période rendait facile d'en constater le retour. Toutefois, aussi loin que l'on ait pu pénétrer jusqu'ici dans les monuments de l'ancienne Égypte, on n'en trouve aucun qui porte la trace de cette forme première; en sorte que, si elle a été d'abord en usage, comme il est naturel de le croire, son adoption se perd dans la nuit des temps.

Ces périodes de concordance, ainsi que les autres rapports qu'elles ramenaient entre la notation figurée de l'année vague, les phases solaires et la succession des travaux agricoles de l'Égypte, ont été exposés pour la première fois, en 1831, dans un mémoire intitulé *Recherches sur l'année vague des Égyptiens* (t. XIII des *Mémoires de l'Académie des sciences*). Je l'avais composé, avec l'assistance de Champollion, peu de temps après la remarquable découverte qu'il avait faite de la signification des symboles figurés attachés à chacun des douze mois vagues. Mais j'ai eu l'occasion de reprendre ce travail en 1857 (*Journal des Savants*, avril-septembre), en m'aidant de tous les progrès faits dans la connaissance des monuments égyptiens, ainsi que de l'écriture hiéroglyphique; ce qui m'a fourni le sujet d'une étude plus sûre encore et plus complète, que je reproduis à la suite de la présente introduction.

(*A ce sujet, voyez l'Avertissement.*)

Or, en effet, les opérations qu'ils ont dû exécuter pour orienter les faces nord et sud de la grande pyramide suffisaient, comme on va le voir, pour leur rendre ces phases immédiatement sensibles, aux instants de l'année solaire où elles se réalisaient.

Sur la même plate-forme horizontale où vous avez tracé la ligne méridienne, menez une autre droite qui lui soit perpendiculaire, et remarquez les deux points de l'horizon qui se trouvent sur son prolongement. Ils seront exactement intermédiaires entre ceux qui limitent les excursions, d'un côté orientales, de l'autre occidentales, du soleil. C'est pourquoi la perpendiculaire dont il s'agit, étant idéalement prolongée à l'infini dans ces deux sens, a été appelée par spécialité *la ligne d'est et d'ouest* la première de ces dénominations désignant le point de la voûte céleste où cette ligne irait aboutir du côté de l'horizon où les astres se lèvent; la seconde, du côté où ils se couchent et se dérobent à nos regards. Les Égyptiens des temps pharaoniques ont dû connaître et savoir tracer cette ligne, puisque les faces nord et sud de la grande pyramide sont alignées suivant sa direction.

Or, quand on observe, avec continuité, les changements qui se reproduisent chaque année dans la hauteur méridienne du soleil et dans l'amplitude des arcs qu'il décrit chaque jour au-dessus de l'horizon sensible, on voit s'opérer périodiquement, autour de la ligne méridienne et de sa perpendiculaire, des alternatives phénoménales, dont les caractères et l'importance ne peuvent être méconnus.

Nous sommes à Memphis. Commençons nos observations à l'époque de l'année où le soleil, revenu au terme
le plus bas de sa course annuelle, s'apprête à remonter
vers le nord. Alors il se lève et se couche aux points
de l'horizon qui limitent sa marche vers le sud, et il y
semble, pendant quelques jours, comme arrêté. De là
les noms donnés par les peuples européens à cette phase
de transition des mouvements solaires. Les Grecs l'ont
appelée τροπή, *conversion*; les Latins, *solstitium*, «station
du soleil,» duquel est dérivé notre mot français *solstice*.
C'est alors que le soleil décrit au-dessus de l'horizon ses
arcs les plus bas et les plus restreints, ce qui fait les
plus courts jours visibles et les plus longues nuits de
toute l'année. A mesure qu'il s'éloigne de cette position
initiale en remontant vers le nord, ses arcs diurnes deviennent de plus en plus grands et plus élevés. La durée
des jours est par suite plus longue, celle des nuits
moindre. Ces changements continuent de s'opérer dans
le même sens, en s'affaiblissant par degrés, à mesure
que le soleil s'approche du terme de son ascension vers
le nord; et, quand il se lève et se couche aux points opposés de l'horizon qui la limitent, il semble de nouveau
rester quelques jours stationnaire dans cette position
extrême, ce qui produit un second *solstice*, dont les
conditions caractéristiques sont toutes inverses de celles
que le premier présentait. Le soleil décrit alors au-
dessus de l'horizon les arcs diurnes les plus étendus et
les plus élevés, d'où résultent les plus longs jours et
les plus courtes nuits de toute l'année. De là il redes-

cend vers le sud par des gradations pareilles à celles qu'il avait suivies dans son ascension vers le nord ; et, quand il est ainsi revenu à sa limite australe, il y reproduit un nouveau solstice, de même caractère que celui qui s'y était primitivement opéré.

Entre ces deux phases extrêmes, on en remarque deux autres presque exactement intermédiaires, et de caractères entièrement différents. Elles s'opèrent autour de la perpendiculaire à la méridienne. Tant que le soleil se lève et se couche au sud de cette perpendiculaire, les nuits sont plus longues que les jours. Quand il passe au nord, les jours deviennent plus longs que les nuits ; et dans la transition d'un de ces états à l'autre, quand il se lève et se couche sur sa direction même, soit en remontant vers le nord, soit en redescendant vers le sud, le jour et la nuit ont une même durée. Ces deux époques de l'année ont été appelées, pour cette raison, les équinoxes. Elles sont faciles à déterminer par l'observation ; car c'est alors, justement, que le déplacement azimuthal du soleil est le plus rapide. A Memphis, par exemple, ce déplacement, d'un jour à l'autre, est presque égal au diamètre apparent du disque solaire. La même facilité n'existe pas pour les époques des deux solstices, parce que le déplacement azimuthal du soleil étant alors presque insensible, on ne peut pas déterminer avec précision l'instant où le sens de ce déplacement s'intervertit. Il faut donc recourir à d'autres procédés. Un des plus simples consiste à mesurer les longueurs des ombres qu'un style vertical projette, suivant la direction de la ligne méridienne, aux approches des deux solstices. Car, dans l'un elles sont les plus courtes, dans l'autre elles sont les plus longues de toute l'année. C'est le moyen que les Chinois ont employé dès la plus haute antiquité pour reconnaître les époques de ces deux phases solaires. Au reste, il serait très-naturel de considérer chacune d'elles comme exactement intermédiaire entre les deux équinoxes qui la comprennent : l'erreur que cette supposition entraîne est si petite, qu'il faut une science déjà fort avancée pour l'apercevoir, et surtout pour la corriger.

Je suis entré dans les détails qui précèdent, pour montrer que les anciens Égyptiens ont pu très-aisément connaître les quatre phases cardinales de l'année solaire, qu'ils ont signalées dans les symboles figurés attachés à leur calendrier civil. Mais, par une exception toute locale, ils ne les ont jamais employées comme limites de ces divisions météorologiques de l'année solaire, adoptées, d'après les Grecs, sous le nom de *saisons*, par l'universalité des peuples septentrionaux.

Les saisons grecques sont au nombre de quatre, appelées le printemps, l'été, l'automne et l'hiver. L'hiver commence à l'instant où le soleil quitte le plus austral des deux solstices, nommé, par cette raison, le solstice d'hiver; et il finit quand cet astre arrive à l'équinoxe immédiatement suivant. Alors la saison du printemps commence et donne son nom à cet équinoxe; elle se termine au solstice suivant, où commence la saison d'été, dont il prend le nom. Celle-ci se termine à l'équinoxe prochain où l'automne commence, et il en reçoit le nom d'équinoxe d'automne. Cette dernière saison se continue jusqu'au solstice suivant, où recommence l'hiver. Les limites ainsi assignées à ces quatre saisons n'établissent pas, dans l'année solaire, le mode de partage qui serait le mieux en rapport avec les variations périodiques de la température dans les climats divers où elles ont été transportées. Les Chinois, par le seul sentiment des réalités, se sont fait instinctivement un système de divisions bien mieux approprié à leur pays, et qui serait physiquement très-acceptable dans beaucoup d'autres. Ils ont pris les époques des deux équinoxes et des deux solstices, non pour les limites, mais pour les milieux, ou, comme ils disent, les *sommets* de leurs quatre saisons physiques. Les anciens Égyptiens n'ont jamais fait usage de ces divisions conventionnelles. Le débordement du Nil, principe régulateur de tous leurs travaux agricoles, partageait naturellement, et partage encore aujourd'hui, pour eux, l'année solaire en trois périodes, chacune de quatre mois, dont la première commence au solstice d'été, et est suivie de cinq jours supplémentaires. Ces périodes amenaient tour à tour la saison des eaux, celle de la végétation, puis celle des récoltes, dans un ordre perpétuellement renouvelé. Des symboles figurés marquaient le rang ordinal de chaque mois dans sa tétrade propre, excluant ainsi toute idée d'énumération continue, commune aux douze mois que contient l'année entière.

Un annuaire astrologique, recueilli par Champollion dans les tombeaux de Ramsès VI et de Ramsès IX, à

Thèbes, prouve que quatorze ou quinze siècles avant l'ère
chrétienne, les Égyptiens savaient qu'outre son mouvement alternatif du sud au nord et du nord au sud, le
soleil en a un autre qui le transporte d'occident en orient
parmi les étoiles, et lui fait faire ainsi le tour du ciel dans
l'intervalle d'une année. Ils partageaient aussi la durée du jour et celle de la nuit, chacune en douze heures,
sans que jusqu'ici les monuments nous aient appris de
quelle nature étaient ces divisions, ni par quel procédé
ils les établissaient. De tout cela, par des considérations
mathématiques, ou par une construction graphique faite
sur un globe, il semble aisé de conclure que le soleil décrit annuellement un cercle oblique au mouvement général du ciel, cercle que les Grecs ont appelé spécialement
l'*oblique*, λοξὸς κύκλος, et qui a reçu beaucoup plus tard
le nom d'*écliptique*, sous lequel nous le désignons aujourd'hui. Mais rien ne prouve que les Égyptiens des
temps pharaoniques se soient élevés jusqu'à cette notion
abstraite de l'orbe solaire, ou même aient conçu l'idée
de l'obtenir. En général, d'après tout ce que nous pouvons savoir sur les connaissances des peuples anciens,
l'astronomie réellement scientifique est l'œuvre des
Grecs, et ne commence qu'avec eux. Mais, dans l'absence de théories pouvant fournir des dates absolues, le
premier besoin d'une astronomie naissante est de découvrir, par l'observation, des périodes de temps qui
ramènent les phénomènes célestes dont le retour offre
un intérêt spécial. Or, pour les habitants de l'Égypte,
la première apparition matutinale de l'étoile Sirius à

l'horizon oriental, ce que nous appelons son *lever hélia-que*, avait une très-grande importance; parce que, suivant une antique tradition, ce phénomène se trouvait en rapport avec le commencement de la crue du Nil, fixé invariablement par la nature au solstice d'été. Dans tous les documents écrits, sur tous les monuments figurés où il est fait mention de Sirius, cet astre est présenté comme le principe excitateur du débordement, et l'attribut d'Isis, la déesse de la fécondité. Cette tradition fixée dans les emblèmes religieux et les croyances populaires continua d'être admise, pendant bien des siècles, après que la concordance phénoménale qu'elle rappelait n'existait plus. Car, au temps du scholiaste d'Aratus, qui la mentionne encore sans y rien objecter, Sirius se levait héliaquement, pour le centre de l'Égypte, 27 jours *après* le solstice d'été : de sorte que sa première apparition matutinale accompagnait alors des phases déjà considérables de la crue du Nil, et n'en était plus le présage. Déjà elle retardait ainsi de 23 jours sur ce phénomène en — 275[1], au temps des Lagides ; ce qui n'empêche pas qu'à Philæ, dans les monuments construits par eux, Isis, la personnification divine de l'étoile Sirius, ne soit désignée comme la *déesse de l'inondation*[2]. C'est au calcul astronomique à nous désigner l'époque ancienne où s'est réalisée la concordance phénoménale qui a

---

[1] J'emploie le signe — pour désigner les années antérieures à l'ère chrétienne.

[2] Nouvelles recherches sur la division de l'année des anciens Égyptiens. (*Journal des Savants*, pour l'année 1857, p. 484.)

donné naissance à cette tradition. Or il nous apprend
qu'elle a eu lieu, mathématiquement, sous le parallèle
de Memphis, à la date précise et unique dans la série
des siècles, du 20 juillet julien de l'an — 3285 ; mais
qu'en raison des quatre ou cinq jours d'incertitude com-
portés par l'observation du lever héliaque, et de la len-
teur avec laquelle les deux phénomènes se séparent, elle
a dû paraître subsister, sans erreur notable, pendant
quatre ou cinq cents années autour de ce 20 juillet :
en sorte que l'idée qui les associait l'un à l'autre n'a
pu naître que dans cet intervalle de temps[1].

Maintenant, concevons qu'à cette ancienne époque, ou
à toute autre quelconque plus récente, les prêtres égyptiens, ceux de Memphis, par exemple, aient voulu déterminer la durée de la période qui ramenait sur leur horizon
le lever héliaque de Sirius. L'opération a dû être, non pas
plus difficile, mais seulement un peu plus longue que
celle qui faisait reconnaître la durée de l'année solaire.
La première apparition matutinale de l'astre, dans un
même lieu, ne peut être fixée par l'observateur qu'à
quatre ou cinq jours près. Deux observations consécutives, effectuées dans une même localité, devaient donc
faire voir que ce lever héliaque revenait après un intervalle de 360 à 370 jours. Des observations réitérées
à des époques plus distantes ont dû faire resserrer progressivement ces limites en répartissant les erreurs des
observations extrêmes sur un plus grand nombre de re-

---

[1] Recherches sur l'année vague des anciens Égyptiens. (*Académie des
sciences*, t. XIII, p. 602.) Mémoire lu à l'Académie des inscriptions et belles
lettres le 30 mars, et à l'Académie des sciences le 4 avril 1831.

tours. Il n'a pas fallu plus d'un siècle pour trouver que cette période comprenait $365\frac{1}{4}$. Cette détermination, comme celle de l'année solaire, n'a demandé que des yeux et du temps. Seulement, par un heureux hasard, l'évaluation ainsi obtenue se trouvait être mathématiquement exacte pour les levers héliaques de Sirius, sur l'horizon de l'Égypte, dans ces anciens temps ; tandis qu'elle se trouvait être un peu trop forte pour l'année solaire. On aurait pu, je dirai même on aurait dû, reconnaître avec évidence la brièveté relative de celle-ci, en voyant le lever héliaque de Sirius retarder toujours de plus en plus sur la première apparition annuelle de la crue du Nil, fixée par la nature au solstice d'été. Mais ni les Égyptiens, ni Ptolémée lui-même ne firent ce rapprochement.

L'année égyptienne comprenait juste 365 jours. Ainsi, après quatre années pareilles, le lever héliaque de Sirius, dans une même localité, retardait d'un jour entier sur les dates courantes ; et, après 4 fois 365 ou 1460 années, il avait retardé de 365 jours complets ; en sorte qu'à l'année suivante, formant la 1461ᵉ, il se trouvait ramené *numériquement* à la date civile primitive. Donc, si cette date initiale de son évolution était, par exemple, le 1ᵉʳ jour du mois Thot (le 1ᵉʳ de l'année égyptienne), le lever héliaque de Sirius sur le même horizon devait revenir encore en coïncidence avec le 1ᵉʳ Thot de la 1461ᵉ année qui suivait. J'appellerai ces jours-là, par abréviation, des *thots héliaques*. Censorinus, dans son traité astrologique intitulé : *de Die natali*, dont il fixe lui-même la date à l'année 986 de Nabonassar, la 238ᵉ de notre ère, dit que, de son temps, ce retour du lever héliaque de Sirius au 1ᵉʳ jour du mois Thot, constituait, chez les Égyptiens, *une grande année divine*, que les Grecs d'Alexandrie appelaient *l'année sothiaque*, σῶθις étant l'équivalent grec du nom de Sirius en langage égyptien. A quoi il ajoute que l'année où il écrit est la 100ᵉ de cette année divine[1], dont une des évolutions, la plus récente, avait dû par conséquent commencer au 1ᵉʳ Thot de l'an de Nabonassar 886, coïncidant avec le 20 juillet de l'an 138 de notre ère. En effet, d'après un calcul que les prêtres égyptiens pouvaient aisément faire alors, avec les méthodes et, au besoin, avec l'assistance de Ptolémée, le 1ᵉʳ Thot de cette année 886 fut *théoriquement* héliaque sur l'horizon de Memphis, et dut s'y maintenir *chronologiquement* tel dans les quatre années 884, 885, 886, 887[2]. Or, par une rencontre bien singulière si elle a été fortuite, ce même Thot fut aussi le premier jour de la première année, je ne dis pas *légale*, mais *réelle*, du règne d'Antonin le Pieux, comme souverain de l'Égypte[3]. En partant de cette date, le Thot hé-

---

[1] Censorinus, *de Die natali*, cap. XVIII et XXI.

[2] On peut voir ce calcul ainsi effectué aux pages 117-129 d'un mémoire intitulé : *Recherches sur divers points d'astronomie ancienne et en particulier sur la période sothiaque.* (Académie des sciences, t. XX.)

[3] Cette distinction entre la date *légale* et la date *réelle* de l'avénement d'Antonin à la souveraineté de l'Égypte résulte des règles de chronographie suivant lesquelles le canon des rois égyptiens est établi. D'après le témoignage de l'histoire, Hadrien, le prédécesseur immédiat d'Antonin, mourut le VI des ides de juillet, concordant avec le 10 juillet julien de l'an 138 de notre ère. L'année égyptienne courante était alors la 885ᵉ de Nabonassar, et elle finissait le 19 juillet suivant. Hadrien n'ayant pas complé-

liaque immédiatement antérieur, pour le même parallèle, a dû précéder celui-là de 1461 années vagues ou
1460 juliennes; ce qui le reporte au 20 juillet de l'année — 1460+138 ou — 1322 de l'ère chrétienne, en
comptant les années à la manière des chronologistes,
et — 1321, en les comptant à la manière des astronomes. Cette période de 1461 années égyptiennes,
ainsi limitée, est devenue fameuse par les spéculations
que les astrologues romains y ont rattachées, et par
l'emploi chronologique dont quelques écrivains la ju-
gèrent alors susceptible; opinion qui, de nos jours, a
été renouvelée et appliquée à des recherches d'histoire
par des érudits très-distingués. Mais, en l'examinant
avec un sens pratique, il est aisé de voir qu'elle ne repose que sur des illusions.

Remarquons d'abord qu'on ne trouve aucune trace
de cette période dans les monuments pharaoniques écrits
ou figurés. Ptolémée n'en dit rien dans l'Almageste, où
il expose cependant la théorie des levers héliaques avec
les méthodes de calcul par lesquelles on détermine,
entre les limites d'incertitude que leur observation comporte, le jour où ils doivent s'opérer pour chaque étoile,
sous un parallèle terrestre assigné. Il ne parle pas non
plus de *période sothiaque* dans son traité de l'*Apparition des fixes*, où il énumère les dates des jours de l'an-

tement terminé cette année-là, on dut, selon l'usage, l'attribuer *chronogra-
phiquement* tout entière à son successeur, quoique celui-ci n'en eût occupé
que les derniers jours, et que l'année 886, commençant au 20 juillet
julien, fut, pour les habitants de l'Égypte, la première de son règne
réel.

née alexandrine intercalée, auxquels les principales étoiles, et en particulier Sirius, se lèvent héliaquement sous les divers parallèles de l'Égypte, dans les hypothèses de visibilité respective qu'il leur attribue. Le plus ancien auteur qui la mentionne est Censorinus, dans son traité astrologique *de Die natali*, dont j'ai extrait et cité plus haut les passages qui s'y rapportent. Mais, d'après la notion qu'il en donne, on peut seulement conclure qu'elle avait été spécialement établie pour le parallèle de Memphis, et qu'elle était comprise entre les dates extrêmes que nous lui avons tout à l'heure assignées, sans que rien indique d'ailleurs l'usage qu'on en faisait, ni à quelle époque, ancienne ou moderne, on l'avait ainsi fixée et mise en honneur.

Sans doute, les prêtres de Memphis auraient pu fort aisément, depuis des temps très-anciens, inventer, et établir spéculativement, une période d'années égyptiennes, limitée ainsi par deux retours successifs du lever héliaque de Sirius au premier jour de Thot. Car nous trouvons ces levers inscrits, comme des jours de fêtes solennelles, sur des monuments pharaoniques, à Éléphantine, sous Touthmès III; à Thèbes, sous Ramsès III et Ramsès VI, aux années juliennes 1446, 1300, 1240 avant l'ère chrétienne[1]. Or, voyant la date civile du phénomène retarder d'un jour en quatre ans égyptiens, un seul de ces levers observés suffisait pour en déduire

---

[1] Recherches sur quelques dates absolues qui peuvent se conclure des dates vagues inscrites sur des monuments pharaoniques. (Académie des sciences, t. XXIV, p. 337.)

arithmétiquement une période d'années comprises entre deux thots héliaques. Toutefois, si, à une époque quelconque, les prêtres avaient réalisé ce projet, en prenant pour point de départ un lever héliaque physiquement observé, ils n'auraient pu songer à employer une telle période pour des usages chronologiques : d'abord, parce que son application est purement locale, puisque, lorsque le Thot devenait héliaque dans la haute Égypte, à Syène, par exemple, il devenait tel de 24 à 30 ans plus tard au sud d'Alexandrie ; et, en outre, connaissant par leur propre expérience que l'observation du phénomène est incertaine à quatre ou cinq jours près, il devait leur être évident que la fixation physique du commencement de la période, de sa fin, et par suite toutes ses applications intermédiaires, comporteraient toujours des incertitudes de 16 ou 20 années, ce qui exclut toute possibilité d'un emploi chronologique. Voilà ce que n'ont pas vu Fréret, Letronne et tant d'autres érudits très-habiles, même spécialement égyptologues, la pratique des observations ne leur ayant pas appris la différence qu'il faut faire entre la connaissance d'une période astronomique et la possibilité de son emploi comme échelle des temps. Aussi est-ce tout à fait gratuitement qu'ils ont attribué aux anciens Égyptiens l'usage chronologique d'une année sacrée, réglée sur les levers héliaques de Sirius. L'étude des monuments n'indique rien de pareil. Parmi les milliers de dates que l'on y a maintenant découvertes, pas une seule n'est exprimée en années de Sirius. M. de Rougé, qui les a

tant cherchées et qui en a lues plus que personne, a expressément constaté ce fait. Toutes sont marquées en jours
de l'année civile; et les premières apparitions matutinales
de Sirius, qui étaient des époques annuelles de grandes
fêtes, sont elles-mêmes datées ainsi. Enfin M. de Rougé
a démontré que la notation figurée des mois égyptiens
ne contient aucun indice qui se rapporte à Sirius. La
mention que Champollion avait cru y voir de cet astre,
dans la notation symbolique de l'année vague, tenait à
une erreur qu'il avait commise dans la lecture du nom
de la déesse qui préside au mois Thot, le premier des
douze.

Il existe toutefois un document, relativement moderne
à la vérité, dans lequel des érudits, étrangers à l'observation des phénomènes célestes et aux artifices de calcul
des astronomes, ont pu voir chez les Égyptiens l'emploi
effectif d'une année de $365^j \frac{1}{4}$, réglée sur les levers héliaques de Sirius. C'est un fragment du mathématicien
Théon d'Alexandrie, le commentateur de Ptolémée;
fragment qui, d'après les dates qu'il renferme, ne peut
pas avoir été composé avant l'année 384 de l'ère chrétienne[1]. Théon veut donner une règle numérique pour
trouver la date du lever héliaque de Sirius, sous le parallèle d'Alexandrie, dans une année égyptienne quelconque, antérieure ou postérieure à la fixation du Tho
par Auguste, en l'an de Nabonassar 724. Afin d'embras-

---

[1] J'ai rapporté le texte de ce fragment, sa traduction faite par M. Hase, et
son application numérique, dans mes *Recherches sur plusieurs points d'astronomie ancienne et en particulier sur la période sothiaque.* (Académie des
sciences, t. XX, p. 130 et suiv.)

ser les deux cas dans une même période de dérivation continue, il part d'une époque antérieure à l'un et à l'autre, qu'il appelle l'ère *de Ménophrès*, et qu'il pose en fait avoir précédé de 1605 années vagues complètes la première de Dioclétien, laquelle, selon les règles de la chronographie égyptienne, coïncidait légalement avec la 1032ᵉ de Nabonassar[1]. Théon ne dit pas pour quel parallèle terrestre il veut calculer ces levers héliaques. Il ne dit pas non plus s'il place le premier de la série au commencement ou à la fin de la première des 1605 années, ce qui laisse sur l'application de sa règle une incertitude de date qui peut s'élever jusqu'à une année entière. Admettant toutefois la première supposition comme la plus simple, je décompose les 1605 années révolues en 1459+146; d'où l'on voit qu'à la première de ces 146, le Thot a dû se retrouver héliaque dans les mêmes conditions que lors de son établissement primitif. Retranchant donc 146 de 1032, le reste 886 nous marque l'année de Nabonassar à laquelle le Thot initial de Théon est redevenu une première fois héliaque, sous le parallèle terrestre auquel sa computation

---

[1] Cette ère *égyptienne* de Dioclétien, fixée *conventionnellement* au 1ᵉʳ Thot de l'année 1032 de Nabonassar, est distincte de son ère réelle et astronomique, qui lui était postérieure des 77 jours dont le Thot avait rétrogradé dans l'année vague, depuis sa fixation en l'an de Nabonassar 724, jusqu'en 1032. L'ère *réelle* de Dioclétien, prouvée par des observations d'éclipses, a pour date initiale le 29 août de l'année de notre ère 284, comme on peut le voir au chapitre v de mon *Résumé de chronologie astronomique*, inséré dans les Mémoires de l'Académie des sciences, tome XXII. Or, dans le fragment dont il s'agit, Théon prend, pour un de ses exemples de calcul, la 100ᵉ année de Dioclétien, ce qui le fait descendre au moins jusqu'à l'année 384.

s'applique. Cette date finale, qui concorde avec le 20 juillet 138 de notre ère, et avec l'avénement d'Antonin à la souveraineté de l'Égypte, est précisément celle où Censorinus place le renouvellement de la *grande année égyptienne*, limitée par les retours du lever héliaque de Sirius, au premier jour du mois Thot, sous le parallèle de Memphis. Théon a donc pris tacitement pour origine de sa computation, le premier jour de cette grande année concordant avec le 20 juillet des années juliennes —1321 ou 1322, et il part de là pour revenir graduellement aux époques plus récentes, en faisant retarder le lever héliaque d'un jour complet pour quatre années vagues. D'ailleurs, les dates courantes qu'il attribue à ces levers montrent qu'il les applique spécialement au parallèle de Memphis. Il semble même avoir voulu les caractéri-ser comme particulières à cette ville, quand il prescrit de compter les 1605 années antérieures à Dioclétien, *depuis Ménophrès*, ἀπὸ Μενόφρεως; car Μενόφρης est l'équivalent grec du mot MANNOFRÉ, qui est précisément le nom phonétique de la ville de Memphis dans l'écriture hiéroglyphique; en sorte que cela revenait à dire qu'il faut les compter *à partir de l'ère sacrée de Memphis*[1].

Censorin et Théon s'accordent donc pour attester que *la grande année des Égyptiens*, appelée aussi *l'année sothiaque*, embrassait une évolution complète du lever

---

[1] Cette allusion grammaticale a été remarquée et signalée, pour la première fois, en 1845, dans mes *Recherches sur plusieurs points d'astronomie ancienne et en particulier sur la période sothiaque*. (Académie des sciences, t. XX, p. 21.)

héliaque de Sirius dans l'année de 365 jours ; et que, de leur temps, celle qui était particulièrement célèbre sous cette dénomination, avait pour limites extrêmes, d'une part, le 20 juillet de l'an 138 de notre ère, jour de l'avénement effectif d'Antonin comme roi d'Égypte ; de l'autre, le 20 juillet de l'année 1321 ou 1322, antérieure à notre ère. Or, je dis que ces deux dates extrêmes n'ont pas été fixées ainsi d'après des observations réelles du lever héliaque de Sirius, et que la plus ancienne a été conclue *arithmétiquement* de la plus récente par une computation rétrograde, inverse de celle que Théon prescrit.

Pour mettre en évidence la première de ces deux assertions, plaçons-nous dans l'hypothèse contraire, et nous reportant par la pensée à la plus ancienne des deux époques, admettons, si l'on veut, que le lever héliaque observé en un certain lieu de l'Égypte, par exemple à Memphis, ait été fixé alors *physiquement*, à la date absolue qui correspond au 20 juillet de l'année de notre ère — 1321 ou 1322. Pour que, après 1461 années égyptiennes ou 1460 juliennes révolues, on ait trouvé ce lever physiquement revenu au 20 juillet de l'année —+138, où son évolution arithmétiquement *calculée* le replace, il aurait fallu que, cette seconde fois, on l'eût observé dans la même localité, dans le même état de l'air, avec une égale portée de vue et une égale habitude d'appréciation pratique. Car, une seule de ces conditions d'identité absolue manquant, et l'on ne saurait les supposer toutes réunies à moins d'un miracle, la première apparition matutinale de l'astre, en quoi consiste son lever héliaque, aurait été aperçue plus tôt ou plus tard que ce 20 juillet, ce qui l'aurait transportée à plusieurs années en avant ou en arrière de l'évolution théorique. L'accord si précis des dates de jour qui limitent l'année sothiaque, n'a donc pas été un résultat provenant d'observations réellement faites, ce qui serait à peu près impossible; mais il a dû être artificiellement obtenu, en déduisant l'une des dates de l'autre par une computation arithmétique très-aisée à faire. Alors, c'est indubitablement l'époque la plus ancienne qui a été conclue ainsi de la plus récente. Pour qu'il en fût autrement, il faudrait d'abord qu'au temps d'Antonin les prêtres de Memphis eussent eu la possibilité d'établir, pour leur localité, une série continue de dates égyptiennes, rigoureusement énumérées en ans, mois et jours, depuis 574 années vagues avant Nabonassar, époque à laquelle l'ère dite de Ménophrès remonte, jusqu'à la 1461ᵉ après cette origine; ce qui paraîtra très-peu vraisemblable si l'on songe à la multitude des révolutions survenues en Égypte pendant ce long intervalle de temps. Puis, comment un canon chronologique aussi étendu, resté inconnu à Ptolémée, auquel il eût été si utile, aurait-il été construit et continué avec tant de persévérance, exprès, et uniquement, pour enregistrer les levers héliaques de Sirius particuliers à Memphis, sans que l'on y eût rattaché aucun fait historique, ni aucun phénomène astronomique autre que celui-là? Et enfin, par quel miracle son antique origine aurait-elle été si fatalement choisie qu'elle allât faire aboutir l'évolution mathématique de la période, juste à l'année et au jour de l'avénement effectif d'Antonin comme souverain de l'Égypte? Tout cet amas d'invraisemblances disparaît, en admettant que la dernière date a servi comme point de départ pour remonter numériquement à l'ancienne; ce qui exigeait seulement que l'on fît rétrograder le lever héliaque final, d'un jour en quatre années de 365, jusqu'à lui en avoir fait parcourir 1460 complètes. Après quoi, on pouvait présenter la date ainsi conclue, comme l'origine *réelle* de la grande année divine que l'on voulait instituer, lui appliquer, à ce titre, un nom égyptien spécial, et l'appeler, par exemple, l'ÈRE DE MÉNOPHRÈS, pour lui donner un vernis d'antiquité.

Il nous reste maintenant à deviner *pourquoi* les prêtres égyptiens fixèrent alors l'accomplissement de cette *année divine* à la date précise de jour qu'ils lui ont assignée, plutôt qu'à toute autre, antérieure ou postérieure de plusieurs années, comme le permettaient les limites d'incertitude que comporte l'observation des levers héliaques dans une même localité, et la diversité des époques où le Thot devenait physiquement héliaque, sous les différents parallèles de l'Égypte. On va voir qu'ils furent guidés dans ce choix par un motif de flatterie politique, que Dodwell a le premier soupçonné, et qu'il a signalé aux chapitres xiv-xviii de ses *Dissertationes Cyprianicæ*, en l'entourant de détails d'érudition qui ne suppléent pas aux arguments positifs que la pratique des observations fournit.

Suivons son idée à ce point de vue. D'après nos calculs modernes, confirmés en cela par les monuments, le Thot avait commencé d'être héliaque, sur les parallèles les plus méridionaux de l'Égypte, par exemple à Syène, plusieurs années avant l'avénement d'Hadrien, le prédécesseur d'Antonin ; et pendant tout son règne il continua de se montrer tel, à des dates progressivement de plus en plus tardives, sur les parallèles plus rapprochés de Memphis, ville qui était devenue à cette époque le siége principal du sacerdoce égyptien. Le jour où ce lever avait lieu à Memphis même, devait, suivant l'usage antique, être célébré par une grande fête, dont les prêtres pouvaient, selon leur convenance, avancer ou retarder de 12 ou 15 ans l'annonce, la fixation du phénomène, par l'observation, étant incertaine entre ces limites. Or, soit par eux-mêmes, soit par leurs rapports avec le grand astronome d'Alexandrie, ils pouvaient aisément savoir que, d'après ses calculs, le 1er jour de Thot deviendrait *mathématiquement* héliaque à Memphis dans les années de Nabonassar 884, 885, 886, 887, et ils n'avaient aucun intérêt à devancer ces dates pendant la vieillesse d'Hadrien; d'autant que ce prince, superstitieux autant qu'eux pour son propre compte, avait porté une grave atteinte à leur autorité sacerdotale, quand, après la mort de son infâme favori Antinoüs, survenue pendant son séjour en Égypte, il l'avait divinisé, lui avait élevé des temples, et avait institué un nouveau culte en son honneur. Heureusement pour eux, la mort d'Hadrien, arrivée en l'an 885 de Nabonassar, leur offrit une excellente occasion de rentrer dans la faveur impériale, en fixant leur Thot héliaque juste au commencement effectif du nouveau règne, c'est-à-dire au premier Thot de la deuxième année égyptienne d'Antonin, et en présentant cette époque, ainsi qu'ils ne manquèrent pas de le faire, comme l'accomplissement ou le renouvellement d'un grand cycle qui présageait au monde de nouvelles destinées :

Magnus ab integro sæclorum nascitur ordo.

Voilà l'histoire vraie, et la seule possible, de cette fameuse *période sothiaque*, tant célébrée par les astrologues, qui fut aussi employée à des indications vagues d'époque par des écrivains postérieurs, trop peu préservés des mêmes préjugés pour apercevoir son véritable caractère, et que des érudits modernes de la plus haute distinction, Petau, Bainbridge, Fréret lui-même, ont cru avoir été fixée à son ancienne limite par des observations réelles de levers héliaques, dont ils ne connaissaient pas l'incertitude pratique. Ce n'a été qu'un instrument de flatterie politique, fabriqué au second siècle de notre ère par les prêtres égyptiens, et présenté par eux à l'ignorance superstitieuse des Romains comme un monument de la science des anciens âges, qui se trouvait avoir une application spéciale aux temps actuels. Or, non-seulement l'illusion qu'ils avaient voulu produire s'est propagée jusqu'à nous, mais la découverte récente du fragment de Théon l'a tellement fortifiée dans l'esprit de plusieurs savants égyptologues, que son *Ménophrès* leur a paru devoir être un personnage réel, qui aurait existé à l'époque initiale de la période sothiaque, à laquelle il avait donné son nom. En conséquence, n'ayant pas aperçu l'identité du nom grec avec le nom phonétique de la ville de Memphis, écrit en caractères hiéroglyphiques, ils ont cherché dans l'histoire de l'Égypte un ancien roi qui s'appelât ainsi. N'en trouvant point, ce qui est fort naturel, puisqu'il aurait dû s'appeler *Memphis*, ils lui ont assimilé, tant bien que mal, le pharaon *Menephta*, fils de Ramsès II, le chef de la 18e dynastie thébaine, en remplaçant, pour le besoin de la cause, *ephta* par *ophrès;* par suite de quoi ils ont placé historiquement ce prince à la date théorique du 20 juillet de l'année julienne — 1522, où le reportait l'ère qu'ils supposaient avoir été nommée d'après lui. Mais, indépendamment de tout ce qui la fait reconnaître pour une pure fiction mathématique de Théon, si Menephta, résidant, comme son père, à Thèbes, devenue alors la capitale de l'Égypte, avait voulu fonder une ère nouvelle datant de son règne, comment se serait-il avisé de l'établir, non pour sa résidence princière, mais pour la ville de Memphis, condition nécessaire de sa concordance finale avec le jour de l'avénement d'Antonin? En outre, sous Ramsès II et Ramsès III, appartenant à la 19e dynastie thébaine, qui succéda à la 18e, nous trouvons deux levers héliaques de Sirius, l'un même se rapportant au premier jour de Thot vague, lesquels sont marqués en dates civiles, non au 20 juillet julien qui convient au parallèle de Memphis, mais au 14, qui convient au parallèle de Thèbes. De sorte que ces princes auraient ignoré ou abandonné l'ère fondée par leur prédécesseur, tandis que les prêtres de Memphis en auraient continué imperturbablement l'application par une suite non interrompue d'ans, de mois et de jours, pendant 1461 années vagues, aboutissant à l'avénement d'Antonin. Cette série d'invraisemblances ne mériterait pas qu'on s'y arrêtât, si, de nos jours encore, des égyptologues du premier ordre, M. Lepsius entre autres, n'avaient pas cru trouver, dans la période sothiaque, un élément de chronologie égyptienne parfaitement assurée.

De pareilles illusions n'ont rien d'exceptionnel : l'inexpérience de l'art d'observer s'est montrée jusqu'ici, avec une influence fâcheuse, dans presque tous les travaux d'érudition que l'on a faits sur les connaissances astronomiques des anciens Égyptiens. Je prends Ideler pour nouvel exemple. C'était incontestablement un homme très-instruit; il possédait bien les langues savantes; il avait la triture des théories astronomiques et des calculs modernes, mais nulle pratique personnelle des observations. Voyez-le à l'œuvre dans ses recherches sur l'astronomie des anciens : il trouve que, d'après nos tables du soleil et la théorie actuelle de la précession, en admettant des circonstances météorologiques et des conditions acceptables, le lever héliaque de Sirius sur l'horizon de Memphis, *a dû*, il aurait dit plus justement *a pu*, coïncider avec le premier jour de Thot vague, aux 20 juillet des années de notre ère + 139 et — 1322, comme les Alexandrins l'ont dit, et comme ils pouvaient le conclure des méthodes de calcul établies par Ptolémée. Alors, ne connaissant pas les incertitudes de 15 ou 20 années que comporteraient les déterminations physiques de ces deux limites, il adopte ce résultat d'une computation arithmétique, comme fondé sur des observations réelles qui auraient été faites anciennement par les Égyptiens, et il ajoute : *Si les côtés de la grande pyramide sont bien orientés, les Éyyptiens avaient alors de grandes connaissances en astronomie.* La conclusion est doublement fautive ; car, d'une part, il attribue aux observateurs anciens des déterminations physiques d'une exactitude qu'il leur était impossible d'obtenir ; et, de l'autre, il signale comme ayant dû être très-difficile ce qui était très-aisé.

Des opinions tout aussi peu fondées se sont élevées, avec beaucoup plus d'apparence d'autorité, pour les accuser d'une complète ignorance. Dans le mémoire sur plusieurs points d'astronomie ancienne, et en particulier sur la période sothiaque, que j'eus l'honneur de lire, en 1845, à l'Académie des sciences et à l'Académie des inscriptions, j'avais dit : « Qu'avec ou sans la pré- « vision des Égyptiens qui ont érigé la grande pyramide « de Memphis, elle a, depuis qu'elle existe, fait l'office « d'un immense gnomon qui, par l'apparition et la dis- « parition de la lumière solaire sur ses diverses faces, « alors complétement polies, a marqué les époques an-

« nuelles des équinoxes et des solstices avec une erreur
« moindre qu'un jour trois quarts. » J'expliquais le
procédé, et je demandais : « S'il est croyable que des
« déterminations aussi simples, d'une facilité si évi-
« dente, eussent échappé à l'attention des prêtres de
« Memphis, que toute l'antiquité nous dit avoir été
« voués, pendant des siècles, à l'étude du ciel et à la
« fixation des phases solaires? »

Pour les astronomes de l'Académie des sciences, ces
assertions ne pouvaient offrir aucune difficulté : ils
voyaient la simplicité de l'opération comme s'ils l'eussent faite. Mais, dans l'autre Académie, je pus facilement m'apercevoir qu'elles avaient peu de crédit près
des personnes, très-savantes d'ailleurs, pour qui toutes
les idées que l'on pouvait se faire d'observations d'équinoxes et de solstices, anciennement effectuées par les
Égyptiens, n'étaient que des conjectures à peu près ex-
travagantes. Je n'ai pas entrepris de convaincre ceux
que je n'aurais pu persuader. J'ai pris un parti plus
commode : je ne me flatte aucunement d'être philosophe, mais on peut tâcher d'imiter ce qu'on n'égale
pas ; j'ai donc fait comme ce philosophe ancien à qui on
niait le mouvement, et qui se mit à marcher. M. de
Rougé, alors conservateur en titre de notre musée égyptien, m'avait appris la présence en Égypte d'un envoyé
de cet établissement, M. Mariette, habile explorateur
d'antiquités, très-zélé, très-intelligent, et, ce qui convenait parfaitement à mon *experimentum crucis*, n'ayant
jamais fait une observation d'astronomie, ni seulement

songé à rien de pareil. C'est le même qui est devenu depuis célèbre par le nombre et l'importance des objets
d'art et des monuments historiques dont il a enrichi le
Musée de France, et celui du vice-roi, pour lequel il dirige
aujourd'hui des fouilles d'une étendue immense, qui,
au grand honneur de ce prince, feront sortir toute l'É-
gypte antique de son ensevelissement séculaire. J'écrivis donc à M. Mariette pour le prier de vouloir bien
observer l'équinoxe vernal de 1853, sur l'alignement
des faces de la grande pyramide, en lui expliquant comment il fallait s'y prendre. Il a eu cette complaisance. Il
est allé, exprès pour cela, établir son camp aux environs
de cette masse gigantesque pendant les jours que je lui
avais désignés; et, en suivant avec une fidélité intelligente les instructions que je lui avais adressées, il a
exécuté l'opération comme aurait pu le faire, il y a
quatre ou cinq mille ans, un des prêtres de Memphis
qui dorment là autour dans leurs tombeaux; ayant toutefois bien moins de facilité qu'ils n'en avaient, alors
que les quatre faces de la pyramide étaient revêtues
d'un parement plan et lisse, sur lequel glissait librement la lumière. Aujourd'hui, ces faces, dépouillées de
leur enveloppe, présentent au dehors comme une sorte
d'escalier formé par les rebords saillants des assises intérieures, qui sont profondément dégradées elles-mêmes
en beaucoup de places, de manière à ne plus offrir un
plan de mire unique et continu à l'observateur placé
sur leur prolongement. Malgré ces obstacles, les notes
que M. Mariette m'avait transmises et que j'ai textuel-

lement publiées, m'ont donné l'instant de l'équinoxe à 29 heures près[1]; d'où l'on peut juger de la précision singulière avec laquelle des observateurs exercés pouvaient la saisir, quand le revêtement de la pyramide était intact.

Or, que ces déterminations pussent s'obtenir ainsi, à la simple vue, sans le secours d'aucune science théorique, cela ne saurait faire l'objet d'un doute, puisque la pyramide, toute dégradée qu'elle est, sert encore à cela aujourd'hui. M. Mariette n'en a pas été médiocrement surpris, et voici comme il s'en exprime : « Les ha-« bitants de tous les villages modernes qui avoisinent les « pyramides savent parfaitement, soit par tradition, soit « que l'expérience le leur ait enseigné à eux-mêmes, « que, le jour de l'équinoxe, le soleil se couche à l'hori-« zon occidental, dans une position telle, que son disque « s'aperçoit sur le prolongement de l'une des faces, bo-« réale ou australe, de leur masse. Ils n'ont jamais eu « l'occasion de faire ces mêmes observations sur le so-« leil levant, ne se hasardant pas à aller dans la por-« tion du désert qui est à l'ouest des pyramides, par « crainte des esprits qui fréquentent ces lieux. Les ha-« bitants du village de Koneisseh, en particulier, sont « plus accoutumés que d'autres à déterminer ainsi les « équinoxes, parce que, à ces deux époques de l'année,

[1] Détermination de l'équinoxe vernal de 1853, effectuée, en Égypte, d'après des observations du lever et du coucher du soleil dans l'alignement des faces australe et boréale de la grande pyramide de Memphis, par M. Mariette. (*Journal des Savants*, année 1855.)

« un quart d'heure avant le coucher du soleil, l'ombre
« de la grande pyramide, qui s'étend à plus de trois ki-
« lomètres, dirige sa pointe sur une pierre de granite
« située un peu au nord de leur village; ce que leur
« cheik m'a signalé comme un fait bien connu d'eux. »
Ainsi, voilà de pauvres Bédouins du désert, ne sachant
ni lire ni écrire, qui font annuellement, pour leur
usage, des observations d'équinoxes, que de savants aca-
démiciens de Paris s'obstinaient à déclarer absurdes et
impossibles, quand on leur annonçait que rien n'était
plus aisé.

Outre le manque de pratique, ce qui est encore à
redouter, dans l'étude de l'astronomie ancienne, c'est
la disposition à la juger uniquement, et en dernier
ressort, d'après les observations qui ont été mentionnées et employées par les astronomes postérieurs,
sans faire attention qu'il a été fort possible dans
beaucoup de cas, et dans quelques-uns fort probable,
qu'ils n'en aient rien dit, parce qu'ils n'ont pas pu
ou n'ont pas su en faire usage.

Ce système de négation absolue, fondé sur le silence
de ceux qui avaient le plus d'intérêt à rechercher et à
mettre en œuvre les observations faites dans les temps
qui les avaient précédés, a été opposé, avec une grande
apparence d'autorité, aux traditions qui présentent les
prêtres égyptiens comme adonnés de toute antiquité
à l'étude du ciel. Si les Égyptiens, a-t-on dit, avaient
observé très-anciennement des équinoxes et des solstices, dont ils auraient déterminé les époques entre

des limites d'erreur d'un jour, ou seulement de quelques heures, comme nous venons de voir qu'ils pouvaient très-aisément le faire, au moins depuis l'érection
de la grande pyramide de Memphis, pourquoi n'en
trouve-t-on aucune mention dans le livre de Ptolémée?
de Ptolémée, qui avait tant d'intérêt à rechercher ces
anciennes déterminations, à les prendre pour données
distantes de ses théories, et qui, résidant lui-même en
Égypte, n'aurait pu ignorer l'existence de si précieux
documents? S'il n'en a rien dit, s'il a été contraint
de recourir à des observations chaldéennes ou grecques,
sans mentionner un seul résultat égyptien, n'est-ce pas
qu'il n'en existait point, ou qu'il n'y en avait aucun qu'il
jugeât digne d'être employé? N'en doit-on pas conclure
que toute la science astronomique dont se vantaient les
prêtres d'Égypte, se réduisait à des notions purement
spéculatives, dépourvues de déterminations exactes?

Cette induction, que je m'attache à présenter dans
toute sa force, a été, je crois, énoncée primitivement
par Delambre, et elle avait été embrassée avec ardeur
par le savant helléniste Letronne, qui semblait avoir
entrepris d'ôter à l'ancienne Égypte toute présomption
de solstices ou d'équinoxes observés antérieurement aux
Grecs. Mais, quand on examine avec attention la nature
des calculs par lesquels nous rattachons à notre temps
les anciennes déterminations astronomiques, pour pouvoir en faire usage, on reconnaît avec évidence qu'elle
n'a nullement ce caractère de certitude. Car le silence
de Ptolémée sur les anciennes observations égyptiennes,

pourrait avoir une tout autre cause que leur non-existence; j'ajoute une cause beaucoup plus vraisemblable, consistant dans le défaut de continuité dans les dates qu'il y trouvait attachées, ce qui lui aurait rendu impossible de s'en servir.

Remarquez, en effet, que ce silence s'étend à une grande classe de phénomènes astronomiques, les plus frappants de tous, qui ont dû être inévitablement vus, observés et notés par les Égyptiens. Je veux parler des éclipses de lune et de soleil. Elles n'ont pu manquer d'être remarquées par eux, qui avaient des cérémonies relatives aux phases lunaires, des emblèmes religieux pour désigner le renouvellement de la lune, une divinité spéciale pour y présider, et dont l'attention continuelle à suivre les mouvements de cet astre, peut seule faire concevoir la concordance incroyablement précise que l'on trouve établie dans le calendrier usuel, entre ses positions *absolues* et celles du soleil à l'époque de — 1780, si remarquable d'ailleurs par la coïncidence parfaite qu'on y découvre entre les symboles figurés attachés à chacun des douze mois, et les phases de l'année agricole propre à l'Égypte[1]. Comment les prêtres égyptiens auraient-ils omis de noter les éclipses, eux qui tenaient registre de tous les phénomènes extraordinaires qui apparaissaient dans le ciel, persuadés qu'après un temps plus ou moins long ils se reprodui-

---

[1] Nouvelles Recherches sur la division de l'année des anciens Égyptiens, par M. Henri Brugsch. (*Journal des Savants*, année 1857, p. 290 et 291.)

raient les mêmes, idée qui a donné naissance à toutes les périodes astronomiques découvertes par les anciens? Il est presque superflu de rapporter, comme preuve matérielle d'un fait d'une si grande évidence, ce que dit Sénèque, au chapitre VII du livre III des *Questions naturelles*, que, postérieurement à Eudoxe, l'astronome Conon, étant allé en Égypte, y recueillit, et rassembla dans un ouvrage spécial les observations d'éclipses de soleil conservées par les Égyptiens. *Conon postea diligens, et ipse inquisitor, defectiones quidem solis servatas ab Ægyptiis collegit.* A quoi il ajoute : *Nullam autem mentionem fecit cometarum, non prætermissurus, si quid explorati apud illos comperisset.* La conclusion est inexacte, parce que Conon, l'ami d'Archimède, et non moins bon mathématicien qu'habile astronome, avait bien pu ne rechercher en Égypte que les éclipses de soleil, pour tâcher d'y découvrir quelque période qui servît à les prédire. Mais elle prouve que Sénèque avait vu le Traité que Conon avait composé sur ces éclipses, puisqu'il dit ce qu'on y trouve et ce qu'on n'y trouve pas. Or, si les Égyptiens consignaient dans leurs registres des phénomènes pareils, dont les retours leur étaient impossibles à prévoir, puisqu'on n'est parvenu à les calculer que bien des siècles plus tard, à cause des variétés d'aspect que les parallaxes y introduisent, à plus forte raison devaient-ils relater les éclipses de lune, qui étaient liées à leurs rites, et dont la période leur était bien aisée à reconnaître, puisqu'ils les voyaient revenir les mêmes, et dans le même ordre, après 18 ans

et 1/2 mois égyptiens, plus quelques heures qu'ils éva-
luèrent définitivement à $\frac{1}{3}$ de jour : cette somme for-
mait $6585^j\frac{1}{3}$ [1]. Pourquoi donc Ptolémée n'a-t-il fait aucun usage de ces éclipses égyptiennes? On ne peut pas
supposer qu'il se serait dispensé d'y recourir parce qu'il
avait celles des Chaldéens, dont encore il n'a extrait
que six[2] qui se trouvaient dans les conditions convenables pour établir ses théories, nous laissant ignorer
toutes les autres, qu'il dit seulement avoir été beaucoup plus nombreuses. Car, parmi celles que les Égyptiens avaient vues, il devait nécessairement s'en trouver
qui offraient des circonstances pareilles, et même contemporaines à celles-là. Elles en auraient fourni une
vérification très-importante. Bien plus, leur emploi
lui aurait été infiniment préférable, l'exemptant de
l'incertitude causée par la réduction du méridien de
Babylone au méridien d'Alexandrie, qu'il ne pouvait
que très-imparfaitement connaître : tellement qu'il en
a donné, dans sa géographie et dans l'Almageste, des
évaluations différentes, dont la moins inexacte est en
erreur de plus d'un degré et demi. On ne peut pas dire
non plus que les éclipses égyptiennes auraient été no-

---

[1] C'est la fameuse période que les astronomes modernes ont appelée *chaldaïque*, parce qu'ils en ont, sans aucune preuve, attribué la découverte aux
prêtres chaldéens. Mais elle a pu être tout aussi bien trouvée par les prêtres égyptiens; car, dans les conditions communes de leur institution, elle
se présentait immédiatement aux uns et aux autres sans le secours d'aucune
science. C'est ce que je démontre en détail dans la note I, placée à la suite
de cette introduction.

A ce sujet, voyez l'*Avertissement*.

[2] Ptolémée. liv. IV, chap. v et viii.

'tées trop inexactement; car, dans les chaldéennes, sur lesquelles Ptolémée se fonde, on n'a que l'indication de l'heure, au plus de la demi-heure, à laquelle le phénomène a commencé d'être aperçu. Or, il est impossible qu'une éclipse vue soit relatée d'une manière moins précise, surtout chez un peuple comme les Égyptiens, où les diverses époques de la nuit étaient, comme celles du jour, symbolisées par des divinités spéciales, et qui avait su, ainsi que ses monuments l'attestent, mesurer des intervalles de temps égaux.

Si, malgré tant de motifs de préférence, Ptolémée n'a pas employé une seule éclipse égyptienne, c'est, sans doute, qu'il ne pouvait pas s'en servir. Et la seule cause suffisante que l'on puisse astronomiquement concevoir à cette impossibilité, c'est le manque de dates continues pour les rattacher à son époque, puisqu'une lacune d'un seul jour, dans l'énumération du temps depuis elles jusqu'à lui, les lui rendait absolument inutiles, quoiqu'elles ne le fussent pas aujourd'hui pour nous, si nous les connaissions, même avec une indétermination beaucoup plus grande. Ce défaut d'unité et de continuité des dates égyptiennes était la conséquence à peu près inévitable de plusieurs causes. D'abord, la diversité des dynasties de pharaons qui ont régné successivement, parfois simultanément, sur des portions plus ou moins étendues de l'É-gypte; ces dynasties ayant leur résidence établie en des villes différentes, et, pour chacune d'elles, les années ne se comptant pas à partir d'une ère fixe, mais renouvelée à l'avénement de chaque souverain. Ajoutez à cela les in-

terruptions éventuellement occasionnées par les changements de domination, provenant des guerres intestines
ou des invasions étrangères ; et l'on concevra sans peine
qu'une telle réunion de circonstances s'opposât presque
invinciblement à l'existence en Égypte d'un système de
dates général, qui se fût maintenu pendant une longue
suite de siècles avec une parfaite continuité.

Les dates babyloniennes présentaient de tout autres
conditions. La caste sacerdotale, qui tenait héréditaire-
ment les registres historiques et astronomiques, se maintint chargée des mêmes fonctions sous toute la série des
souverains assyriens, mèdes, perses, grecs et même romains, qui possédèrent la ville de Babylone, où elle ne
cessa jamais de résider. Aussi, de là est venu ce précieux
document chronologique, si soigneusement daté, dont
Ptolémée fait sans cesse usage, et que l'on appelle le *Canon des Rois*. N'ayant rien trouvé de pareil pour l'Égypte,
il est tout simple qu'il n'ait pas mentionné les phénomènes astronomiques qu'on pouvait y avoir observés,
et qui lui devenaient inutiles. Mais conclure de son silence que les Égyptiens ne les avaient pas observés, c'est
précisément comme si l'on voulait prétendre qu'il n'a
jamais existé de pharaons en Égypte, parce qu'il n'en a
pas cité un seul.

Les illusions provenant du manque de critique et de
l'inexpérience de l'art d'observer, ont jusqu'à présent
fort entravé l'étude de l'ancienne astronomie des Égyptiens, et détourné les voyageurs de recueillir les documents qui auraient été les plus propres à l'éclairer, en

opposant à leur recherche des préjugés scientifiques qui les déclaraient d'avance inutiles. C'est pour combattre ces fausses tendances que, dans l'introduction qu'on vient de lire, j'ai choisi principalement des exemples relatifs à l'astronomie égyptienne, et je les compléterai par deux autres qui vont au même but [1].

Dans l'étude de l'astronomie indienne et de l'astronomie chinoise, nous aurons moins de difficultés à vaincre pour découvrir la vérité, parce que nous les explorerons sur des textes authentiques, fidèlement traduisibles, qui contiennent tous les éléments de la solution. Néanmoins, les opinions diverses et souvent contradictoires que des érudits très-renommés se sont faites de l'une et de l'autre, nous offriront des occasions fréquentes de reconnaître et de combattre des erreurs provenant des deux causes que j'ai signalées dans cette introduction; et cela me persuade qu'elle préparera efficacement les esprits à s'en préserver.

---

[1] Voyez l'*Avertissement.*

AVERTISSEMENT

RELATIF

AUX ÉTUDES D'ASTRONOMIE INDIENNE

QUI SONT RASSEMBLÉES DANS LES PAGES SUIVANTES

Plusieurs circonstances favorables se sont réunies pour me faire entreprendre aujourd'hui ce sujet de recherches que j'avais depuis longtemps le désir d'aborder. Il y a une vingtaine d'années, qu'à la suite d'un long travail sur l'ancienne astronomie chinoise, qui a été publié en entier dans le *Journal des Savants* de 1840, je fus conduit à reconnaître que les 28 divisions stellaires, appelées par les Hindous *nakshatras*, lesquelles ont été admises par tous les savants européens, sous le titre de *mansions de la lune*, comme constituant un *zodiaque lunaire* propre à l'Inde, ne sont, en réalité, que les 28 divisions stellaires des anciens astronomes chinois, détournées de leur application astronomique, et transportées par les Hindous à des spéculations d'astrologie, qui seraient géométriquement incompatibles avec les inégalités de leurs intervalles, s'ils ne les y adaptaient, tant bien que mal, au moyen de conventions artificielles suffisamment satisfaisantes pour la crédulité populaire. Cela m'avait fait soupçonner que toute cette science astronomique, dont les brahmes disent être en possession depuis des millions d'années, pourrait bien n'être ni si ancienne, ni si purement indienne, qu'on l'avait cru sur leur parole, et je souhaitais fort de pouvoir m'en éclaircir en étudiant les traités d'astronomie indiens de diverses époques, à commencer par celui qui est considéré comme un texte sacré dont tous les autres dérivent, et que l'on appelle le *Sûrya-Siddhânta*.

C'est ce projet que je viens d'accomplir, grâce à l'assistance que m'ont prêtée mes savants confrères de l'Académie des inscriptions. D'abord, pour les temps modernes, vers la fin de l'année dernière, M. Mohl me fit connaître et me mit dans les mains, un traité usuel d'astronomie indienne que les missionnaires américains, établis dans l'île de Ceylan, avaient traduit du sanscrit en tamoul pour l'instruction de leurs élèves, et qu'ils ont publié depuis peu d'années à Ceylan même, en l'accompagnant d'une version anglaise. C'est un cadre très-utile à explorer, et beaucoup plus que ne le serait un ouvrage du même ordre dans notre Europe. Car, d'après les analyses des traités d'astronomie propres à l'Inde, que l'on trouve dans les *Mémoires de la Société de Calcutta*, tous, les plus anciens comme les plus modernes, sont identiques, pour le fond, les uns aux autres. Tous se composent uniquement de règles abstraites, je dirais volontiers de recettes, exprimées en stances versifiées, indiquant de certaines suites d'opérations numériques qu'il faut successivement effectuer pour obtenir les positions apparentes du soleil, de la lune et des cinq planètes principales ; tout cela, sans aucune intervention quelconque de démonstrations ou de raisonnements théoriques, ni d'observations justificatives, ni, au moins en apparence, de doctrines ou de déterminations étrangères à l'Inde ; de sorte que c'est uniquement, dans ces recettes mêmes, qu'il faut chercher à découvrir les théories astronomiques qu'elles représentent, et les sources, indigènes ou étrangères, d'où elles sont dérivées. Les savantes études des ouvrages sanscrits que l'on doit à Colebrooke, à Davis, à Bentley, tout étendues et consciencieuses qu'elles sont, ne fournissent pas de données suffisantes pour remonter à ces origines. Elles ont pour objet spécial d'exposer les procédés numériques de l'astronomie indienne, non pas d'en sonder les fondements ; ce qu'ils sont d'autant moins portés à faire, qu'avec tous les savants européens du dix-huitième siècle ils admettent comme indubitable la haute antiquité des connaissances astronomiques dont les Hindous se vantent, et que, n'étant pas eux-mêmes des astronomes pratiques, ils n'ont pas le sentiment des difficultés, des impossibilités, que présentent certaines déterminations phénoménales qui se trouvent consignées et employées dans les livres qu'ils analysaient.

Si l'on veut voir avec quelle force cette confiance absolue dans les assertions des brahmes était alors établie, on n'a qu'à lire dans l'*Histoire de l'Astronomie ancienne* de Delambre l'analyse détaillée du traité de Bailly sur l'astronomie indienne, et des *Mémoires de la Société de Calcutta* sur le même sujet. Partout, dans cette analyse, Delambre confesse avec hésitation, les doutes, les invraisemblances, que présentent à son sens pratique l'immense antiquité attribuée à la science indienne, et l'originalité d'invention qu'on lui suppose ; mais il n'ose déclarer ouvertement ce qu'on voit qu'il en pense, craignant de heurter de front un préjugé trop puissant. Aujourd'hui la critique érudite est plus libre, et elle ne redoute pas les opinions nouvelles, quand elle peut les appuyer sur la discussion des documents originaux. C'est l'avantage que j'ai dû à l'assistance bienveillante, dévouée, infatigable, que m'a prêtée notre savant indianiste, M. Adolphe Regnier. Par lui j'ai pu pénétrer dans les textes sanscrits, comme s'ils m'étaient directement accessibles. J'ai pu ainsi vérifier les citations, les traductions, qu'en avaient données les membres de la *Société de Calcutta*, connaître et mettre à profit les indications d'origine étrangère aperçues par d'autres savants indianistes, puiser enfin dans le *Sûrya-Siddhânta* lui-même les détails qui m'étaient nécessaires pour apprécier les procédés d'observation, ainsi que les pratiques qu'on y voit mentionnées; toutes choses sans lesquelles je n'aurais jamais, non-seulement effectué, mais tenté d'effectuer ce travail. J'ai reçu encore d'autres secours. M. Munk m'a traduit de l'arabe deux passages d'astronomes hindous fort renommés, Varâhamihira et Brahmagupta, qui ont été rapportés par Albirouni, et qui ont une importance capitale dans la question qui m'occupait. D'autres m'ont été fournis par le savant mémoire de M. Reinaud sur l'Inde. Tout récemment encore, M. Stanislas Julien m'a fait connaître un document chinois dans lequel les 28 divisions stellaires qui servent de fondement à l'astronomie chinoise sont présentées en correspondance avec les 28 *nakshatras* des Hindous. Or ce tableau, composé en Chine il y a je ne sais combien de siècles, s'est trouvé absolument identique, dans son ensemble comme dans ses détails, avec celui que j'avais construit moi-même, il y a vingt ans, d'après mes propres études, et publié alors dans le *Journal des Savants;* ce qui m'a donné confiance dans les vues que j'avais émises. Cet ensemble de secours qui est venu si heureusement en aide à mon insuffisance, m'a fait apprécier une fois de plus l'utilité des relations intellectuelles que l'Institut de France établit entre les membres des diverses académies qui le composent, relations qui rendent exécutables des travaux mixtes que, sans elles, on ne pourrait pas aborder. Si, dans cette circonstance, elles m'ont conduit à me faire sur l'antiquité et l'originalité de la science astronomique des Hindous, une opinion toute contraire à celle qu'on en avait eue jusqu'ici, je ne me la suis pas faite sans preuves et sans l'avoir longtemps méditée. Je réclame donc de l'équité des indianistes et des astronomes qu'ils veuillent bien examiner et peser ces preuves, avant de rejeter les conclusions auxquelles je suis parvenu, tout étranges qu'elles puissent leur paraître.

13 septembre 1859.

ÉTUDES

sur

L'ASTRONOMIE

INDIENNE

I

The oriental Astronomer, etc. *L'Astronome d'Orient*, offrant un système complet d'astronomie indienne, traduit du sanscrit en tamoul,
avec la traduction du texte en anglais, et de nombreuses notes
explicatives, par H. R. Hoisington. Un volume in-8°, imprimé par les
presses de la mission américaine établie à Batticotta, île de Ceylan.
Jafna, 1848.

I

Ce volume, parvenu bien tard en Europe, mérite d'être
signalé à des titres divers. Comme nouveauté principale, on y trouve un exposé complet de l'astronomie indienne, entièrement tiré des textes originaux, et présenté
ainsi aux lecteurs européens à l'état d'ensemble. A la
vérité, ces textes sont de dates récentes; l'un d'eux même,
rédigé dans l'île de Ceylan par un indigène, ne remonte

pas plus haut que l'année 1788. Mais tous les traités d'astronomie propres à l'Inde, ceux qui sont réputés les plus anciens, comme les plus modernes, sont identiques pour le fond les uns aux autres; ils ne diffèrent que par des modifications de détail, dues à l'infiltration de la science européenne soigneusement dissimulée. Tous se composent uniquement de règles abstraites, je dirais volontiers de recettes, exprimées en stances versifiées, indiquant de certaines suites d'opérations numériques qu'il faut successivement effectuer pour obtenir les positions apparentes du soleil, de la lune et des cinq planètes principales, en vue de leur application aux usages, soit civils, soit astrologiques, comme aussi pour présager les éclipses de lune et de soleil; tout cela, sans aucune intervention quelconque de démonstrations ou de raisonnements théoriques, ni, au moins en apparence, d'idées, de doctrines ou de déterminations étrangères à l'Inde; en quoi la présence continue et active de la science européenne n'a, jusqu'ici, nullement modifié les habitudes nationales. Aux yeux des Hindous, les règles dont leur science astronomique se compose n'ont pas besoin d'être justifiées, parce qu'elles proviennent immédiatement d'une révélation divine. Mais l'esprit scrutateur des Occidentaux lève ces voiles. Dans un glossaire fort étendu, placé à la fin du présent ouvrage, les termes sanscrits ou tamouls, qui désignent les principales phases des computations indiennes, sont traduits par les équivalents qui les représentent dans notre calcul astronomique européen; ce qui découvre clairement la marche intentionnelle de ces computations, l'élément particulier que chacune a pour objet d'établir, et leur identité plus ou moins complète avec celles que notre science raisonnée nous prescrit.

Cette collection de documents hindous, leur traduction du sanscrit en tamoul, qui est un des dialectes usités dans la moitié méridionale de la presqu'île de l'Inde, et en particulier à Ceylan où la mission américaine réside, leur arrangement judicieusement ordonné, les considérations qui montrent leurs rapports avec la science européenne, tout ce travail, dis-je, n'a pas été entrepris et exécuté pour un but mondain d'érudition scientifique ou littéraire. C'est l'œuvre, morale à la fois et savante, d'un des missionnaires américains, M' H. R. Hoisington, qui a jugé utile et nécessaire d'initier les élèves de la mission aux pratiques de l'astronomie indienne, pour les mettre en état de combattre les innombrables et enracinées superstitions dont elle est l'instrument universel parmi les populations indigènes. Il trace un tableau effrayant de ces misères mentales dans une introduction écrite en tamoul, et accompagnée de la traduction anglaise. « L'astronomie indienne, dit-il, est la « base d'un immense système d'astrologie. Les mouvements « *réels* (il aurait dû plutôt dire *apparents*) des planètes, et « leurs positions relatives, sont mis en connexion systéma- « tique avec une multitude de subdivisions arbitraires des « (douze) signes du zodiaque, et avec vingt-sept (autres) « divisions du ciel, appelées *mansions lunaires*. A cela on « associe un nombreux assemblage d'êtres fictifs, qua- « drupèdes, oiseaux, arbres, lesquels, combinés et orga- « nisés en un vaste ensemble mythologique, composent

« une théorie bien plus compliquée et difficile à compren-
« dre que l'astronomie véritable ; théorie dont les posses-
« seurs font profession de prévoir les événements futurs,
« et d'en déduire des principes infaillibles pour régler la
« conduite des personnes de tout état, de tout âge, dans
« chaque circonstance de leur vie. Ces dogmes astrologi-
« ques interviennent, souverainement et sans cesse, dans
« les arrangements domestiques et les pratiques du peu-
« ple. Ainsi, il y a des jours, des mois, heureux ou mal-
« heureux, dont l'indication est incessamment consultée,
« pour régler les relations de famille, les mariages, l'éta-
« blissement des enfants. Aucune pratique du paganisme
« n'exerce une influence plus forte, plus constante, sur
« toutes les classes de la population indienne ; et c'est en
« étudiant ses effets que l'on peut voir à nu la profondeur
« de l'esclavage moral où elle est plongée. »

Après avoir ainsi fait connaître la nature des matériaux
qu'il a rassemblés dans cet ouvrage, et le but pour lequel il
l'a composé, le respectable rédacteur consacre le reste de
son introduction à l'exposé des origines de l'astronomie
indienne, et de ses rapports avec la science astronomique
des nations anciennes ou modernes, étrangères à l'Inde.
Mais, dans ce travail de discussion historique, n'ayant plus
à manier des documents positifs, il marche à la lumière
incertaine d'une érudition empruntée, et le terrain manque
sous ses pas. Il serait inutile de l'y suivre, et il ne faut
pas lui faire un crime de s'y être égaré, après tant d'autres.
Son ouvrage nous offre un sujet d'étude qui sera plus profitable qu'une vaine critique. Il nous met sous les yeux

l'ensemble complet de l'astronomie indienne, authentiquement établi sur des textes originaux. Rassemblons autour
de ce document les données de détail éparses dans les mémoires des savants de Calcutta ou d'Europe, en y joignant
celles que fournissent d'autres sources maintenant ouvertes, et qu'ils n'avaient pas connues. De ces éléments d'investigation combinés, on verra, je crois, résulter avec évidence que la science astronomique dont les Hindous se
vantent comme leur étant propre, et dont ils font remonter
l'établissement primitif à une antiquité fabuleuse, repose
sur des données d'observations qui leur sont étrangères et
proviennent d'emprunts historiquement fort récents. Si
j'annonce d'avance cette conséquence, c'est seulement
pour me donner le droit de signaler les particularités qui
doivent y conduire, à mesure qu'elles se présenteront. Car
d'ailleurs je me garderai soigneusement de toute prévention dans l'exposé des faits de la cause, et j'y apporterai la
fidélité scrupuleuse d'un juge d'instruction.

Pour ne point se fourvoyer dès les premiers pas que l'on
fait dans cette étude, il faut y envisager, séparément l'un
de l'autre, deux sujets de recherches essentiellement distincts, que l'on a presque toujours confondus. Le premier
a pour objet les pratiques de calcul proprement astronomiques, qui servent à prévoir les positions apparentes du
soleil, de la lune, et des cinq planètes principales. Le second, spécialement astrologique, se rapporte à un mode
particulier de division du ciel en 28 segments équatoriaux d'inégales grandeurs, que les Hindous appellent
nakshatras, et que les savants européens ont générale-

ment accepté d'après eux, comme constituant en réa-
ité un *zodiaque lunaire* propre à l'Inde, où il aurait
été établi depuis un temps immémorial. Quand nous en
viendrons là, je montrerai clairement que cette institution
bizarre n'a été de leur part qu'un emprunt, dont l'emploi,
détourné de son usage primitif, est devenu le sujet d'une
véritable mystification scientifique, pour les Arabes d'a-
bord, ensuite pour les Européens. Mais je réserve cette
discussion pour un article séparé, voulant d'abord, dans
celui-ci, analyser seulement les méthodes indiennes qui
s'appliquent aux déterminations astronomiques.

J'ai déjà annoncé que ces méthodes se composent uniquement de préceptes abstraits, énoncés sans démonstration ni explication quelconques, au moyen desquels, en
opérant seulement par addition, soustraction, multiplica-
tion, division, sur certains nombres assignés, on obtient,
en définitive, chaque élément astronomique dont on a besoin. Comment saisir le fil secret qui dirige ces séries d'o-
pérations, et découvrir la doctrine scientifique qui se cache
sous leur ensemble? Voilà le problème qu'il nous faut d'a-
bord résoudre.

On y parvient en les suivant pas à pas, avec la connaissance des mouvements apparents qu'elles sont destinées à
représenter. Tous ces mouvements sont révolutifs. Le soleil,
la lune, chaque planète, accomplit le sien dans une période
de temps qui nous est connue. Or on y distingue toujours
une partie principale presque constante, appelée le *mouvement moyen*, dont la marche uniforme est occasionnellement
modifiée par des variations temporaires, d'une amplitude

beaucoup plus restreinte, que l'on appelle des *inégalités périodiques*. Chacun de ces éléments fondamentaux devra nécessairement se manifester à nous, dans les opérations indiennes, par les retours réguliers des nombres d'inégales grandeurs qui les expriment, et qui nous sont d'avance connus pour chacun des astres considérés. Il faudra découvrir aussi l'instant physique à partir duquel les révolutions successives s'énumèrent. Cette origine, que nous appelons l'*époque des tables astronomiques*, se révélera par la constance de son emploi, dans les computations indiennes effectuées pour des instants divers. Elle est un des éléments arbitraires des calculs astronomiques. L'auteur de chaque système d'opérations, ou de tables, la choisit à son gré, selon sa convenance ; généralement de manière qu'elle soit antérieure à toutes les applications qu'il veut faire. Ptolémée, par exemple, place la sienne au jour de l'avénement du roi chaldéen Nabonassar, à midi vrai au méridien d'Alexandrie [1], parce que le phénomène céleste le plus ancien qu'il pût rattacher à son temps, par une énumération continue de jours et d'heures, était une éclipse de lune observée à Babylone dans la 27ᵉ année de ce roi. Pareillement, Delambre a placé l'époque de ses tables du soleil au 1ᵉʳ janvier de l'année de l'ère chrétienne 1750, à minuit moyen de l'observatoire de Paris, parce que les observations qu'il a jugées suffisamment exactes pour les employer à la construction de ces tables, ne remontent pas plus haut. Mais rien ne l'aurait empêché, s'il l'eût voulu, de prendre pour

---

[1] Cet instant coïncide avec le midi vrai du mercredi 26 février 3967 de la période Scaligérienne, an 746 avant l'ère chrétienne, date astronomique.

époque toute autre date plus ancienne, en y reportant, par un calcul rétrograde, les éléments des mouvements qu'il avait conclus d'observations plus récentes. Il ne faut pas perdre de vue ce caractère essentiellement conventionnel des *époques* astronomiques; car, faute de le faire, on s'exposerait à prendre des fictions de calcul pour des phénomènes réellement observés. C'est ce qui est arrivé à Bailly, et, après lui, à beaucoup d'autres.

Quand on aura ainsi découvert les bases numériques et le but intentionnel des pratiques indiennes, on pourra les reconstruire en méthode scientifique, et voir ce qu'elles renferment de propre ou d'étranger au pays où on les trouve établies.

Ce procédé de déchiffrement a été appliqué, pour la première fois, par Dominique Cassini, aux règles de l'astronomie siamoise, que le chevalier de la Loubère, ambassadeur de Louis XIV, avait rapportées en manuscrit de Siam, après les avoir fait traduire en français, sur les lieux mêmes, par les missionnaires qui lui servaient d'interprètes [1]. En suivant, comme je l'ai dit, pas à pas, les opérations que ces règles prescrivent, Cassini y démêla d'abord deux ordres de nombres. Les uns exprimaient des périodes d'années solaires, de mois lunaires, de diverses révolutions célestes, ou les rapports de leurs grandeurs respectives. Les autres désignaient les *époques absolues*, à partir desquelles chacune de ces périodes doit commencer à s'énumérer. De sorte qu'en combinant successivement ces données entre

---

[1] *Du royaume de Siam*, par M. de la Loubère, envoyé extraordinaire du roi Louis XIV auprès du roi de Siam, en 1687 et 1688, t. II, p. 142 et suiv.

elles, comme les règles le prescrivent, on est conduit tout droit, sans explication et sans livres, aux déterminations astronomiques actuellement applicables à toute date désignée. Cassini découvrit ensuite une époque qui lui parut servir d'origine commune à toutes les périodes employées dans ces computations. Elle répond au samedi 21 mars de l'an 638 de l'ère chrétienne, à 3 heures du matin au méridien de Siam. Mais certaines corrections de détail, impliquées dans les calculs, lui firent juger qu'elle avait été originairement établie pour un méridien plus occidental, qui se trouva être celui de Bénarès, un des centres de la science brahmanique. Les tables du soleil et de la lune qui étaient en usage au temps de Cassini lui indiquaient ce 21 mars comme ayant été le point de concours de plusieurs phénomènes remarquables : le soleil était à l'équinoxe vernal ; la lune nouvelle ; la conjonction moyenne équinoxiale, et presque écliptique ; ce qui avait amené une grande éclipse de soleil quatorze heures après. La réunion de toutes ces circonstances rendait en effet très-convenable de prendre une telle époque pour origine de mouvements révolutifs qui devaient s'en dériver par des périodes de temps. Toutefois Cassini ne trouvait pas que l'équinoxe vernal de l'année 638, théoriquement calculé par les tables du soleil alors en usage, coïncidât précisément avec ce 21 mars; ce qu'il attribuait aux incertitudes que pouvaient comporter leurs indications de la date absolue d'un tel phénomène. Mais la discordance est très-réelle. Car cet équinoxe eut lieu le 18 mars, non le 21. Cela infirme donc la communauté d'origine que Cassini avait admise; et en effet, quoiqu'elle dût lui paraître très-vraisemblable, elle n'était pas, en réalité, tout à fait exacte pour ce temps-là.

Cassini reconnut encore que, dans les computations spécialement astronomiques, les Siamois employaient une année solaire sidérale contenant $365^j\ 6^h\ 12^m\ 36^s$. C'est la même qui est prescrite dans le *Sûrya-Siddhânta*, le plus ancien traité d'astronomie indienne que nous possédions en Europe, et que les Hindous considèrent comme révélé. Mais, par une conséquence de sa première erreur, Cassini lui attribua pour origine l'équinoxe vernal de l'année 638, tandis que, suivant le précepte établi dans le *Sûrya-Siddhânta* et universellement adopté par les auteurs hindous, elle commence à l'instant où le soleil atteint une toute petite étoile de la constellation grecque des Poissons, qui est désignée dans nos catalogues par la lettre ζ, laquelle, en 638, se trouvait un peu à l'occident du point équinoxial. Or Cassini ne pouvait pas imaginer que des astronomes, qui observaient à la vue simple, auraient placé ainsi l'origine de leurs longitudes sidérales dans un point du ciel à peine perceptible, sans s'inquiéter des difficultés d'application continuelles qu'un tel choix devait entraîner.

Cette forme d'année sidérale ne sert que dans les calculs astronomiques. Dans le calendrier civil et les computations astrologiques, Cassini constata l'emploi exclusif de périodes lunisolaires, commençant au solstice d'hiver, et impliquant une année tropique de $365^j\ 5^h\ 55^m\ 13^s,77$, à peine différente de celle de Ptolémée, dont elle reproduit presque identiquement l'erreur. En outre, ces années civiles s'énumèrent à partir d'une époque initiale beaucoup plus ancienne que l'astronomique. En effet, d'après des lettres officielles et d'autres documents datés, que lui avait remis M. de la Loubère, notre année grégorienne 1687 se trouvait concorder avec la 2231ᵉ de ces années siamoises, ce qui rapporte leur origine à 544 ans avant l'ère chrétienne. Cassini se montre quelque peu surpris d'une date qui remonte au temps de Pythagore, et il se demande si l'institution de cette année civile ne serait pas en rapport avec le séjour du philosophe grec dans l'Inde. Les lecteurs du *Journal des Savants* n'auront pas besoin de recourir à des communications si éloignées; car, dans un article de M. Barthélemy Saint-Hilaire, inséré au cahier de juin 1858, p. 344, ils ont pu voir que la chronique singhalaise le *Mahâvansâ*, qui a été écrite en l'an 420 de l'ère chrétienne, place à l'an 543 ou 544 avant cette ère, la mort physique de Bouddha ou son entrée dans le Nirvâna [1]; et cette tradition religieuse, transmise des Singhalais aux Siamois avec le culte de Bouddha, a pu être fort postérieurement adoptée par eux pour origine d'une forme d'année civile. En général, le choix des ères chronologiques est, comme celui des époques astronomiques, tout à fait conventionnel. Leur usage chez un peuple ne suppose nulle-

---

[1] Le texte du *Mahâvansâ* a été découvert à Ceylan par un savant indianiste, M. Turner, qui avait résidé longtemps dans cette île; il l'a traduit du pâli en anglais sur les lieux; et sa traduction imprimée à Ceylan même, par les presses de la mission américaine, a été publiée en 1836 sous ce titre : *The twenty chapters of the Mahâwansâ, with a prefatory essay by the Hon. George Turner of the Ceylon civil service, Batticotta, Church mission press, 1836.* M. Barthélemy Saint-Hilaire a donné l'analyse de cet ouvrage, dans l'article que j'ai cité.

ment que l'institution en ait été contemporaine de l'événement auquel on la rapporte. Ainsi notre calendrier chrétien, qui a pour ère la nativité du Christ, a été établi bien postérieurement à ce fait, dont l'époque absolue n'est pas même aujourd'hui rigoureusement fixée[1]; car on sait qu'il fut rattaché conventionnellement à cette origine par une computation rétrograde, sur la proposition d'un savant religieux appelé *Denys le Petit*, qui vivait sous l'empereur Justinien. Les chrétiens, jusqu'alors, avaient compté les années comme les Romains, suivant le calendrier de Jules César. Pareillement, les années lunaires du calendrier actuel des Arabes se comptent à partir d'une époque appelée par eux l'*hégire* ou l'*ère de la fuite*, parce qu'ils admettent que la première de ces années contient le jour où Mahomet se réfugia de la Mecque à Médine pour échapper à ses persécuteurs. Mais les règles de calcul unanimement attachées à ce système d'années par les astronomes orientaux, montrent avec évidence que leur origine, devenue l'ère arabe vulgaire, a été fixée postérieurement au fait par un calcul rétrospectif, d'après un choix de circonstances phénoménales, pareil à celui que les Grecs avaient adopté pour l'établissement de leurs périodes lunaires[2]. L'ère bouddhique des Siamois n'a également d'autorité rétrospective que celle qu'elle tire de sa conformité avec la chronique singhalaise, appelée le *Mahâvansâ*. Or cette chro-

---

[1] Petau, *Rat. temp. pars secunda*, p. 16, in-12, 1652.

[2] Biot, *Résumé chronologique, Mémoires de l'Académie des sciences*, t. XXII, p. 461 et suiv.

nique ayant été rédigée en l'an 420 de notre ère, sur des documents traditionnels entremêlés de légendes fabuleuses, elle n'aurait elle-même qu'une autorité chronologique bien faible pour fixer la date précise d'un événement qui lui est antérieur de mille années. Toutefois, la crédulité des Siamois a pu très-bien s'en accommoder. Un usage populaire, lié aux croyances religieuses, n'a pas besoin pour s'établir d'être fondé sur des calculs rigoureux.

Ce caractère purement conventionnel des époques astronomiques et des ères chronologiques, est surtout indispensable à reconnaître quand on s'occupe de l'astronomie des Hindous; car, effectuant presque toutes leurs computations par des périodes révolutives de temps, ils y ont multiplié à l'infini ces fixations d'origine, qu'il faut bien se garder de prendre pour des dates de phénomènes réellement observés.

J'ai insisté avec quelque détail sur cette première interprétation si habile, donnée par Cassini des règles de l'astronomie indienne qui avaient été rapportées de Siam en 1687, parce que la même méthode de déchiffrement s'est appliquée, avec un égal succès, à toutes celles que la Société de Calcutta nous a fait connaître depuis, d'après les livres sanscrits mêmes; toutes étant pareillement présentées sous la forme de recettes numériques non disputables, qui ne sont que des variantes plus ou moins complexes d'un type commun. Omettant donc les communications intermédiaires, qui, trop incomplètes, et obtenues sans la connaissance de la langue et des croyances indigènes, n'ont suggéré aux savants d'Europe que de vains systèmes, j'arrive tout de suite à ces derniers documents.

De tous les anciens livres d'astronomie écrits en sanscrit, le plus vénéré, celui que les Hindous considèrent comme leur Évangile astronomique, et qui a servi de base à tous leurs traités postérieurs, s'appelle le *Sûrya-Siddhânta*, ce qui, d'après la traduction littérale que notre savant indianiste, M. Ad. Regnier, m'a donnée de ce titre, signifie proprement : *Vérité certaine, révélée par Sûrya* (le soleil). Il ne porte ni date de publication ni nom d'auteur. On n'en a pas encore donné de traduction complète dans les langues européennes; mais les savants indianistes de la Société de Calcutta, particulièrement Samuel Davis, Bentley, Colebrooke, en ont traduit des passages assez étendus et assez nombreux pour faire parfaitement connaître toutes les données numériques d'astronomie qu'il renferme, ainsi que les préceptes qu'on y donne sur la manière de les employer; si bien qu'eux-mêmes ont pu s'en servir avec succès pour calculer d'avance des éclipses de lune et de soleil, comme l'aurait fait un Hindou. Nous pouvons donc tirer aujourd'hui de leurs recherches la nature et l'esprit des méthodes dont cette science astronomique se compose ; d'autant plus sûrement que nous les trouvons reproduites et rassemblées dans l'ouvrage publié par la mission américaine de Ceylan, sous le titre *The oriental Astronomer*, qui m'a fourni l'occasion du présent article. D'après ces documents, complétés, au besoin, par l'assistance de M. Regnier, je vais d'abord résumer et caractériser les règles indiennes du *Sûrya-Siddhânta*, qui sont réputées les plus anciennes. La question d'origine viendra après.

Pour ne pas compliquer cette exposition par l'emploi de mots hindous dont l'étrangeté fatiguerait inutilement des lecteurs européens, je dirai d'abord que les constructions géométriques et les conventions numériques, usitées dans l'astronomie indienne, sont toutes, ou presque toutes, identiques à celles qui étaient en usage dans l'astronomie grecque; de sorte qu'ayant une signification commune, je pourrai les désigner par les mêmes dénominations auxquelles nous sommes accoutumés. Seulement, pour signaler, au besoin, les particularités philologiques qui pourraient donner occasionnellement aux termes sanscrits des caractères spéciaux d'origine, soit indigène, soit étrangère, je m'appuierai, comme je l'ai fait déjà, sur les interprétations qui me seront fournies par M. Regnier.

Les Hindous, comme les Grecs, partagent la circonférence en 360° qu'ils fractionnent aussi en parties plus petites, identiques à celles que nous appelons minutes, secondes, tierces, etc., suivant tous les ordres de la subdivision sexagésimale [1]. D'après ce que m'a appris M. Regnier, les noms par lesquels ils désignent ces diverses fractions n'offrent aucun caractère d'application spécialement astronomique. Ils ont seulement le sens général de collections ou de parties d'un tout [2]. Ils conçoivent pareil-

---

[1] *Sur les calculs astronomiques des Hindous,* par Samuel Davis, *Asiatic Researches,* t. II, p. 232.

[2] Il m'a paru essentiel, pour la question historique, de connaître précisément la signification, générale ou particulière, des noms par lesquels les Indiens désignent ces divers ordres de subdivisions ainsi que leurs rapports, dans leur application abstraite à la circonférence du cercle ou aux signes

lement dans le ciel deux cercles abstraits, dont l'un représente l'équateur céleste, l'autre l'écliptique, route apparente du soleil, celui-ci incliné sur le premier de 24°, comme dans Ptolémée; et cette évaluation de leur obliquité mutuelle a été invariablement conservée dans tous les traités postérieurs au *Sûryâ-Siddhânta*, quoique l'angle compris entre les deux cercles célestes soit devenu depuis notablement moindre, et qu'antérieurement il ait dû être

de l'écliptique. Tel est le sujet de la note suivante qui m'a été remise par M. Regnier.

Transcription et traduction littérale du çloka qui contient la division du cercle écliptique et qui est cité par Davis, As. Res., t. II, p. 232.

Vikalânâm kalâ shashṭyâ tatshashṭyâ bhâga utchyate
Tattrimçatâ bhaved râçir bhagaṇo dvâdaçaiva te.
(*Sûrya-Siddhânta*, I, 28.)

« Par une soixantaine de *vikalas*, une *kalâ;* par une soixantaine de celles-
« ci, un *bhâga* est dit (formé); par une trentaine de ceux-ci serait (fait) un
« *râçi;* ceux-là (les *râçis*, au nombre de) douze (sont) le *bhagaṇa* [*].»
Kalâ signifie proprement « part, portion. »
Vikalam (formé de *kalâ*, et de *vi*, qui marque division) signifie « fraction
de part. »
Bhâga (de la racine *bhadj*, « diviser ») veut dire « division. »
Râçi, « monceau et quantité. »
Bhagaṇa, qui désigne « la route du soleil à travers les *râçis*, » et que le
Sûrya-Siddhânta emploie très-souvent aussi pour les révolutions des corps
célestes en général, est formé de *bha* « astre, astérisme, » mot très-fré-
quemment employé dans le *Sûrya-Siddhânta*, et de *gaṇa* « troupe, série; »
ainsi composé, il signifierait au propre « troupe, » ou « série d'astérismes. »
Le mot *bhagaṇa*, écrit comme il l'est ici, avec le premier *a* bref et le *ṇ*
cérébral, ne se trouve pas dans le dictionnaire de M. Wilson. On y trouve
seulement le mot *bhâgana*, avec le premier *a* long et le *n* dental, pour exprimer la période durant laquelle le soleil parcourt les douze signes du
zodiaque (lisez « de l'écliptique »), et par ellipse le zodiaque lui-même. Ce
dernier mot, *bhâgana*, qui vient, comme *bhâga*, de *bhadj* « diviser, » signifie au propre « division, chose divisée, »

---

[*] Les mots compris entre parenthèses ne sont pas dans le texte sanscrit.

plus grand. Cela semblerait montrer que l'astronomie des Hindous n'est pas d'une date si ancienne qu'ils le prétendent, ou que, dans ces temps-là, ils étaient aussi peu habiles aux observations qu'ils le sont encore aujourd'hui.

Ils divisent, comme les Grecs, le cercle écliptique en douze parties égales, ou signes, comprenant chacun trente degrés sexagésimaux ; et ils les énumèrent aussi consécutivement dans l'ordre suivant lequel le soleil les parcourt. Un autre trait de conformité, d'autant plus remarquable qu'il porte sur une dénomination dont le choix est tout à fait arbitraire, c'est qu'ils appellent le premier de leurs signes écliptiques *mesha*, nom qui signifie au propre le *Bélier*. Et ils y comprennent les mêmes étoiles que le mouvement de précession a fait entrer dans le signe grec, quelques siècles après Ptolémée. Ainsi ils le font commencer à une petite étoile que Colebrooke et Davis ont indubitablement identifiée avec celle que nous désignons par la lettre ζ dans la constellation grecque des Poissons [1], ce que je confirmerai ultérieurement par des documents d'une nature toute différente, qui leur étaient inconnus. Cette étoile est marquée dans le catalogue de Ptolémée comme étant presque dans l'écliptique, et située à 7° en arrière de l'équinoxe vernal de son temps. D'après sa position exacte, que nous connaissons, la rétrogradation progressive de ce point a dû l'y mener vers l'an $572\frac{77}{100}$ de l'ère chrétienne. Mais, si l'on faisait le même calcul en partant de la position que Ptolémée lui donne, et en admettant la valeur

---

[1] *Colebrooke Essays*, II, p. 344 et 464. — Davis *On the astronomical computations of the Hindous, Asiatic Researches*, t. II, p. 269.

qu'il assigne à la précession annuelle, on trouverait que cette coïncidence n'aurait dû avoir lieu que dans l'année de notre ère 837; de sorte qu'un mathématicien non astronome, qui aurait opéré ainsi sur la foi de son livre, aurait dû la supposer effectivement telle à cette date. Or Colebrooke a constaté que le *Sûrya-Siddhânta* prescrit de mesurer les distances angulaires des astres à cette étoile ζ pour obtenir leurs longitudes comptées de l'équinoxe vernal, en indiquant d'ailleurs pour cela un procédé d'observation à peu près impraticable[1]. Donc elle coïncidait effectivement, ou elle était mathématiquement supposée coïncider avec l'équinoxe vernal au temps où ce livre fut écrit, ce qui en placerait la composition dans le dernier quart du sixième siècle de notre ère, si la coïncidence fut effectivement constatée par une observation exempte d'erreur. C'est la conclusion de Colebrooke. Mais les astronomes pratiques trouveront, je crois, le fait fort douteux. En général, déterminer par observation la distance angulaire d'une étoile de l'écliptique au point équinoxial actuel, qui n'est pas physiquement marqué sur le cercle céleste, c'est une opération très-délicate et difficile, même avec l'ensemble des instruments perfectionnés que nous possédons. Comment l'auteur du *Sûrya-Siddhânta*, avec l'instrument grossier que ses commentateurs nous décrivent, aurait-il pu l'effectuer, ou même tenter de l'effectuer pratiquement, sur une petite étoile de quatrième grandeur comme ζ des Poissons, qui s'aperçoit à peine à la vue

---

[1] *Colebrooke Essays*, t. II, p. 325.

simple? Et comment, d'après une pareille épreuve, la coïncidence précise de cette étoile avec l'équinoxe vernal de
son temps aurait-elle pu lui paraître si indubitablement
assurée, qu'en tenant compte du déplacement relatif que
ce point éprouve par l'effet de la précession, il osât choisir
cette étoile pour l'origine physiquement invariable à partir
de laquelle les longitudes sidérales du soleil, de la lune et
des planètes, devront toujours être mesurées, pour conclure ensuite leurs longitudes vraies comptées de l'équinoxe mobile, convention qui a été depuis acceptée comme
un rite par tous les astronomes hindous? Toute cette série
de prescriptions peut s'expliquer, et même se justifier, si
la coïncidence primitive avait été établie par une déduction mathématique, analogue à celle que j'ai exposée; après
quoi les longitudes sidérales se déduiraient de leurs valeurs initiales par des périodes révolutives, sans avoir besoin d'être mesurées par l'observation. Cela s'accorderait
avec les applications des règles indiennes, qui procèdent
uniquement par des opérations numériques, sans consulter le ciel. Mais, que la coïncidence initiale ait été établie
par des observations immédiates, qui dussent être pratiquement réitérées avec les instruments que les auteurs
hindous nous décrivent, on ne saurait le concevoir.

Ce n'est pas seulement le premier signe *mesha*, le *Bélier*, qui se trouve avoir une dénomination figurative, physiquement identique chez les Hindous et les Grecs. D'après
un passage très-détaillé du *Sûrya-Siddhânta*, dont Colebrooke a donné la traduction littérale, la même identité de
désignation existe pour chacun des onze autres signes,

énumérés dans le même ordre que les Grecs leur ont donné[1]; et M. Regnier a bien voulu constater pour moi l'exactitude de ce fait sur le manuscrit même du *Sûrya-Siddhânta* que la Bibliothèque impériale possède[2]. De là

---

[1] *Colebrooke Essays*, t. II, p. 349.

[2] Voici la note que M. Regnier m'a remise sur le résultat de son exploration ; et je l'insère ici tout entière à cause du grand intérêt d'identification qu'elle présente.

NOTE DE M. REGNIER.

Noms des signes du blagaṇa (du cercle écliptique) *dans le Sûrya-Siddhânta*.

Il n'y a point dans le *Sûrya-Siddhânta* d'énumération à part, complète et suivie, des signes du *bhagaṇa*. Il en est parlé comme de choses connues, et leurs noms sont employés çà et là, quand le sujet le demande, comme des mots qui ont cours et que tout le monde comprend. Parfois, quand on en a plusieurs à nommer, on ne dit que le premier avec un *etc.*

Voici ceux que j'ai trouvés en parcourant le poëme dans les trois fascicules imprimés qu'a donnés jusqu'ici la *Bibliotheca indica;* et pour la fin, qui n'est pas encore publiée, dans le manuscrit Burnouf du *Sûrya-Siddhânta* qui appartient maintenant à la Bibliothèque impériale :

1. Le Bélier. *Mesha*, i, 57 ; iii, 18, 42 ; xii, 45, 48, 57, 67 ; xiii, 6 ; xiv, 10.

     Adja, ii, 45 ; xiii, 11.

     (*Mesha*, comme nom commun, signifie « bélier, » et *adja*, « bouc, » au féminin, *adjâ*, « chèvre. »

2. Le Taureau. . . *Vṛisha*, viii, 11, 13, 20 ; xii, 66.

     (Comme nom commun, « taureau. »)

3. Les Gémeaux.. *Mithuna*, viii, 10 ; xii, 64 ; xiv, 5.

     (Comme nom commun, « paire, couple. »)

4. Le Cancer. . . *Karka*, ii, 40, 49 ; iii, 19 ; xii, 49 ; xiii, 7 ; xiv, 9.

     Karkaṭa, iii, 44 ; xii, 64.

     (Comme noms communs, les deux mots signifient « crabe. »

5. Le Lion.. . . . Son nom ordinaire, dans les autres livres d'astronomie, est *siṁha* « lion. » Je ne l'ai pas trouvé dans le *Sûrya-Siddhânta*. Il y a un passage où il devrait être nommé avec les trois signes qui le précèdent, en opposition aux « Scorpion, Sagittaire, Capricorne et Verseau ; » mais, au lieu d'être désigné à part, il se trouve compris dans la tournure collective que voici : *Vṛishâdye*

on peut, je crois, conclure en toute assurance que l'un des deux peuples a emprunté à l'autre cette suite de symboles; car, étant tous entièrement et individuellement arbitraires, il n'y aurait aucune vraisemblance à supposer que les Hindous et les Grecs se seraient séparément accordés pour les prendre tous, sans exception, dans les mêmes objets matériels, employés dans le même ordre d'application. Il restera donc à chercher auquel des deux peuples on doit

> *bhatchatushṭaye* « dans les quatre astérismes (littéralement « dans le quatuor d'astérismes ») commençant par le Taureau. »

6. La Vierge.. . . . *Kanyâ*, xiv, 5, 6.
> (Comme non commun, « jeune fille. »)

7. La Balance... *Tulâ*, i, 58; ii, 45; iii, 19, 44; xii, 45, 49, 58, 67; xiii, 7; xiv, 4.
> (Comme non commun, « balance. »)

8. Le Scorpion.. . *Àlin*, , xii, 66.
> (Comme nom commun, « scorpion. »)

9. Le Sagittaire. . *Dhanuh*, xii, 63, 66; xiv, 5.
> (Comme nom commun, « arc. »)

10. Le Capricorne. *Makara*, i, 58; ii, 40, 49; xiv, 9.
> (Comme nom commun, « monstre marin. »)
>
> *Mriga*, iii, 19; ix, 12; xii, 49, 63, 66; xiii, 7.
> (Comme nom commun, « gazelle, bête fauve à cornes. »)

11. Le Verseau... *Kumbha*, xii, 66.
> (Comme nom commun, « pot à eau. »)

12. Les Poissons. . *Animisha* (au singulier), xiv, 5.
> (Comme nom commun, « poisson, » littéralement « qui ne cligne, ne ferme pas les yeux. » Dans les autres ouvrages d'astronomie, ce signe est plus ordinairement appelé *mîna*, mot qui signifie également « poisson. »)

Voyez dans Weber, *Indische Studien*, t. II, p. 259, 260, la liste des noms divers (au moins des principaux) donnés en sanscrit aux signes du *bhagaṇa*, mot que les indianistes traduisent généralement par « zodiaque, » et dans les *Transact. of the lit. Soc. of Madras*, 1, London, p. 63-77, les noms grecs des signes écliptiques transportés eux-mêmes en sanscrit avec de bizarres altérations.

en attribuer l'usage primitif. C'est là une question d'origine que nous réservons.

A la vérité, si l'on en veut croire Bailly, on devrait admettre que tout cet ensemble de divisions et de désignations figuratives a été originairement établi par un peuple antérieur, parvenu à un très-haut degré de civilisation, qui avait fait de très-grands progrès dans les sciences, les arts, sans doute aussi en astronomie, et qui a été soudainement détruit tout entier dans une grande catastrophe géologique, sans rien laisser de lui dans la mémoire du reste des hommes, si ce n'est un vague souvenir de son existence, et quelques notions scientifiques ou de théogonie que la tradition a conservées. Mais, créer ainsi un passé imaginaire pour expliquer les choses présentes, c'est une liberté que ne permet plus la critique moderne. Ce genre de solutions fantastiques, fort goûté au temps de Bailly, est passé de mode, et je ne m'arrêterai pas à combattre des fictions désormais abandonnées.

Pour compléter ces préliminaires, il me reste à définir le mode d'énumération du temps qui est employé dans le *Sûrya-Siddhânta*, et dans tous les traités postérieurs. Pour tout ce qui est calcul astronomique, les Hindous ne font aucun usage de l'année tropique, dont la durée est comprise entre deux retours consécutifs du soleil à l'équinoxe vernal vrai. D'après la règle immuablement établie dans le *Sûrya-Siddhânta*, ils y emploient l'année sidérale dont j'ai déjà indiqué plus haut la limite et la durée. Elle commence à l'instant où le soleil atteint la petite étoile ζ des Poissons, et finit quand il y revient après avoir fait le tour entier du ciel. Ils expriment sa durée en jours et fractions sexagésimales de jours moyens solaires absolument comme Ptolémée[1]. Mais l'évaluation absolue qu'ils en donnent n'est pas d'origine purement grecque. Elle est, à $\frac{2}{3}$ de seconde près, une moyenne arithmétique entre l'ancienne année sidérale des Chaldéens, mentionnée par Albategni[2], et celle qui résulte des périodes lunisolaires d'Hipparque. En effet, on a ainsi :

Les Chaldéens.	365^j.	6^h.	11^m.	0^s.
Hipparque..	365 .	6 .	14 .	11 ,790
Moyenne.	365 .	6 .	12 .	55 ,895
Sûrya-Siddhânta.	365 .	6 .	12 .	36 ,556
Excès des Hindous.			+	0 ,661

Cette année indienne est la même que Cassini a extraite des règles de l'astronomie siamoise, comme nous l'avons vu précédemment ; et, ce qui est bien digne de remarque, elle s'y trouve associée à l'inexacte année tropique de Ptolémée, affectée de presque toute son erreur[3], offrant ainsi une sorte de marqueterie de matériaux qui semblent avoir été empruntés à des sources diverses, et non pas conclus d'observations propres. Mais ce sont là des mystères dont l'astronomie indienne est remplie.

Je viens d'exposer les conventions géométriques et les données numériques qui servent de fondements aux cal-

[1] *Almageste,* liv. III, chap, II. *De la longueur de l'année,* t. I, p. 155, édition de Halma.

[2] Albategnius, *de Numeris stellarum,* p. 65.

[3] *Du royaume de Siam,* par M. de la Loubère, dissertation de Cassini, t. II, p. 230.

culs prescrits par le *Sûrya-Siddhânta*. Il faut maintenant
voir comment elles y sont mises en œuvre. Mais, trouvant
ici l'occasion favorable de ménager un temps de repos à
l'attention de nos lecteurs, je renvoie cette étude à un second article, auquel celui-ci servira de préparation.

II

Dans les pages précédentes, j'ai fait connaître les formes
spéciales des traités d'astronomie propres à l'Inde, et j'ai
montré par un exemple la marche qu'il faut suivre pour
découvrir la raison des préceptes, qu'on y trouve présentés
sans démonstration. M'attachant ensuite au *Sûrya-Siddhânta*, celui de ces livres qui a le plus d'autorité, et qui a
servi de texte ou de modèle à une foule d'autres, j'ai signalé les données de détail qui lui sont particulières. Rien
ne nous manque donc pour en mettre à nu la construction, autant que nous avons besoin de la connaître pour
discerner les traces d'origine indigène ou étrangère qu'il
peut présenter.

Le premier élément qu'il nous faut découvrir, c'est l'*é-
poque astronomique* d'où l'on fait conventionnellement partir tous les calculs. L'énoncé en est enveloppé de fictions
mythologiques dont il faut la dégager.

La durée du monde physique est partagée en quatre
âges ou *yugas*, dont les durées respectives, exprimées en
années solaires sidérales, ont les valeurs suivantes que je
range dans l'ordre d'antiquité qu'on leur attribue.

1ᵉʳ *Satya-yuga* (l'âge d'or)..	1,728,000
2ᵉ *Tretâ-yuga* (l'âge d'argent)..	1,296,000
2ᵉ *Dvâpara-yuga* (l'âge d'airain).	864,000
4ᵉ *Kali-yuga* (l'âge de fer).	432,000
Somme totale, *mahâ-yuga* (grand *yuga*). .	4,320,000

Le *kali-yuga* est aussi appelé l'*âge de l'infortune*. C'est celui dans lequel nous sommes. Le nombre qui exprime sa durée étant pris pour unité, les autres en sont des multiples exacts par 2, 3, 4, et la somme en est le décuple. La régularité mathématique de ces rapports décèle évidemment une conception artificielle. Je montrerai tout à l'heure le motif qui a déterminé le choix du nombre total 4,320,000, préférablement à tout autre, et l'on verra qu'il est lié, par une nécessité mathématique, à l'évaluation de l'année sidérale qu'on avait adoptée. Je ferai remarquer, en passant, que la période fabuleuse du *kalpa* hindou, qui remonte à la création du monde, a précisément pour durée ce même nombre multiplié par 1000.

Selon le *Sûrya-Siddhânta*, au commencement du second âge, 2,160,000 années avant le commencement du *kali-yuga*, le soleil, la lune et les cinq grandes planètes ont commencé à se mouvoir. A cette époque primordiale, tous ces astres se trouvaient réunis sur une même ligne droite passant par le soleil, au moment de minuit, sous le méridien de *Lanka*. C'est à partir de là qu'il faut compter leurs mouvements moyens dans les applications usuelles. Il faudrait remonter à une époque beaucoup plus ancienne pour que les apogées et les nœuds se trouvassent com-

pris avec eux dans cette même correspondance d'alignement.

Bornons-nous au cas d'application le plus simple. Puisque la conjonction générale, vraie ou supposée, sert d'origine à tous les calculs subséquents, il faut définir ce méridien de *Lanka* sous lequel on admet qu'elle s'est opérée.

Le *Lanka* astronomique des Hindous, est une cité imaginaire qui a été bâtie par les génies en un certain point de
l'équateur terrestre, dont le *Sûrya-Siddhânta* définit la position physique en désignant plusieurs villes de l'Inde qui
sont placées sous le même méridien. Or une d'elles, qu'il
appelle Avanti, a été incontestablement identifiée avec
Oujein, la capitale nominale du royaume de Sindya, qui a
été fort renommée pour ses établissements astronomiques.
Elle est située par 73°.30' de longitude à l'orient de Paris.
Les déterminations du *Sûrya-Siddhânta* s'appliquent donc
sans réduction au méridien réel de cette localité, lequel
passe entre l'île de Ceylan et les Maldives. On les rapporte
aux autres points de l'Inde, en tenant compte des intervalles de longitude qui sont compris entre eux.

L'époque astronomique adoptée dans le *Sûrya-Siddhânta*
se trouve ainsi mathématiquement définie. Mais, pour en
faire dériver des résultats qui soient actuellement applicables, il faut connaître l'intervalle vrai ou conventionnel de
temps qui nous en sépare. Or, depuis que les astronomes
européens ont été mis en contact immédiat avec les Hindous, on a pu identifier sans cesse leurs dates courantes
avec celles du calendrier chrétien. Le résultat constant, en
général, de ces comparaisons a été, que le commencement

du *kali-yuga* tombe dans l'année antérieure à l'ère chrétienne 3101, au moment où le soleil vrai atteint l'étoile ζ des Poissons. Ce point de concordance étant établi, nous pouvons, par un calcul rétrograde, remonter sans incertitude d'une date moderne quelconque, à tous les instants physiques compris dans les quatre âges du *Sûrya-Siddhânta.*

Ici se présente une question préjudicielle. L'auteur de ce livre nous prescrit de prendre pour origine de tous les calculs une conjonction générale qui aurait eu lieu 2,160,000 ans avant l'origine du *kali-yuga*, conséquemment 2,163,000 années avant l'ère chrétienne. Personne n'admettra qu'un tel phénomène ait été humainement observé à une époque si ancienne, et que sa date précise ait pu se transmettre ensuite, continûment jusqu'à nous. C'est donc une fiction mathématique. Or, si la conjonction supposée n'a pas eu lieu réellement à cette date, tous les nombres qu'on en déduira, pour les temps modernes, seront nécessairement viciés par son erreur. La conséquence est logiquement vraie. Mais on peut l'éluder par un artifice de calcul très-simple, fondé sur l'antiquité de la date attribuée au phénomène. Et, ce qui paraîtra plus singulier, à la distance où l'énoncé du *Sûrya-Siddhânta* le place, peu importe que le fait soit vrai ou non.

Pour prouver ceci, concevons un astronome hindou des temps modernes qui entreprend de construire un traité astronomique du genre du *Sûrya-Siddhânta*. Plaçons-le, par exemple, vers le xᵉ siècle de l'ère chrétienne, au commencement d'une année indienne, qui sera la 4000ᵉ du *kali-*

yuga. C'est à peu près la date que Bentley assigne au *Sûrya-Siddhânta*. Elle est certainement trop moderne, car, suivant le témoignage d'écrivains arabes qui méritent toute confiance, dès l'an 770 ou 772 de notre ère il avait été importé de l'Inde à Bagdad un traité d'astronomie où l'on reconnaît les méthodes du *Sûrya-Siddhânta* [1]. Toutefois, je l'adopterai ici comme donnée de calcul. Notre Hindou est en possession de l'année sidérale indienne, dont j'ai rapporté précédemment l'évaluation et l'origine. Il doit aussi connaître, pour son temps, les mouvements moyens sidéraux de la lune et des cinq planètes, ainsi que les positions absolues de ces astres autour du soleil, pour ce commencement d'année où il opère. Si, à partir de cet instant, il remonte à une date antérieure quelconque, séparée de celle-là par un nombre entier d'années sidérales, le soleil vrai s'y trouvera en coïncidence avec l'étoile ζ des Poissons, puisque c'est là une condition commune à toutes les origines d'années indiennes. Mais la lune et les planètes, reconduites aussi par leurs mouvements moyens jusqu'à cette date, devront presque infailliblement ne pas s'y trouver en conjonction avec lui. Toutefois, pour aucun d'eux, l'écart ne saurait dépasser, ni même égaler une demi-circonférence, soit en plus, soit en moins. Admettons-le tel; et, pour fixer les idées, appliquons la supposition à la lune. Une demi-circonférence contient 180° sexagésimaux, dont chacun vaut

---

[1] Particulièrement les *sinus*, évalués en nombre, de 225′ en 225′ pour toute l'étendue du quart de cercle. (Voyez l'important Mémoire de M. Reinaud sur l'Inde, p. 312 et 313, *Académie des inscriptions et belles-lettres*, t. XVIII, 2ᵉ partie.)

3600″. L'écart, exprimé en secondes de degré, sera donc le produit de ces deux nombres ou 18.36000. Divisez-le par le nombre des années de rétrogradation, qui sera 2,163,000 dans notre exemple; le quotient sera $\frac{18.36}{2163}$ ou $\frac{216}{721}$; c'est-à-dire, en définitive, moins que $\frac{1}{3}$ de seconde. Par conséquent, notre Hindou n'aura qu'à modifier le moyen mouvement annuel qu'il attribuait à la lune, en l'augmentant ou le diminuant de cette fraction de seconde, qui est tout à fait inappréciable à ses observations; après quoi, il pourra mathématiquement supposer qu'elle se trouvait en conjonction exacte avec le soleil à l'époque ancienne qu'il lui a plu de choisir. Le même artifice s'appliquera également aux planètes. La modification qu'il faudra faire aux moyens mouvements pour les y accommoder, sera d'autant plus petite, que la date choisie pour origine sera plus distante du temps pour lequel on prépare les applications au ciel [1].

Près de mille ans avant l'époque où le *Sûrya-Siddhânta* fut composé dans l'Inde, l'idée de prendre pour époque des calculs astronomiques, une conjonction générale, remontant à une très-haute antiquité, a été conçue et mise à profit par les astronomes chinois. Le fait est indubitable. Grâce aux recherches savantes des missionnaires jésuites, qui ont pendant longtemps résidé en Chine, occupant des emplois élevés à la cour de Pékin, recherches continuées depuis en Europe par un petit nombre d'érudits, surtout français, qui se sont initiés après eux aux mystères de la langue

---

[1] L'effet de ces origines reculées adoptées par les Hindous, dans tous leurs traités d'astronomie, a été parfaitement expliqué et démontré par Bentley dans deux Mémoires insérés aux *Asiatic Researches*, t. VI et VIII.

écrite, l'ancienne astronomie chinoise, ses procédés d'observation, ses résultats, son histoire, nous sont aujourd'hui connus par des documents officiels qui remontent certainement jusqu'à plus de vingt siècles avant l'ère chrétienne; si bien, qu'avec ces secours, on a pu en reconstruire tout l'édifice dans ce journal même [1]. Or, d'après le témoignage de Gaubil, depuis un siècle avant l'ère chrétienne jusqu'à 1280 ans après cette ère, les astronomes chinois prenaient constamment pour origine de leurs calculs, une époque antérieure très-reculée, qu'ils appelaient le *chang-yuen, alta origo*, à laquelle, comme l'auteur du *Sûrya-Siddhânta*, ils supposaient que le soleil, la lune et les cinq planètes, s'étaient trouvés en conjonction générale au moment de minuit, sous le méridien de leur localité. Le premier exemple de cette fiction mathématique fut donné sous la dynastie des Han, dans un traité d'astronomie appelé *San-tong, les Trois principes*, que Gaubil a eu dans les mains [2]. La conjonction générale y est placée à 143127 ans solaires, en arrière du minuit réel, qui fut à la fois l'instant du solstice d'hiver, et le commencement de la onzième lune chinoise de l'an 104 avant l'ère chrétienne. Dans les traités d'astronomie postérieurs, on fit remonter le *chang-yuen* à plusieurs millions d'années. Gaubil, habitué aux méthodes directes de la science européenne, n'a pas compris le motif de cette pratique, et il l'a dédaignée comme une vaine fiction. Mais l'auteur du *Sûrya-Siddhânta*, qui l'a employée, a-t-il pu en

---

[1] *Journal des Savants* pour l'année 1840.
[2] *Histoire de l'astronomie chinoise,* par le P. Gaubil, recueillie par le P. Souciet. Ire partie, p. 16.

ignorer le long et constant usage à la Chine? Cela nous deviendra difficile à croire, quand nous aurons constaté que tout le système astronomique des *Nakshatras* hindous a été emprunté aux Chinois. Mais ceci est encore une question d'origine que je réserve.

Il nous faut maintenant chercher par quel motif le nombre 4,320,000 a été choisi préférablement à tout autre, pour composer la somme d'années solaires contenues dans la grande période artificielle appelée le *mahâ-yaga*. Cela se découvre en considérant les applications numériques aux quelles on la destinait. Le nombre 432 est quadruple de 108. Or, d'après l'évaluation de l'année solaire sidérale adoptée dans le *Sûrya-Siddhânta*, un calcul très-simple, que j'expose ici en note, montre que 1,080,000 est précisément le plus petit nombre de ces années, qui contienne une somme entière de jours moyens solaires, laquelle est 394,479,457 [1]. Tous les multiples supérieurs de ce premier

---

[1] L'année sidérale adoptée dans le *Sûrya*, étant exprimée en jours et subdivisions sexagésimales de jours, comme le font Ptolémée et les Hindous, donne les égalités suivantes :

$$365^j\ 15'\ 31''\ 31'''\ 24^{iv} = 365^j + \frac{15}{60} + \frac{31}{3600} + \frac{31}{3600.60} + \frac{24}{3600.3600}$$
$$= 365^j + \frac{15}{60} + \frac{31}{3600} + \frac{31}{3600.60} + \frac{2}{3600.300}$$

Sous la dernière de ces formes, on voit que les quatre fractions pourront être réduites à avoir le même dénominateur que la dernière, c'est-à-dire 3600.300 ou 1080000 ; et il n'y en aura pas de moindre qui puisse leur être commun. La somme totale de ces fractions deviendra ainsi :

$$\frac{15.5.3600 + 31.500 + 31.5 + 2}{1080000} = \frac{279457}{1080000}$$

Alors en l'ajoutant aux 365^j complets et multipliant le tout par 1080000, on aura pour 1080000 années sidérales, le nombre entier de jours 394,479,457 ; c'est ce nombre que, dans le texte, j'ai désigné par le symbole J.

nombre jouiront évidemment de la même propriété. Ainsi, pour le quadruple, 4,320,000 années, le nombre entier de jours qui s'y trouvera contenu sera 1,577,917,828. C'est ce que lui assigne le *Sûrya-Siddhânta*. Quant au multiple 4, nous découvrirons dans un moment le motif spécial qui l'a fait choisir.

Afin de n'avoir plus à énoncer ces grands nombres, je désignerai désormais les 4,320,000 années du *mahâ-yuga* par le symbole 4 A; et la somme totale de jours solaires qu'il contient par le symbole 4 J; le facteur 4 ayant pour but de mettre en évidence leur composition quaternaire.

Cela posé : Le *Sûrya-Siddhânta* admet que, pendant la durée 4 A du *mahâ-yuga*, le soleil, la lune et les cinq planètes, font tous, individuellement, un nombre entier de révolutions sidérales; et, en outre, tous ces nombres, tels qu'il les donne, sont aussi des multiples de 4, comme 4 A et 4 J. On peut donc les représenter généralement par le symbole 4 R. Ceci est évident pour le soleil, puisque chaque année solaire indienne représente une de ses révolutions sidérales. Mais quant aux six autres astres, l'assertion aura besoin d'être justifiée par les durées des révolutions sidérales qui s'en déduiront. Toutefois, je l'admettrai provisoirement comme vraie, pour ne pas rompre le fil des idées que nous voulons suivre.

Ces conventions étant faites, l'auteur du *Sûrya-Siddhânta* place son époque astronomique E, au milieu même du *mahâ-yuga*, à la distance 2 A ou 2,160,000 années de ses deux termes extrêmes; puis il nous dit, qu'à cet instant, la lune et les cinq planètes étaient en *conjonction* générale avec le soleil, cet astre se trouvant alors à la longitude de ζ des Poissons, comme il doit y être à chaque commencement d'année [1]. D'après cela, je dis que ce même phénomène de conjonction générale devra se reproduire encore après chaque intervalle de 1,080,000 années ou A, qui suivra l'époque E. Car, dans le temps 4 A, le soleil et les planètes exécutant des nombres entiers de révolutions sidérales, exprimés par 4 R, elles en feront des nombres entiers R dans le temps A, ce qui les remettra en conjonction aux mêmes points du ciel, à la fin de ces intervalles, si elles y étaient au commencement. Il s'opèrera donc une conjonction pareille, 1,080,000 ans après l'époque E; puis une autre encore 1,080,000 plus tard, ou 2,160,000 ans après cette époque, ce qui nous ramène au commencement même de la période actuelle le *kali-yuga*. Cette dernière date est donc l'époque astronomique réelle du *Sûrya-Siddhânta*. L'autre, de 2,160,000 ans antérieure, qui lui est substituée dans le texte, n'est qu'une superfétation arithmétique, imaginée pour dissimuler le caractère moderne de l'époque véritable, en la rejetant dans les nuages d'une antiquité fabuleuse. Mais c'est là une application trompeuse du *chang-yüen* chinois.

L'époque du *kali-yuga* est trop moderne, pour être employée à un tel artifice. Sa proximité agrandit trop les altérations qu'il faut faire subir aux données présentes pour pouvoir les y accorder; de sorte que les applications postérieures qu'on en déduit, doivent devenir promptement

---

[1] Davis, *On the astronomical computations of the Hindus. Asiatic Researches*, t. II, p. 244.

fautives quand on s'écarte du temps auquel on les avait adoptées. C'est ce qui est arrivé au *Sûrya-Siddhânta*, et les brahmes n'ont pas tardé à s'en apercevoir par l'expérience[1]. C'est pourquoi, en conservant la forme et le fond du texte sacré, ils se sont bornés à augmenter ou diminuer les nombres qu'il donne de manière à en faire accorder les résultats avec le ciel. Mais généralement, pour calculer les longitudes moyennes de la lune et des planètes, ils se dispensent de remonter au delà du *kali-yuga*. Ou même, ils prennent comme point de départ quelque époque encore moins ancienne, à laquelle les valeurs initiales de ces longitudes, déduites par un calcul rétrospectif d'observations plus récentes, sont attachées comme autant de constantes connues. Par exemple, pour faciliter le calcul de leurs calendriers luni-solaires usuels, ils ont établi deux ères fort employées, qu'ils appellent *samvat* et *çaka*, dont la première est seulement de 57 années antérieure à l'ère chrétienne et la seconde lui est postérieure de 78 années. L'*Oriental astronomer*, que nous avons sous les yeux, fait partir ses calculs de l'ère *çaka;* à laquelle il admet, page 8, que la lune se trouvait précisément dans l'apogée de son orbite, la longitude commune étant alors 7ˢ. 2°. 0′. 7″. De là il conduit cet astre et son apogée à toute autre date ultérieure, conformément aux lois de leurs mouvements tels

---

[1] L'exposé historique de ces corrections, devenues nécessaires, est présenté en détail dans le savant mémoire de Davis, sur les calculs astronomiques des Hindous. (*Asiatic Researches*, t. II. p. 234 et suiv.) Il y donne même, p. 275, le calcul d'une éclipse de lune effectué en prenant la création du monde pour point de départ du temps.

que le *Sûrya-Siddhânta* les assigne, en considérant toujours les résultats comme ayant pour origine primitive
l'époque lointaine du *kali-yuga*. De cette manière on a seulement changé la coupe de l'habit, en conservant l'étoffe.

Pour achever de montrer l'organisation et le jeu de cet
engin arithmétique appelé le *mahâ-yuga*, je vais me servir
des nombres que le *Sûrya- Siddhânta* donne pour évaluer
les durées des révolutions synodique et sidérale de la lune,
deux éléments les plus essentiels des opérations indiennes.
Ce calcul est extrêmement simple. Le texte dit que, pendant la durée d'un *mahâ-yuga*, la lune décrit 53,433,336 révolutions synodiques, et 57,753,336 révolutions sidérales
complètes. Divisant donc par ces nombres la durée totale
du *mahâ-yuga* en jours, que nous avons représentée par le
symbole 4 J, on aura les durées cherchées. L'opération se
simplifiera en débarrassant tous ces nombres du facteur
4 qui leur est commun. Ainsi l'astre exécutera des nombres entiers de révolutions complètes dans les 1,080,000
années qui composent le quart du *mahâ-yuga*. D'où l'on
voit que le quadruplement de cette période n'est qu'une
vaine et inutile amplification [1].

---

[1] Le même caractère de composition quaternaire se remarque dans les
nombres de révolutions que l'auteur du *Sûrya-Siddhânta* suppose être décrites par toute planète pendant la durée d'un *mahâ-yuga*. Ils se maintien-
nent donc entiers pendant le quart de cet intervalle. C'est ce qui lui a
permis de placer le point de départ de ces mouvements au milieu de
4,320,000 années qui y sont comprises. Il n'a pas eu la liberté de donner la
même forme quaternaire aux nombres qui désignent les révolutions du
nœud et de l'apogée lunaire pendant la durée d'un *mahâ-yuga*, parce que
les unités complémentaires qu'il aurait fallu leur ajouter ou en soustraire
pour les rendre tels, auraient introduit dans les quotients des erreurs intolérables. C'est ce qui lui fait dire que, si l'on veut déduire ces deux élé-

Or précisément Ptolémée nous a conservé un énoncé d'Hipparque, qui, dans sa simplicité grecque, fait obtenir les mêmes éléments par des opérations toutes pareilles,

ments des nombres qu'il leur assigne, il faut en reporter l'origine beaucoup plus haut, sans doute au commencement même du *mahâ-yuga*. Les explications précédentes m'ont paru nécessaires pour montrer dans quelles intentions ces longues périodes sont fabriquées.

Quoique les transcriptions de Davis sur lesquelles je me suis appuyé m'inspirassent toute confiance, j'ai prié M. Regnier de vouloir bien les vérifier sur le manuscrit de *Sûrya-Siddhânta*. Il les a trouvées parfaitement exactes. Mais cette vérification m'a valu de sa part une note philologique très-curieuse, que j'insère ici textuellement, parce qu'elle montre les précautions infinies que l'on a prises, pour dérober au vulgaire cette science des choses du ciel. Le *Sûrya-Siddhânta* ne contient pas un seul caractère symbolique d'abréviation, pas un seul nombre chiffré. En général les éléments des nombres, même les plus complexes, y sont exprimés par des mots pris dans un sens convenu, et étrangers à leur signification ordinaire, de manière que l'application n'en soit intelligible qu'aux initiés. Cette remarque avait été déjà faite par feu Jacquet dans le *Journal de la société asiatique de Paris*, années 1835, et M. Reinaud l'a reproduite avec quelques additions dans son Mémoire sur l'Inde inséré au t. XVIII de l'*Académie des inscriptions et belles-lettres*, II° partie, p. 306. Toutefois, j'ai pensé qu'on n'en verrait pas moins, avec un vif intérêt, l'exposition détaillée du procédé hindou.

NOTE DE M. REGNIER.

J'ai cherché, dans le *Sûrya-Siddhânta*, le passage qui indique le nombre de révolutions de la lune. C'est le premier vers du trentième çloka du chapitre I. Le voici :

Indo rasâgnitritrîshusaptabhûdharamârgaṇâḥ.

En sous-entendant le sujet : « révolutions, » qui se trouve au *çloka* précédent (ellipse que le scholiaste marque en ces termes, *pûrvaçlokoktabhagaṇâ ity atra apy anveti*), ce vers signifie :

« [Les révolutions] de la lune sont six, trois, trois, trois, cinq, sept, sept, cinq, » ce qui nous donne, en retournant les nombres, car l'énumération commence par les unités. 57,753,336.

Indo(ḥ) est le génitif d'*Indu*, synonyme de *Tchandra* « lune. »

Le long composé *rasâgni..... mârgaṇâḥ* s'analyse ainsi : *rasa-agni-tri-tri-ishu-sapta-bhûdhara-mârgaṇâḥ.*

Le mot *rasa* veut dire « saveur, » et, comme les Indiens comptent six sortes de saveurs, il désigne le nombre *six.*

fondées sur des nombres beaucoup moindres. D'après les observations des Chaldéens, et les siennes propres, Hipparque trouve que la lune accomplit 4267 révolutions synodiques autour du soleil en $126007^j \frac{1}{24}$. La durée d'une seule se conclut donc de là par une division. En la combinant avec l'évaluation indienne de l'année solaire, j'ai obtenu la durée de la révolution sidérale de la lune que l'auteur

Agni signifie « feu ; » on compte trois feux sacrés : de là le sens de *trois*.
Tri est le nom de nombre *trois*. Il est employé deux fois de suite.
Ishu signifie « flèche ; » il se prend, ainsi que ses divers synonymes, pour désigner, en trigonométrie, le *sinus verse*, et en arithmétique, par allusion aux cinq flèches de *Kâma*, l'Amour, le chiffre *cinq*.
Sapta, nom de nombre, signifiant *sept*.
Bhûdhara, « montagne, support de la terre. » On en compte sept, *bhûdharâh sapta*, dit le commentaire) : de là le sens de *sept* en arithmétique.
Mârgaṇa est synonyme d'*ishu*, c'est-à-dire signifie de même « flèche, sinus verse et *cinq*. »
Après la plupart des indications de chiffres du *Sûrya-Siddhânta*, qu'elles soient exprimées en noms de nombre, ou en termes symboliques, ou mêlées, comme l'est celle qui nous occupe, le manuscrit Burnouf ajoute une traduction en chiffres. Ici il nous donne 57,753,256, avec 2 pour 3 aux centaines, ce qui est évidemment une faute du copiste, puisque, dans le texte, nous avons, pour désigner le troisième chiffre à partir de la droite, le nom de nombre *tri* « trois. »
L'édition du *Sûrya-Siddhânta* imprimée à Calcutta a supprimé ces traductions en chiffres. C'est, pour la facilité de la lecture et des calculs, une omission regrettable. Le commentaire imprimé à la suite du texte de chaque çloka y supplée souvent, il est vrai ; mais pas toujours. Il emploie quelquefois aussi, dans ses interprétations, des termes symboliques. Ainsi pour notre passage : *shaḍ-agni-deva-pañtcha-sapta-sapta-pañtcha...*
Le dictionnaire de M. Wilson ne donne pas, non plus que celui de MM. Bœhtlingk et Roth, du moins, autant que j'ai pu voir dans ce qui est publié jusqu'ici, le sens numéral de ces substituts poétiques et symboliques des chiffres, tels que *saveur*, *flèche*, que nous avons ici, et d'autres non moins curieux, comme *açvins* ou *œil*, pour *deux* ; *dent* pour *trente-deux*, etc., etc. Celui de M. Goldstücker, qui malheureusement n'en est encore qu'à la première lettre de l'alphabet, comblera vraisemblablement cette lacune, si j'en juge par l'article *Agni*, où je trouve parmi les sens du mot, celui de *trois* en arithmétique.

du *Sûrya-Siddhânta* aurait pu en déduire. La comparaison de ces résultats avec les siens se voit dans le tableau suivant :

	DURÉE DE LA RÉVOLUTION	
	SYNODIQUE.	SIDÉRALE.
Hipparque.	29ʲ. 12ʰ. 44ᵐ. 5ˢ,262	27ʲ. 7ʰ. 43ᵐ. 13ˢ,044
Sûrya-Siddhânta.	29ʲ. 12ʰ. 44ᵐ. 2ˢ,798	27ʲ. 7ʰ. 43ᵐ. 12ˢ,548
Excès d'Hipparque.	+ 0ˢ,464	+ 0ˢ496

J'ai fait un calcul semblable pour les deux autres éléments principaux du mouvement lunaire, la révolution sidérale du nœud et celle de l'apogée. Les Grecs ne les employaient pas sous cette forme explicite, mais combinés dans les révolutions mêmes de l'astre. Je les ai extraits des périodes assignées par Hipparque, et les résultats ainsi obtenus sont comparés à ceux du *Sûrya-Siddhânta* dans le tableau suivant :

	DURÉE DE LA RÉVOLUTION SIDÉRALE	
	DU NŒUD.	DE L'APOGÉE.
Par les périodes d'Hipparque. .	6792ʲ,57	3252ʲ,70
Selon le Sûrya-Siddhânta. . . .	6794ʲ,23	3252ʲ,50
Excès d'Hipparque.	— 11ʲ,86	+ 0ʲ,20

Pour apprécier à sa juste valeur le soupçon de communication que font naître des concordances si proches, il faut tenir compte des exigences artificielles auxquelles l'auteur hindou a dû systématiquement assujettir les nombres qu'il a rapportés. Supposons par exemple qu'il eût voulu emprunter à Hipparque la durée de la révolution synodique. En l'employant comme diviseur du *mahâ-yuga*, elle lui aurait donné pour quotient le nombre 55,455,526. Mais il s'était imposé la condition que ce quotient fût un multiple exact de 4. Il fallait donc le modifier tant soit peu afin de le rendre tel. Le moindre changement qu'on pût lui donner pour le ramener à cette forme, c'était d'écrire pour les deux derniers chiffres 24, 28, 52, ou 56. Or, il fallait, en outre, qu'ainsi modifié, il amenât la lune en conjonction avec le soleil au commencement du *kali-yuga*. L'auteur hindou a pu trouver que le multiple 56 remplissait cette condition mieux que les autres, et alors il l'aura choisi, sans s'inquiéter de la toute petite différence qui en résultait dans les fractions de seconde dont il ne pouvait répondre.

Des altérations du même ordre provenant des mêmes causes, doivent presque inévitablement vicier les derniers chiffres de tous les éléments astronomiques rapportés dans le *Sûrya-Siddhânta*, et dans tous les traités hindous composés sur ce modèle. Cela fait qu'on peut y soupçonner de nombreux emprunts faits à des sources différentes, sans pouvoir les prouver démonstrativement, puisque l'identité absolue ne s'y trouve point ; et elle s'y trouverait, par cas fortuit, qu'elle ne décélerait pas indubitablement sur qui le plagiat porte, puisqu'elle-même pourrait provenir d'une

altération opérée dans quelques déterminations peu différentes les unes des autres. Par exemple, malgré la concordance si proche que nous venons de découvrir entre les
durées des révolutions de la lune consignées dans le *Sûrya-
Siddhânta*, et celles que l'on tire des périodes d'Hipparque,
je n'oserais affirmer qu'elles aient été empruntées à lui
plutôt qu'aux Chinois. En effet, Gaubil, dans son traité de
l'astronomie chinoise, a formé un tableau où il a rassemblé les valeurs de ces mêmes éléments qui ont été officiellement déterminées par l'observation, sous les diverses
dynasties depuis l'an 104 avant l'ère chrétienne[1]. Or, au
milieu du ve siècle de cette ère, sous les premiers Song,
parmi d'autres résultats d'une précision remarquable, je
trouve une évaluation de la révolution synodique de la lune
dont la différence avec celle du *Sûrya-Siddhânta* ne s'élève
qu'à $\frac{5}{1000}$ de seconde. Exprimée à la manière chinoise en
jours et fractions décimales du jour, elle comprend
$29^j,530588$. En prenant ce nombre pour diviseur du
mahâ-yuga, on trouve pour quotient 53,433,335 révolutions
et $\frac{9}{10}$. De sorte qu'en ajoutant seulement un dixième de révolution, ou moins de 3 jours, à l'immense intervalle de
4,320,000 années, qui compose le *mâha-yuga*, le quotient
prend la forme quaternaire 53,433,336 que s'était prescrite l'auteur du *Sûrya-Siddhânta*, et devient complètement identique au nombre qu'il assigne. Si, comme tout
porte à le croire, il avait sous les yeux l'astronomie des
Song, il n'a pas eu de peine à lui emprunter ce multiple-là !

[1] Recueil du P. Souciet, partie III, p. 97.

Mais, dira-t-on, vous soupçonnez toujours l'auteur hindou d'avoir construit son livre avec des matériaux étrangers à l'Inde, et non pas d'après les observations qui auraient pu avoir été faites dans l'Inde même, pendant ce grand nombre de siècles qu'il embrasse rétrospectivement dans ses calculs? Je procède, en cela, comme on ferait dans une cour de justice. Un particulier se présente, possédant d'immenses richesses. Il n'exerce aucune industrie, aucun commerce, par lesquels il ait pu les acquérir, et il n'exhibe aucun titre de famille prouvant qu'il les tient de ses ancêtres. Quand on le presse d'en déclarer l'origine, il répond qu'elles lui sont tombées du ciel. Ne le soupçonnera-t-on pas très-justement de les avoir dérobées? Et combien les présomptions qui s'élèvent contre lui ne s'aggraveront-elles pas, si l'on vient à savoir qu'il n'émet les pièces de son trésor qu'après en avoir effacé les empreintes ; après les avoir rognées, altérées, enchâssées dans de nouvelles montures, où leurs origines primitives ne sont plus reconnaissables ! Voilà exactement ce qui nous arrive quand nous discutons les traités astronomiques des Hindous. Tous ceux qu'ils nous ont fait connaître, et sur lesquels ils s'appuient, sont postérieurs aux ouvrages d'Hipparque, de Ptolémée, même de Théon d'Alexandrie. Ils embrassent les mêmes problèmes, qu'ils résolvent par des procédés analogues, en y appliquant des constructions et des hypothèses géométriques pareilles. Leurs auteurs semblent être moins curieux d'atteindre une précision rigoureuse dans les résultats observables, mais ils se montrent très-habiles à perfectionner certains détails de calcul numérique. Cependant ils ne citent jamais ces travaux antérieurs qu'ils n'ont pas ignorés. Ils ne mentionnent aucune observation ancienne ou moderne. Ils ne décrivent aucun instrument de précision pour déterminer la position des astres, ou mesurer le temps. L'auteur du *Sûrya-Siddhânta*, dans un de ses vers, chapitre VIII, *çloka* 12, prescrit brièvement à l'astronome de *construire une sphère, et d'examiner la latitude apparente* [des astres][1]. Ailleurs, chapitre XIII, *çloka* 3-13, il reproduit le même précepte : « *Que l'astronome construise* [un appareil imi- « tant] *la merveilleuse structure des cercles célestes et terrestres*[2] » Ici il entre dans les détails de la construction. Ce sera une *sphère de bois*, autour de laquelle tourneront concentriquement divers cercles divisés en degrés [sur leur contour], et représentant les principaux cercles célestes. Le texte explique ensuite comment ces cercles devront être disposés entre eux, et orientés sur le ciel. Tout ce système sera mis en mouvement de rotation continu et uniforme autour de l'axe de l'équateur, par l'action d'un courant d'eau ; ou encore par un mécanisme caché, où l'on emploiera comme moteur l'écoulement du mercure pour si-

---

[1] Ce vers a été remarqué et signalé par Colebrooke, *Essays*, tome II, p. 524. Mais, suivant sa regrettable habitude, il n'avait pas dit en quel endroit du *Sûrya-Siddhânta* il se trouve. Cette indication m'a été fournie par M. Ad. Regnier. Dans le *Journal des Savants* pour l'année 1840, p. 268, j'ai expliqué en quoi consistent les latitudes et longitudes que l'auteur hindou appelle *apparentes ;* et j'ai montré la manière de les convertir en latitudes et longitudes *vraies*. J'aurai occasion de revenir sur ce sujet en parlant des *Nakshatras*.

[2] Dans cette citation, et les lignes qui la suivent, je résume une page du *Sûrya-Siddhânta*, dont Colebrooke a donné la traduction littérale (*Essays*, tome II, p. 349), sans mentionner l'endroit où elle se trouve. M. Regnier a réparé cette omission, comme pour le passage précédent.

muler une rotation spontanée. On ne voit là qu'une sphère armillaire, tout au plus un planétaire, pouvant servir comme appareil de démonstration dans les écoles, et non pas comme instrument de mesures applicable au ciel. Pour lui donner ce dernier caractère, un commentateur, cité par Colebrooke, suppose au centre de la sphère un trou très-fin, par lequel l'astronome vise à l'astre qu'il veut observer. Mais il n'aura pas la liberté du choix. Car l'orifice central étant une fois percé, le mouvement de rotation équatorial imprimé à la sphère entraînera forcément la ligne de vision sur le contour d'un même parallèle céleste, sans que l'observateur puisse la sortir de cette direction. Un autre commentateur imagine un mode d'observation différent. Sur un plan rendu horizontal, il érige un style vertical portant à son sommet un tube creux, mobile à charnière autour de ce sommet, et qui peut ainsi être tourné à volonté vers tous les points du ciel. L'astronome vise à travers ce tube, dans la direction de l'astre qu'il veut observer. Quand il l'a trouvée, il tend sur cette même direction un fil qui la prolonge jusqu'au plan horizontal qui passe par le pied du style ; et la hauteur angulaire de l'astre au-dessus de l'horizon se conclut du triangle rectangle ainsi formé. Voilà donc ce que l'auteur du *Sûrya-Siddhânta*, et ses commentateurs hindous, ont de mieux à nous offrir, comme échantillons de leurs instruments astronomiques. Et ils voudraient nous faire croire qu'au moyen de ces grossiers mécanismes, eux-mêmes et leurs ancêtres ont pu déterminer les éléments les plus délicats des mouvements célestes, assigner les instants des équinoxes, fixer le lieu précis du point équinoxial sur le cercle écliptique, et mesurer les longitudes des astres rapportées à une petite étoile à peine perceptible ! Ces assertions renferment des impossibilités tellement évidentes, qu'aucun astronome observateur ne pourrait les accepter comme vraies.

Je vais maintenant examiner de même les durées assignées par le *Sûrya-Siddhânta* aux révolutions sidérales des cinq planètes, afin de voir si elles offrent des indices d'une astronomie ancienne ou récente, indigène ou étrangère. Ce sera un élément important de notre enquête. En effet, dans toute l'antiquité, ces durées ne pouvaient se conclure que des retours périodiques de l'astre à des positions analogues, dont l'identité s'estimait à la simple vue. Leur évaluation exacte, obtenue par des moyens pareils, suppose donc, exige même, des observations nombreuses, d'époques distantes, enchaînées par une chronologie certaine dans une longue suite de jours continûment énumérés, et combinées entre elles avec beaucoup d'art, pour assurer la compensation mutuelle de leurs erreurs. Quand donc on trouve de tels résultats chez un ancien peuple, il faut, pour qu'ils lui soient propres, que toutes les conditions précédentes aient été remplies.

Dans le *Sûrya-Siddhânta* les durées des révolutions sidérales assignées aux cinq planètes sont données, comme pour la lune, par le nombre total et entier de ces révolutions que chaque planète exécute pendant les 4,320,000 années qui composent un *mahâ-yuga*. On ne dit point de quelles observations ces nombres sont déduits, ni comment on est parvenu à les en conclure. Ils ont été, comme tout le reste du

livre, divinement révélés. Or, Ptolémée nous a conservé,
sur le même sujet, les résultats d'un travail d'Hipparque
qui lui ont servi à construire ses tables des mouvements
planétaires, et que l'on pourrait appeler aussi, à bon droit,
une révélation du génie humain. En discutant toutes les
observations anciennes de levers, de couchers, d'oppositions, d'appulses, dont il avait pu avoir connaissance, et
les combinant de manière à éluder les effets des inégalités
occasionnelles dont il soupçonnait seulement la possibilité,
Hipparque avait tiré de ces matériaux imparfaits des périodes de révolutions synodiques propres à chaque planète,
dont les évaluations ne pouvaient comporter que de très-
faibles erreurs. Ce sont elles qui ont servi à Ptolémée, et
plus tard à tous les astronomes jusqu'au temps de Tycho et
de Képler, sans qu'on eût reconnu le besoin d'y rien changer. J'ai analysé ces périodes dans le tome V de mon Traité
d'astronomie. J'ai montré par quel art, par quel procédé
de combinaison, Hipparque avait pu les obtenir; et j'en ai
tiré, pour les cinq planètes, les durées de leurs révolutions
sidérales, qui se sont trouvées à peine différentes de nos
évaluations actuelles. Je mets ces résultats en regard avec
ceux du *Sûrya-Siddhânta*, dans le tableau suivant:

NOMS DES PLANÈTES.	NOMBRE de leurs révolutions SIDÉRALES pendant la durée d'un mahâ-yuga.	DURÉES DE LEURS RÉVOLUTIONS SIDÉRALES exprimées en jours moyens solaires		EXCÈS du Sûrya-Siddhânta.
		selon le Sûrya-Siddhânta.	selon Hipparque.	
Budha, Mercure . . .	17957060	$87^j,9397$	$87^j,9684$	$+ 0^j,0015$
Çukra, Vénus. . . .	7022376	$225^j,9985$	$224^j,7028$	$- 0^j,7043$
Mangala, Mars. . .	2296832	$686^j,9308$	$686^j,9785$	$+ 0^j,0023$
Brihaspati, Jupiter..	364220	$4332^j,3206$	$4332^j,3192$	$+ 0^j,0014$
Çani, Saturne . . .	146568	$10765^j,7750$	$10758^j,3222$	$+ 7^j,4503$

La durée de la révolution sidérale, attribuée à chaque
planète dans la troisième colonne, s'obtient en divisant le
nombre des jours du *mahâ-yuga* 1,577,917,828, par le
nombre correspondant de révolutions qui lui est assigné
dans la deuxième colonne pour le même intervalle de temps.
L'opération peut être simplifiée, en délivrant tous ces nombres du facteur 4 qui leur est commun, comme je l'ai fait
remarquer plus haut.

L'écart est comme nul pour Mercure, Mars. et Jupiter.
Il s'élève à $\frac{7}{10}$ de jour pour Vénus, à $7^j \frac{1}{2}$ pour Saturne dont
la révolution embrasse près de 30 années; et, dans ces deux
cas, l'inexactitude est du côté du *Sûrya-Siddhânta*. cela m'a-
vait fait penser qu'il pourrait y avoir quelque erreur dans
les nombres de révolutions de ces deux planètes transcrits
par Davis. Mais M. Ad. Regnier s'est assuré qu'elles
sont conformes au manuscrit. Alors, d'où peut provenir
leur inexactitude? Si l'auteur hindou a voulu s'approprier

les évaluations d'Hipparque, pourquoi s'en serait-il écarté, dans deux cas sur cinq? Aurait-il commis quelque faute de calcul, en les transportant dans sa période de 4,320,000 années? ou aurait-il puisé ces deux-là dans quelque autre source, chez les Chinois par exemple, pour dissimuler le plagiat? Tout cela est possible. Ce qui ne saurait l'être, ce serait qu'il eût tiré ces nombres, *proprio Marte*, d'observations indiennes, qui les lui auraient donnés exacts pour trois planètes, fautifs pour deux. Une même méthode de discussion, appliquée à des données physiques, de même nature, ne conduit pas ainsi, tantôt à la vérité tantôt à l'erreur. Et puis, comment aurait-il pu se procurer de nombreuses collections d'observations, enchaînées dans une série continue de jours, chez un peuple où l'on ne trouve aucune trace de chronologie régulière et générale; aucune date qui soit astronomiquement fixée, même pour les événements historiques? Il y a là une impossibilité de fait que nul artifice humain ne pouvait éluder. Colebrooke dans ses *Essais*, tome II, page 415, mentionne deux auteurs de traités astronomiques, qui, en conservant les grandes périodes du *Sûrya-Siddhânta*, ont osé introduire des changements dans les nombres qui les composent. Ils ne disent pas les raisons de ces changements, ni sur quoi ils les fondent. L'un, appelé Paliça, met seulement quelques unités, en plus ou en moins, dans les deux derniers chiffres de ces grands nombres, ce qui ne change pas de quantités physiquement appréciables les quotients qu'on en tire, et lui procure la gloire facile d'avoir inventé un système nouveau. L'autre, renommé comme mathématicien, est Brahmagupta. Celui-ci fait partir ses calculs d'une date bien plus haute. Il en place l'origine au commencement du *kalpa*; 1000 fois au delà du *mahâ-yuga*. Cela donne trois chiffres de plus à ses nombres, et les présente ainsi comme d'autant plus certains. Toutefois il ne change rien au nombre des années que la tradition assigne à ces deux périodes. Il diminue seulement de $27^j,56$ l'année sidérale du *Sûrya-Siddhânta* qui était trop longue, et la rend ainsi un peu moins inexacte [1]. Quant aux durées des révolutions planétaires, il y fait les changements de chiffres devenus nécessaires pour les conformer à cette nouvelle évaluation de l'année, ce qui lui transporte l'honneur de les avoir découvertes. Des commentateurs lui ont adressé de vifs reproches, pour avoir osé altérer ainsi le texte révélé par *Sûrya* lui-même [2]. Il n'en avait pas le

---

[1] Cette correction, qui est cachée sous les formes indiennes, s'évalue tout de suite par le procédé suivant :

Soit n le nombre de jours complets que l'on suppose contenu dans les 4,320,000 années qui composent un *mahâ-yuga*. La durée de l'année exprimée en jours et fractions de jours, sera :

$$\frac{n}{4,320,000}$$

Augmentez ou diminuez n d'une unité, la variation correspondante de l'année sera :

$$\pm\, \frac{1^j}{4,320,000}.$$

Or 1^j, réduit en secondes de temps, équivaut à 24.3600^s; et le dénominateur peut s'écrire $4.3600.300$. La fraction précédente, réduite à ses moindres termes, devient donc

$$\frac{2^s}{100} \text{ ou } 0^s,02.$$

D'après Colebrooke, *Essais*, t. II, p. 415, Brahmagupta diminue de 1378^j, le nombre n du *Sûrya-Siddhânta*. Donc il diminue l'année de $27^s,56$, comme je l'ai dit dans le texte.

[2] Davis, *Asiatic Researches*, t. II, p. 239 et suivantes.

droît, n'étant qu'un mortel. En effet, Brahmagupta n'a pas eu l'avantage d'être un personnage mythologique. On sait qu'il a existé très-réellement vers la fin du vi[e], ou au commencement du viie siècle de notre ère, et qu'il appartenait au collége d'Oujein, célébre alors dans l'Inde comme un centre de science astronomique; sans doute, d'une science telle que les Hindous la conçoivent : érudite, livresque, comme dirait Montaigne; s'occupant à rédiger des almanachs populaires, à composer des thèmes de nativité, à calculer, par des règles toutes faites, des annonces d'éclipses, et nullement appliquée à perfectionner les observations dont elle n'avait aucun besoin. L'astronomie de Brahmagupta est purement mathématique comme celle du *Sûrya-Siddhânta* qu'il a voulu remplacer. D'après ce que nous en connaissons, il s'y montre arithméticien habile, et pas du tout observateur. Il a pu la rédiger sans regarder le ciel. En général, plus on examine dans leurs détails, avec un sens pratique, les écrits astronomiques des Hindous, plus on se persuade que tous ces livres, texte et commentaires, sont fabriqués spéculativement, avec des pièces de rapport prises de toutes parts, sans qu'on y trouve aucun vestige d'observations anciennes ou modernes, qu'ils auraient faites eux-mêmes avec des instruments précis, pour un but de perfectionnement abstrait qui leur a été toujours étranger.

Ici, un pandit sorti des colléges de Calcutta ou de Bénarès vient m'interrompre et renverser tout l'édifice de mon argumentation. « Cessez, me dit-il, de jeter des doutes sur « notre antique science. Elle a été inspirée, révélée à nos « ancêtres, quand l'Occident était encore sauvage. Les pre-

« mières notions que vous avez eues de la marche des astres
« et des influences qu'ils exercent sur les destinées hu-
« maines, vous sont venues d'eux, comme vous confessez
« en avoir reçu les signes de votre numération, et les raci-
« nes primitives de vos langues disloquées et barbares. Ces
« longues suites d'observations, qui vous sont nécessaires
« pour évaluer les durées des révolutions du soleil, de la
« lune et des planètes, ils en ont possédé de bien plus éten-
« dues, longtemps avant vous. Ces instruments de préci-
« sion qui vous servent à observer le ciel, ils en ont eu d'é-
« quivalents. Tout cela était exposé, décrit, dans des livres
« dont l'intelligence était exclusivement réservée aux sages,
« et que le temps a détruits. Le *Sùrya-Siddhânta* actuel, que
« seul vous connaissez, n'est qu'une réminiscence tradition-
« nelle des résultats de ces anciens travaux. Conformément
« aux préceptes de nos ancêtres nous les avons présentés
« comme des vérités certaines, sans les embarrasser de dé-
« monstrations inutiles, en prenant soin de les exprimer
« dans un langage symbolique, intelligible pour nous seuls
« et pour les disciples auxquels nous consentons à l'expli-
« quer. Nous n'avons pas voulu avilir la science, en l'a-
« baissant à la portée du peuple. Nous lui avons donné seu-
« lement les connaissances dont il avait besoin pour régler
« les détails de sa vie, et les soumettre religieusement à la
« direction des influences célestes. Nous lui avons présenté
« quelques appareils mécaniques, imitant la structure du
« ciel et les mouvements des astres, pour lui faire admirer
« ces merveilles, et nullement pour lui apprendre les mé-
« thodes qui nous les ont fait découvrir. Ne supposez donc

« plus que nous avons ignoré ce que nous avons voulu tenir
« secret. » Ce discours de mon pandit étant uniquement
composé d'affirmations dénuées de preuves, je me bornerai
à leur opposer le précepte inflexible de notre philosophie
occidentale : *Nullius in verba*. Si nous pouvions les croire,
nous devrions bien regretter que les brahmes n'aient pas
étendu leurs révélations au delà du viiie siècle de notre ère.
Car, par l'effet de cette réserve, ils ne nous ont rien appris que
nous ne sussions déjà quand leurs livres nous sont parvenus.
Mais peut-être ne les avons-nous pas assez étudiés. C'est
pourquoi je vais, avec l'aide de M. Regnier, continuer d'a-
nalyser les doctrines du *Sûrya-Siddhânta*, dans l'espérance
d'y découvrir des richesses qui nous avaient été préparées,
et qui nous étaient restées inconnues.

III

Quand on connaît les durées des révolutions sidérales du
soleil, de la lune et des planètes, on peut en conclure, pour
tout instant donné, les positions moyennes, autour desquelles ces astres semblent perpétuellement osciller. Mais,
pour prédire leurs positions véritables, ce qui est le but
principal de l'astronomie pratique, il faut pouvoir assigner
à chaque instant le sens et la grandeur de ces écarts, que
les astronomes grecs appelaient les *mouvements d'anomalie*. Ils étaient parvenus à en représenter fort approximativement toutes les phases, au moyen d'hypothèses géométriques, qui, depuis, se sont transmises pour le même

usage, aux astronomes arabes, persans, tartares, occidentaux, plus tard aux Chinois. On n'a rien connu de mieux
jusqu'au temps de Képler. Les Hindous les ont-ils adoptées,
ou en ont-ils inventé d'autres qui leur soient propres? Ils
ne le disent point. Mais nous pourrons le découvrir en analysant les règles que leurs livres prescrivent pour résoudre
les mêmes problèmes. Car l'identité ou la dissemblance
des conceptions se décèlera évidemment dans les pratiques
pareilles ou différentes qui en sont dérivées. La première
et indispensable condition de cette étude sera donc de bien
savoir en quoi consistaient celles de ces anciennes conceptions qui nous sont connues, et quel courant d'idées les a
fait naître, aux époques où on les a imaginées. C'est ainsi
que je vais procéder.

Les hypothèses grecques étaient la conséquence logique
de deux propositions, qui furent universellement admises
comme axiomes dans toute l'antiquité et dans le moyen
âge : les mouvements révolutifs des corps célestes sont uniformes, et leurs orbites sont des cercles parfaits. Rien de
plus naturel qu'une telle croyance, toute fausse qu'elle est.
Et d'abord, comment s'imaginer que ces mouvements fussent variables, les voyant s'accomplir en toute liberté,
dans des périodes de temps rigoureusement constantes
pour un même astre, sans déceler l'existence d'aucun
obstacle, qui eût modifié leurs vitesses propres? Comment
auraient-ils pu s'accélérer ou se ralentir, étant éternels,
et opérés sans choc, ni rencontre, ni résistance? Copernic
lui-même, dans le mémorable livre où il rétablit si hardi-
ment la circulation de la terre autour du soleil, en commun

avec les autres planètes, soutient, comme une vérité palpable, qu'on ne peut pas admettre dans les corps célestes des mouvements variables, qu'il faudrait attribuer à l'imperfection de leur essence, ou à l'inconstance de la vertu motrice qui les conduit; et cela, dit-il, *quoniam ab utroque abhorret intellectus, essetque indignum tale aliquid in illis existimari* [1].

L'uniformité des mouvements étant acceptée à titre de fait, la circularité des orbites en était une conséquence nécessaire. Le cercle seul réalisait autour de son centre les conditions de similitude, compatibles avec une identité permanente de mouvement et d'état physique, dans toutes les phases de chaque révolution. Aussi, lorsque Képler, en 1609, reconnut, par des mesures géométriques incontestables, que Mars décrit autour du soleil une orbite ovale, dans laquelle sa vitesse de circulation varie périodiquement par intermittences, il ne pouvait en croire ses yeux; et il se torturait l'esprit pour deviner le principe occulte qui forçait ainsi la planète à s'approcher du soleil et à s'en éloigner tour à tour, comme par une sorte de libration éternellement réitérée. Heureusement pour lui, dans cet accès d'inquiétude fiévreuse, il vint à se rappeler le traité de Gilbert *de Magnete*, qui avait été publié à Londres neuf années auparavant. Dans ce remarquable ouvrage, Gilbert établit par l'expérience que la terre agit sur les aiguilles aimantées, et sur les barres de fer placées près de sa surface, comme ferait un véritable aimant ayant ses pôles

---

[1] *De Revolutionibus corporum cœlestium*, p. 3, editio princeps.

propres; et, par une extension conjecturale qui était un
pressentiment vague de la vérité, il va jusqu'à prétendre
qu'elle est retenue autour du soleil dans son orbite constante, par l'affection magnétique qu'elle a pour cet astre.
Cette idée fut pour Képler un trait de lumière. Elle lui fit
voir aussitôt la cause secrète des mouvements alternatifs
qui l'avaient tant embarrassé; et, dans la joie de cette découverte : « Si, dit-il, on trouve impossible d'attribuer
« cette libration à une faculté magnétique exercée par le
« soleil sur la planète à travers l'espace, sans intermé-
« diaire matériel, il faudra que la planète elle-même soit
« douée d'une sorte de perception intelligente, qui lui
« donne à chaque instant la connaissance des angles et des
« distances pour régler ses mouvements. » L'alternative
ainsi posée se résolvait d'elle-même. Les hypothèses anciennes ne pouvaient plus se soutenir en présence du fait
réel. Il n'était plus besoin de conjectures; le mécanisme
même des mouvements célestes s'offrait aux regards. Il n'y
avait plus qu'à en étudier les détails.

Paraîtrai-je trop m'écarter de mon sujet, si je m'arrête
un moment à faire remarquer que, pour arriver à cette
mémorable découverte, il fallut qu'il se produisît, en
moins d'un siècle, trois hommes, dont les travaux et les
aptitudes diverses, y furent également nécessaires? Copernic d'abord, esprit méditatif et hardi, qui, rappelant et
comparant entre elles les opinions des anciens philosophes, remit dans une entière évidence le véritable arrangement de l'univers. Après lui, Tycho-Brahé, consacrant
une longue vie et une grande fortune à former une collec-

tion d'observations astronomiques, dont la richesse et la précision étaient jusque-là sans exemple. Puis, ce trésor tombant aux mains de Képler : celui-ci doué des deux facultés les plus distinctives du génie, l'imagination et la patience; se dévouant à calculer toutes les observations de Tycho, à en construire les résultats immédiats sans idée préconçue; et, quand il les voit, assez intrépide pour secouer une erreur admise comme vérité indubitable depuis plus de trois mille ans. Ajoutez que tout cela eût été inutile sans le hasard heureux qui porta ses premiers efforts sur l'orbite de Mars, la seule, dans notre système planétaire, dont la forme elliptique lui pût devenir immédiatement perceptible à travers les incertitudes des observations qu'il employait. S'il les eût appliqués à toute autre planète, ils eussent été vains. C'est le cas d'élever un autel à la bonne fortune.

Je reviens aux origines. Pour appliquer à un exemple simple et décisif le principe d'étude comparative que j'ai tout à l'heure énoncé, je prends le travail d'Hipparque sur le mouvement du soleil, dont nous allons retrouver la copie défigurée chez les Hindous, et je me place avec lui dans les idées alors admises. La terre est immobile et le soleil est en mouvement autour d'elle. Puisque la marche de l'astre dans son orbite circulaire est uniforme, les inégalités que nous y apercevons ne peuvent être que des illusions de perspective, provenant de ce que la terre n'est pas au centre de cette orbite. En effet, concevons, dans le plan de l'écliptique, une circonférence de cercle, excentrique à la terre, et plaçons-y le soleil qui la parcourra tout entière dans l'intervalle d'une année. Les arcs égaux qu'il y décrira en une même fraction de l'année, par son mouvement uniforme, sous-tendront dans notre œil des angles de grandeur inégale, selon qu'ils se présenteront à nous dans des circonstances diverses de direction et de distance. Le problème astronomique consistera donc à découvrir quelles doivent être l'excentricité, la grandeur et l'orientation de la circonférence solaire, pour que ces inégalités optiques soient toujours conformes à celles qu'on observe. Premièrement il faudra qu'elle embrasse la terre; car nous voyons toujours le soleil y marcher dans un même sens. La distance de son centre à la terre devra être très-petite comparativement à son rayon, puisque les inégalités apparentes occasionnées par cette excentricité sont très-petites. On a représenté approximativement ces dispositions, à la suite du présent travail, dans la figure 1, où la lettre T désigne la terre, et C le centre de la circonférence que le soleil décrit[1]. Quant à l'orientation, pour concevoir l'influence qu'elle aura sur les effets optiques, menez idéalement de la terre au centre du cercle une ligne droite TC, que vous prolongerez à l'infini dans les deux sens. Elle coupera le cercle suivant un de ses diamètres que la terre partagera en deux portions inégales. La plus longue, qui s'étend au delà du centre de l'orbite, aboutit au point A, où le soleil se trouve le plus loin de la terre. On le nomme l'*apogée*. La plus courte au point P, où il en est le plus

---

[1] On a été obligé d'exagérer considérablement la grandeur de l'excentricité C T pour qu'elle pût devenir sensible, dans la figure.

proche; on l'appelle le *périgée*. Ces deux points sont ainsi diamétralement opposés dans le ciel, et les apparences optiques qui s'y produisent correspondent aux conditions extrêmes d'éloignement ou de proximité qui leur sont propres. A l'apogée, le diamètre apparent du soleil et sa vitesse de circulation apparente atteignent leurs plus petites valeurs; au périgée, les plus grandes. Mais l'étendue totale de ces variations sur le contour entier de l'orbite étant très-petite, elles deviennent presque nulles dans leurs phases extrêmes, et ne peuvent plus fournir des indices de position suffisamment précis. A défaut de tels indices, dont l'application eût été immédiate, Hipparque s'en procura d'autres plus sûrs, quoique moins directs. Imaginez, dans le plan de l'écliptique, deux lignes droites indéfinies, menées de la terre aux points équinoxiaux et solsticiaux ♈, ♋, ♎, ♑. Ces droites, se coupant à angles droits, partageront la circonférence solaire en quatre segments, d'amplitudes égales pour l'œil, mais inégales dans cette circonférence, dont le centre ne coïncide pas avec le centre de vision. Le soleil, qui les parcourt en totalité dans l'intervalle d'une année, emploiera donc, pour passer de l'un à l'autre, des temps inégaux que l'observation fera connaître; de là on conclura, proportionnellement, les arcs divers de sa circonférence qu'il a réellement décrits en mouvement uniforme pendant les mêmes temps; et en comparant ces arcs aux angles visuels égaux qui les embrassent, le sens, l'étendue, la marche progressive de leurs différences, fourniront des données certaines pour découvrir les positions des points apogée, périgée, ainsi que la proportion de l'excentricité au rayon de la circonférence décrite, qui produisent de tels effets.

Cette invention d'Hipparque lui réussit complétement, et plus aisément peut-être qu'il ne l'avait espéré. Il connaissait la durée de l'année entière, un peu moindre que $365^j,25$. Or les observations lui donnaient :

	TEMPS ÉCOULÉS.	MOUVEMENT dans l'orbite conclu [1].
De l'équinoxe vernal au solstice d'été..	$94^j. 12^h$	$93°. 9'. 15''$
Du solstice d'été à l'équinoxe d'automne.	$92^j. 12^h$	$91°. 10'. 58''$
Donc : de l'équinoxe vernal à l'équinoxe automnal.	$187^j. 00^h$	$184°. 20'. 15''$

Puisque ces deux quadrants optiques embrassent plus de la moitié de la circonférence solaire, le centre de cette circonférence et son apogée s'y trouvent compris. On voit même que l'apogée est contenu dans le premier des deux, puisque le mouvement y est plus lent que dans le second. Ceci reconnu, les nombres précédents suffisent à Hipparque pour achever de résoudre le problème, et il en conclut mathématiquement :

La longitude de l'apogée, comptée de l'équinoxe vernal : $\lambda = 65°.30'$.
Le rapport de l'excentricité au rayon de la circonférence décrite : $e = \frac{1}{24}$.

Je ne rapporte pas ici le détail de son calcul ; mais dans la note 1re, annexée à ces études, je le reproduis sous des for-

---

[1] Ces nombres, dans Ptolémée, sont calculés comme je l'ai fait ici, en prenant pour la durée de l'année, l'évaluation approximative $365^j,2$.

mes symboliques qui le rendent applicable à tous les
temps. Cela nous servira tout à l'heure pour le transporter
à l'époque du *Sûrya-Siddhânta*. Car les données astronomiques et les déductions, étant différentes en différents siècles, il faut pouvoir découvrir l'identité de la méthode à
travers la dissemblance des résultats.

Les mêmes motifs m'obligent à signaler, dans le mode
d'application, certains traits distinctifs qui devront se trouver inévitablement communs à la copie et à l'original.
Mais, comme je ne pourrais les définir et en montrer l'application précise sans m'aider de quelques démonstrations
mathématiques, je rejette ces détails dans une note spéciale, d'où je tirerai les résultats qui me seront nécessaires
à mesure qu'ils interviendront dans la série des raisonnements.

Nous voilà complétement préparés pour découvrir les
vestiges des méthodes grecques dans les opérations numériques des astronomes hindous. Reste à choisir un texte
qui nous les montre à leur état primitif. Nous ne pouvons
les prendre immédiatement dans le *Sûrya-Siddhânta*. Il
n'a pas encore été traduit en langage européen, et il n'est
intelligible aux indianistes les plus exercés, aux pandits
même, que par l'intermédiaire des commentateurs. Il faudra donc recourir à des ouvrages qui lui sont postérieurs,
et dont l'orthodoxie astronomique est avérée. C'est ce
qu'ont fait Davis, Colebrooke, Bentley, et tous ceux qui,
après eux, ont entrepris de nous faire connaître les règles
de l'astronomie indienne. Mais n'est-il pas à craindre que
les doctrines dont nous voulons retrouver les traits origi-

naux ne se présentent ainsi modifiées, défigurées par l'introduction d'idées qui leur étaient primitivement étrangères? Heureusement un fait, résultant de la prétention
d'immutabilité inhérente à la science brahmanique, exclut ce soupçon. Tous les traités d'astronomie hindous
postérieurs au *Sûrya-Siddhânta*, ont pour objet de développer et d'appliquer les préceptes contenus dans ce livre
sacré. Les règles de calcul que leurs auteurs exposent sont
la reproduction avouée de celles qu'ils y ont puisées. De là
un concours de déductions et de pratiques commun à toute
l'Inde. Par exemple, les tables du soleil et de la lune que
Davis a traduites d'un ancien ouvrage sanscrit, le *Makaranda*, et qu'il a publiées dans le tome II des *Asiatic
Researches*, sont identiquement les mêmes que les brahmes
de Christanabouram avaient communiquées au P. Duchamp, et ceux de Tirvalour à l'astronome Legentil, en les
leur donnant comme fondées sur le *Sûrya-Siddhânta*, jusqu'alors inconnu aux Européens. On peut constater cette
identité, en consultant le traité de Bailly sur l'astronomie
indienne, où elles sont imprimées pages 336 et 337. Les
éléments de ces tables se rapportent à l'époque fondamentale fixée par le *Sûrya-Siddhânta*, l'équinoxe vernal y étant
supposé coïncider avec l'étoile ζ des Poissons; et, dans les
applications, les mouvements moyens se calculent à partir
de cette date, avec la durée de l'année sidérale qui s'y
trouve prescrite. Nous pouvons donc, en toute assurance,
considérer ces tables et les traités d'astronomie hindous
qui les contiennent, comme des monuments authentiques
de l'ancienne science indienne qui s'y est conservée sans

altération, et je vais m'autoriser de ce fait pour l'en extraire.

On y admet tacitement que le soleil, la lune et les planètes décrivent, en mouvement uniforme, des circonférences de cercle excentriques à la terre, et l'on attribue à chacune de ces circonférences les éléments déterminatifs qui conviennent à l'époque fondamentale où l'étoile ζ des Poissons coïncidait avec l'équinoxe vernal. La réduction des lieux moyens aux lieux vrais, s'obtient par des opérations analogues à celles que l'on voit appliquées à cette même hypothèse dans Ptolémée. Mais elles sont compliquées de constructions inutiles, et gâtées par des additions empiriques qui les rendent fautives. Pour mettre ceci en évidence, il me suffira de suivre les méthodes indiennes dans leur application au mouvement circulaire du soleil. Car le même type sert pour la lune et les planètes, avec un mélange de géométrie et d'empirisme tout à fait pareil.

Il faut premièrement définir les éléments de la circonférence décrite. En se reportant à la figure 1, ces éléments sont : 1° la longitude de l'apogée A, comptée à partir de l'étoile ζ des Poissons; 2° le rapport de l'excentricité CT au rayon CA de l'orbite. Voici les valeurs que les Hindous leur attribuent :

1° Longitude sidérale de l'apogée comptée de ζ des Poissons. $\lambda = 77°.47'.15''$.

2° Excentricité [1]. . . . . $e = 0,0379889 = \dfrac{1}{26\frac{1}{3}}$.

Ils supposent ces deux données invariables, même au-

[1] Les astronomes hindous ne présentent pas explicitement la valeur de

jourd'hui. Ce sont deux erreurs. La longitude λ étant comptée à partir d'une étoile fixe, serait en effet invariable si l'apogée du soleil était immobile. Mais il a dans le ciel un mouvement propre direct, qui accroît sa longitude sidérale de $11''81$ sexagésimales par année, ou de $19'41''$ par siècle, ce que des observateurs précis ne sauraient négliger. Quant à l'excentricité, elle décroît aussi avec le temps; et, aujourd'hui, elle est à peu près égale à $\frac{1}{30}$ [1]. Mais sa variation est trop faible pour que les Hindous pussent l'apercevoir.

La longitude sidérale $2^s.17^\circ.17'.15''$, attribuée ici à l'apogée, peut également être supposée avoir pour origine l'équinoxe vernal mobile, puisque l'étoile des Poissons était censée coïncider avec cet équinoxe quand elle fut déterminée. En la considérant à ce point de vue, je trouve, par les formules de la mécanique céleste, que l'apogée du soleil a dû atteindre cette longitude en l'an 507 de notre ère. D'une autre part, nous avons déjà reconnu que l'étoile ζ des Poissons a coïncidé avec l'équinoxe vernal mobile en 572. On ramènerait ces deux dates l'une à l'autre en admettant que la longitude de ζ a été supposée trop

---

l'excentricité, sous sa forme fractionnaire, comme je le fais ici. Mais je la conclus mathématiquement de leurs tables par un théorème qui est particulier à l'hypothèse de l'excentrique. C'est que la fraction représentative de l'excentricité est égale à la tangente trigonométrique de l'équation du centre ε_q, qui a lieu pour 90° d'anomalie moyenne. Or les tables indiennes s'accordent pour faire cette équation ε_q de l'orbite solaire égale à $2^\circ.10'.32''$; d'où l'on déduit la valeur fractionnaire de e telle que je l'ai rapportée.

[1] Ceci doit s'entendre de l'excentricité évaluée dans l'hypothèse du cercle excentrique. Car l'excentricité elliptique n'en est que la moitié. (Voyez mon *Traité d'astronomie*, tome IV, p. 498.)

forte de $54'.12''$, ou celle de l'apogée trop faible de $61'.12''$, ce qui n'aurait rien que de très-possible ; et, en partageant l'erreur, on aurait l'an 540 pour la date probable du *Sûrya-Siddhânta*. Mais des mouvements aussi lents ne peuvent fournir que des indications approximatives de dates absolues.

Les Hindous ne disent pas comment ils ont déterminé les éléments qu'ils attribuent à l'excentrique solaire, ni de quelles données d'observation ils les ont déduits ; mais nous pouvons conclure ces données des éléments mêmes, par les formules que j'ai établies dans la note première. Je trouve ainsi qu'elles ont dû être telles que les présente le tableau suivant, où j'ai poussé les évaluations jusqu'à de petites fractions de temps et d'arcs, qui, sans doute, ne leur étaient pas saisissables.

	TEMPS ÉCOULÉS.	MOUVEMENT DANS L'ORBITE.
De l'équinoxe vernal au solstice d'été. .	$93^j.\ 22^h.\ 55^m.\ 50^s,271$	$92°.\ 36'.\ 9'',78$
Du solstice d'été à l'équinoxe d'automne.	$92^j.\ 23^h.\ 36^m.\ 10^s,781$	$91°.\ 38'.\ 41''.08$
De l'équinoxe d'automne au solstice d'hiver..	$88^j.\ 16^h.\ 10^m.\ 28^s,007$	$87°.\ 23'.\ 50'',22$
Du solstice d'hiver à l'équinoxe vernal..	$89^j.\ 15^h.\ 30^m.\ 7^s,497$	$88°.\ 21'.\ 18'',92$
Durée de l'année sidérale indienne. . .	$365^j.\ 6^h.\ 12^m.\ 36^s,556$	$360°.\ 0'.\ 0'',00$

La deuxième colonne montre les intervalles des saisons d'où les éléments de l'excentrique hindou résultent. Mais comment ont-ils pu se procurer la connaissance de ces intervalles, dont l'évaluation, même approximative, ne pouvait s'obtenir à ces époques anciennes qu'au moyen d'observations de solstices et d'équinoxes, assidûment suivies, dans lesquelles l'expérience et le sens pratique de l'astronomie compensât l'incertitude des procédés? Rien n'annonce ces qualités chez les Hindous, et les incorrections systématiques qu'ils ont volontairement admises dans les tables par lesquelles ils calculent les inégalités des mouvements célestes, nous les montreront tout à l'heure peu curieux de la précision scientifique. Ils n'ont pas reçu ces données des Arabes, qui, au cinquième siècle de notre ère, n'étaient pas en état de les leur fournir [1]. Mais ils ont pu les avoir des Chinois, chez lesquels l'observation assidue des mouvements célestes, particulièrement celle des solstices et des équinoxes employés à la confection annuelle du calendrier impérial, était, depuis les temps les plus reculés, un office supérieur du gouvernement. Or, justement, dans les dernières années du cinquième siècle, vers le temps

---

[1] Albategni est le premier des astronomes arabes qui, en l'an 882 de notre ère, détermina, par des observations nouvelles, la durée de l'année tropique et les intervalles actuels des saisons, d'où il déduisit les éléments de l'excentrique solaire en y appliquant le calcul d'Hipparque. Il trouva ainsi la longitude de l'apogée solaire égale à 82° 17', plus grande de 5° que celle des Hindous, ce qui dénote une époque plus tardive d'environ deux cent quatre-vingt-onze années, et reporterait celle du *Sûrya-Siddhânta* à l'an 591 de notre ère, si l'on supposait les observations des deux parts rigoureusement exactes. Mais, en tenant compte des erreurs dont elles ont dû inévitablement être affectées, il est satisfaisant de trouver qu'elles s'accordent avec les autres indications que nous avions déjà recueillies, pour marquer le milieu du vi^e siècle comme l'époque la plus vraisemblable de la rédaction du *Sûrya-Siddhânta*. Sur les observations d'Albategni, on peut consulter son traité *de Numeris stellarum et motibus*, cap. xxvii; et mon *Résumé de chronologie astronomique*, Mémoires de l'Académie des sciences, tome XXII, p. 345 et suivantes.

où le *Sûrya-Siddhânta* fut rédigé, un Chinois appelé *Tchang-tse-sin*, qui avait passé trente ans de sa vie dans la solitude, occupé de calculs et d'observations astronomiques, apprit à ses compatriotes l'inégale durée des quatre saisons de l'année solaire qu'ils avaient jusqu'alors ignorée, quoiqu'elle fût sans doute depuis longtemps empreinte dans leurs observations de solstices et d'équinoxes, où l'on ne s'était pas avisé de la chercher ; et il leur donna aussi les premières règles qu'ils eurent pour calculer les inégalités des mouvements du soleil. Il fut en grande réputation à la cour des *Tsi* septentrionaux, et les astronomes des dynasties suivantes rendirent d'universels hommages à ses découvertes[1]. Je ne vois pas d'autre source plus sûre et plus prochaine où l'auteur du *Sûrya-Siddhânta* ait pu puiser les éléments déterminatifs de l'excentrique solaire propres à son temps.

Quand on connaît le mouvement moyen du soleil, et la position de la terre à l'intérieur de la circonférence excentrique qu'il est supposé décrire autour d'elle en mouvement uniforme dans l'intervalle d'une année, c'est un problème géométrique très-simple que de calculer les inégalités qui doivent paraître s'opérer dans son mouvement de circulation, du point de vue d'où on l'observe. Le lieu apparent se conclut à chaque instant du lieu réel, par l'intermédiaire d'un triangle rectiligne, que les Hindous du vi⁰ siècle pouvaient et savaient résoudre aussi bien que Ptolémée. J'expose dans la note 2 ce petit calcul tel que l'a fait l'astronome grec, et je

---

[1] Gaubil, *Histoire de l'astronomie chinoise*, Recueil de Souciet, tome II, p. 57-60.

montre comment il en a déduit des tables qui, en chaque
point de l'orbite où le soleil se trouve, donnent immédiatement en nombres, la correction additive ou soustractive qu'il
faut appliquer à son mouvement moyen pour obtenir son lieu
apparent: Les Hindous, comme je l'ai dit, ont aussi des tables numériques destinées au même usage. Mais, au lieu
de les former par le procédé de calcul exact et simple qui
s'offrait naturellement à eux, ils les ont fondées sur une
conception mêlée de géométrie et d'empirisme, dont l'emploi inexact à la fois et bizarre est formellement prescrit
dans le *Sûrya-Siddhânta*, non pas seulement pour le soleil,
mais aussi pour la lune et les planètes. Autour du point de
l'excentrique où l'astre est arrivé, ils décrivent une circonférence de cercle, dont ils règlent le contour de manière
que son rayon représente la valeur locale de l'excentricité,
qu'ils font varier dans les diverses portions de l'orbite,
suivant certaines lois; et, sur cette circonférence auxi-
liaire, ils établissent une construction géométrique d'où
ils déduisent la valeur locale de la correction que nous appelons l'*équation du centre*. Ceci a fait dire que les Hindous emploient les épicycles grecs; mais l'assimilation est
inexacte. Les épicycles grecs étaient disposés tout autrement et avaient un tout autre objet[1]. Davis, au tome II des
Asiatic Researches, page 249, a décrit avec détail la construction géométrique des Hindous, et Delambre a traduit
cet exposé en langage algébrique, ce qui lui en a donné une
expression si fidèle, qu'il a pu en déduire avec une identité

[1] Voyez l'exposé complet des hypothèses grecques dans le volume du *Journal des Savants* pour 1845, numéro de novembre.

parfaite tous les nombres contenus dans les tables indiennes[1], et cet accord lui inspire une grande admiration pour l'habileté arithmétique de ceux qui les ont calculées. Mais ce qui importe bien plus, c'est de savoir si elles sont vraies ou fausses dans leur application au ciel. Or la seule inspection de ces tables montre qu'elles sont inconciliables avec les phénomènes. En effet, elles n'embrassent qu'un seul quart de l'orbite, et on les applique indifféremment à son contour entier, aux quadrants qui confinent à l'apogée, comme à ceux qui confinent au périgée, quoique, dans ces derniers, le mouvement apparent soit plus rapide que dans les autres, ainsi que le dit formellement le *Sûrya-Siddhânta*. Les erreurs qui résultent de cette uniformité d'application s'élèvent jusqu'à 3′4″ pour le soleil, et jusqu'à 13′58″ pour la lune, dans les points de l'orbite où elles sont les plus grandes, comme on peut le voir dans la note 2, où je les ai rendues évidentes par comparaison, en calculant les vrais nombres par la formule exacte, établie pour chacun des deux astres, sur la même valeur de l'excentricité qui est employée dans la table indienne. Des règles de calcul toutes pareilles sont prescrites dans le *Sûrya-Siddhânta* pour les excentriques des planètes, et cette généralisation est formellement exprimée au chapitre ii, çloka 34, 35, dans un passage que M. Ad. Regnier a bien voulu me traduire. Mais je ne crois pas nécessaire d'entrer ici dans plus de détails sur ces vaines hypothèses, dont on pourra prendre une idée suffisante dans l'analyse que Delambre en

Delambre, *Histoire de l'astronomie ancienne*, tome I, p. 462 et suiv.

a donnée. Le résultat général, qui seul nous intéresse, c'est que, dans cet important problème de la détermination des inégalités, dont la solution est le but final de toute l'astronomie observatrice, la science indienne, cette science antique et divinement révélée, que l'on nous avait présentée comme ayant enseigné le reste du monde, n'aboutit définitivement qu'à un empirisme inacceptable en principe, et fautif dans l'application.

Ce dénoûment, inattendu peut-être, suggère un soupçon qui ferait disparaître ce qu'il a d'étrange. Que les brahmes, ayant adopté et fait accepter aux populations de l'Inde les préceptes du *Sûrya-Siddhânta* comme émanés d'une révélation divine, aient persisté depuis à les pratiquer, en y attachant le caractère d'inviolabilité d'un rite, cela s'explique naturellement par l'intérêt qu'ils avaient à ne pas laisser croire que les doctrines venues de si haut pussent être contrôlées ou perfectionnées par la science humaine. Mais comment, au sixième siècle de notre ère, l'auteur de ce livre, ayant adopté l'excentrique d'Hipparque, a-t-il imaginé de déterminer les inégalités des mouvements par un procédé empirique, complexe et inexact, au lieu d'y appliquer le calcul si simple de Ptolémée, dont tous les détails lui étaient parfaitement intelligibles? La seule raison plausible que l'on puisse donner de ce fait, c'est que peut-être il n'a pas connu l'ouvrage de l'astronome grec, ou qu'il l'a trouvé trop abstrait pour vouloir s'en servir, ou trop répandu pour oser le copier. Ce soupçon, tout extraordinaire qu'il doive paraître, semble confirmé par le passage suivant d'un auteur arabe, Albirouni, qui, au commencement du onzième siècle de notre ère, était entré dans l'Inde à la suite des armées musulmanes, et l'avait parcourue en observateur pendant deux années. Possédant une instruction très-variée, et personnellement versé dans les sciences astronomiques, alors fort cultivées par les Arabes, il se mit en rapport intime avec les brahmes qui faisaient profession de les pratiquer [1]. « Les traités indiens, dit-il, sont écrits « en vers : les indigènes croient les rendre ainsi plus fa-« ciles à retenir dans la mémoire. Ils ne recourent aux li-« vres qu'à la dernière extrémité. On les voit même s'atta-« cher à apprendre des vers dont ils ignorent tout à fait le « sens. J'ai reconnu, à mes dépens, l'inconvénient de cet « usage. J'avais fait, pour les indigènes, des extraits du « traité d'Euclide et de l'Almageste. J'avais composé un « traité de l'astrolabe à leur intention, afin de les initier « aux méthodes des Arabes. Mais, aussitôt, ils mirent ces « morceaux en *çlokas*, de manière qu'il était fort difficile de « s'y reconnaître. » Ce passage de l'auteur arabe me semble très-clair. Que les brahmes n'aient pas employé l'astrolabe de Ptolémée, nous pouvions bien nous en douter, ne le trouvant mentionné ni dans le *Sûrya-Siddhânta*, ni dans les ouvrages de ses commentateurs, où il n'est parlé que d'appareils de démonstration, jamais d'instruments précis, destinés à des observations réellement astronomiques. Mais, puisque Albirouni trouvait à propos de leur faire des extraits de l'Almageste, qu'ils s'appropriaient comme des

---

[1] Manuscrit d'Albirouni, fol. 32, cité par M. Reinaud dans son Mémoire sur l'Inde. *Académie des inscriptions et belles-lettres*, t. XVIII, iie partie, p. 334.

nouveautés, apparemment ils ne connaissaient pas cet ouvrage ; à moins qu'on ne veuille dire qu'il leur avait été
connu autrefois, et qu'ils ne s'en souvenaient plus, ce qui
serait peu compatible avec leurs habitudes de persistance
dans les doctrines qu'on leur avait enseignées. Je puis for-
tifier ces deux inductions en m'appuyant sur l'opinion tout
à fait pareille que paraît s'être formée, à plus de titres,
l'habile indianiste américain M. Whitney, qui a entrepris
une traduction complète du *Sûrya-Siddhânta*, et dont le travail, déjà fort avancé, deviendra prochainement public. Car,
dans une lettre dernièrement adressée par lui à M. Ad. Ré-
gnier, qui a bien voulu me la communiquer, M. Whitney
annonce « qu'après avoir pris une possession entière de
« l'ouvrage, il pense pouvoir être en état d'établir, avec
« une suffisante évidence, qu'il a été emprunté à des Grecs
« [astronomes ou astrologues] antérieurs à Ptolémée. »
S'il y a quelque indiscrétion de ma part à me prévaloir
d'un assentiment qui n'est pas encore publiquement exprimé, pour justifier une opinion que je partage, je dirai,
pour mon excuse, qu'il y a moins d'inconvénient à être in-
discret qu'à se faire honneur des idées d'autrui.

Dans un dernier article, je compléterai cette étude par
la discussion de quelques points de critique, qu'on ne peut
en séparer ; après quoi je n'aurai plus qu'à mettre en lumière le grand plagiat astronomique sur lequel les Hindous ont organisé scientifiquement l'institution de leurs
nakshatras; et, en cela du moins, je ne commettrai qu'une
indiscrétion tout à fait permise.

IV

Quand on s'occupe d'astronomie ancienne, on a souvent
l'occasion de se demander si la grande composition mathématique de Ptolémée n'a pas été plus nuisible qu'utile
à la science astronomique. Il n'est pas aisé de répondre
à cette question. Sans doute on doit reconnaître à Ptolémée le mérite d'avoir, le premier, réduit cette science en
corps de doctrine; de l'avoir résumée en une sorte de code
où tous les procédés de calcul nécessaires pour déterminer
les positions apparentes des corps célestes à un instant
donné, sont exposés dans leur ordre de dépendance naturelle, établis mathématiquement, et appropriés d'avance
aux applications par des tables numériques qui épargnent
à l'astronome les calculs de détail; en sorte que, pour résoudre chaque problème, il n'a qu'à suivre la marche prescrite, sans autre soin que de s'y conformer. Ajoutez à cela
d'avoir su mettre en évidence diverses particularités du
mouvement de la lune jusqu'alors ignorées; de les avoir
enchâssées habilement avec les autres dans les hypothèses
géométriques antérieurement imaginées, et d'avoir apporté
ainsi une amélioration importante aux tables de ce satellite.
Voilà quelle a été l'œuvre astronomique de Ptolémée. Sa
vaste composition a suffi, pendant près de sept siècles,
aux astrologues pour construire leurs thèmes de nativités,
et au commun des astronomes pour calculer leurs éphé-

mérides, sans qu'on essayât de faire un pas au delà. Mais cette longue et universelle adoption a causé à la science un dommage irréparable, en rejetant dans un éternel oubli, et faisant à jamais disparaître, toutes les observations antérieures que Ptolémée n'avait pas jugées nécessaires à son ouvrage, et qui seraient sans prix aujourd'hui pour nous. Et encore ne nous fait-il qu'imparfaitement connaître la valeur des documents qu'il met en œuvre. Observateur peu habile, et d'une bonne foi plus que suspecte, dépourvu du sentiment de précision que la pratique donne, il omet toutes les opérations de détail qui doivent précéder les observations et en assurer la justesse. Il ne nous explique pas comment ses prédécesseurs et lui-même tracent une méridienne exacte, ni par quels appareils ils mesurent le temps. Il leur emprunte leurs déterminations comme autant de faits dont il s'appuie, sans nous instruire le moins du monde des soins qu'ils ont pris pour les obtenir. Quand il emploie une méthode d'Hipparque, car il en crée rarement de lui-même, il ne cite que les données particulières au cas d'application pour lequel il l'expose, passant sous silence tout l'ensemble du travail, et tous les matériaux que ce grand observateur y avait fait concourir. Par exemple, pour déterminer l'équation du centre de la lune et la longitude de son apogée, Hipparque avait employé trois anciennes éclipses de lune, *choisies parmi celles qui avaient été apportées de Babylone comme y ayant été soigneusement observées*, ἀπὸ τῶν ἐκ Βαβυλῶνος διακομισθεισῶν, ὡς ἐκεῖ τετηρημένας[1]. C'est Ptolémée lui-même qui nous donne cette in-

[1] Ptolémée, liv. IV, chap. iv, t. I, p. 275, édit. Halma.

dication d'origine. La collection dont il parle existait encore de son temps. Car, ailleurs, voulant reprendre un autre calcul pour lequel Hipparque avait pareillement employé trois éclipses encore plus anciennes, il dit, en son nom propre, en avoir *pris trois parmi celles qui ont été soigneusement observées à Babylone*, ὧν τοίνυν εἰλήφαμεν παλαιῶν τριῶν ἐκλείψεων ἐκ τῶν ἐν Βαβυλῶνι τετηρημένων, ἡ μὲν πρώτη, etc[1]. Mais, dans ce trésor, il ne prend que les trois dont il a besoin sans nous faire connaître les autres, sans nous dire un mot de plus des Chaldéens, ni de leurs doctrines, ni de leurs institutions astronomiques, ni des observations qu'ils avaient accumulées pendant tant de siècles. Il ne dit même pas où il a pris le canon chronologique dont il fait un emploi continuel, ce document unique dans l'antiquité, qui, commençant au roi chaldéen Nabonassar, se continue par une succession non interrompue de dates, à travers la série des souverains, assyriens, mèdes, persans, grecs, romains, qui ont possédé l'Égypte, en descendant jusqu'au premier des Antonins. Ptolémée ne le mentionne pas une seule fois, et l'on doit au seul hasard de l'avoir fait retrouver dans des manuscrits détachés. Au fait, ce canon avait été nécessaire à Ptolémée pour composer son ouvrage, il ne l'était pas à ses lecteurs. Pourquoi en aurait-il parlé? Il semble avoir voulu que son livre devînt l'unique mémorial d'astronomie auquel on dût désormais recourir, et fît oublier comme inutile tout ce qui l'avait précédé. Ce fut en effet ce qui arriva, par un ensemble de

---

[1] Ptolémée, liv. IV, chap. ɪv, t. I, p. 244.

causes qu'il n'avait pas prévues. Après lui, pendant près
de sept siècles, il y eut toujours des astrologues, mais on ne
vit plus d'astronomes observateurs. L'extension du christianisme, les convulsions de l'empire romain, les invasions
des barbares, l'explosion de l'islamisme, occupèrent le
monde. Enfin, quand la puissance musulmane eut soumis
l'Orient, l'astrologie, florissante à la cour des califes de
Bagdad, y fit renaître l'étude de l'astronomie, et ce fut
dans l'ouvrage de Ptolémée qu'on put l'apprendre. Les documents antérieurs, n'étant plus consultés, se perdirent,
et l'on ne s'inquiéta pas d'en sauver les débris. Pourtant,
les plus précieux de tous, les ouvrages d'Hipparque, sub-
sistaient encore au quatrième siècle de notre ère; car le
mathématicien Pappus, dans son commentaire sur Ptolémée
encore inédit, cite un traité d'Hipparque comme l'ayant
sous les yeux. Peut-être retrouverait-on des fragments de
ce grand astronome en compulsant les manuscrits grecs
ensevelis dans nos bibliothèques; et ce seraient des trésors
pour l'astronomie. Mais le vent de l'érudition ne souffle
pas de ce côté-là.

En considérant les règles, à la fois empiriques et défectueuses, que le *Sûrya-Siddhânta* donne pour calculer la
principale inégalité des mouvements du soleil, de la lune
et des planètes, dans l'hypothèse de l'excentrique, nous y
avons trouvé de fortes raisons pour croire que l'auteur de
ce livre n'a pas connu, ou mis à profit, l'ouvrage de Ptolémée. M. Whitney, qui a fait une étude complète du traité
hindou, est arrivé de son côté à la même conséquence,
en y constatant néanmoins l'emploi d'idées grecques, de

date plus ancienne. Cela expliquerait pourquoi, dans l'exposition de ces inégalités, l'auteur hindou s'arrête où Ptolémée commence; ne considérant, dans chaque orbite, que la principale, l'équation du centre, la seule qu'Hipparque ait connue, ou, du moins, calculée. La possibilité de ces communications antérieures n'a rien que de conforme aux témoignages de l'histoire. Les conquêtes d'Alexandre avaient ouvert des relations immédiates entre la Grèce et l'Inde. Elles se continuèrent et devinrent plus intimes sous les Séleucides, dont la puissance s'étendit, avec des chances diverses, depuis Babylone jusqu'à l'Indus. Le fondateur de cette dynastie, Séleucus Nicanor, contracta des alliances avec les rois de l'Inde limitrophes de ses possessions; et, après le démembrement des portions orientales de son empire, devenues des satrapies indépendantes, les princes grecs qui les occupèrent entretinrent soigneusement ces rapports, qui ne cessèrent qu'avec l'invasion des Indo-Scythes, moins d'un siècle avant notre ère. Les brahmes purent donc, pendant ce long intervalle de temps, se procurer les documents astronomiques de la Grèce et de la Chaldée. Car les institutions chaldéennes avaient survécu à cette dernière conquête, comme à toutes les précédentes, puisque Ptolémée cite et emploie deux observations de Mercure faites par les Chaldéens, dans les années 504 et 512 de Nabonassar, au temps ou Évergète Ier régnait en Égypte[1]. C'est probablement par cette voie que les Hindous ont pu connaître la précession des équinoxes, qu'ils auraient été

----

[1] Ptolémée, liv. IX, ch. vii, t. II, p. 170 et 171, édit. Halma.

incapables par eux-mêmes, non pas seulement de mesurer, mais de soupçonner ; et cette communication anticipée, quoiqu'elle leur soit venue mêlée à des absurdités astrologiques, leur a évité de partager la singulière erreur que Ptolémée a commise dans l'évaluation du phénomène.

Hipparque découvrit la précession de la manière suivante. Il y a dans l'écliptique une belle étoile que l'on appelle l'Épi de la Vierge[1]. Un procédé d'observation indiqué par Ptolémée, et décrit avec détail par Delambre[2], fit connaître à Hipparque que, de son temps, elle était à 6° de distance du point équinoxial d'automne, vers l'occident; de sorte que sa longitude actuelle, comptée de l'équinoxe vernal, était 180° — 6° ou 174°. Or cent vingt-deux ans auparavant, Timocharis avait trouvé cette même distance égale à 8° dans le même sens, d'où il résultait qu'alors la longitude de l'étoile était seulement de 172°. Ainsi, en supposant les deux observations exemptes d'erreurs, dans l'intervalle de ces cent vingt-deux ans, l'étoile s'était éloignée de l'équinoxe vernal en marchant vers l'occident, ou bien ce point avait reculé vers l'orient devant elle, de 2° ou 7200″, ce qui donne pour marche moyenne 59″ par année. Restait à savoir si cet accroissement progressif des longitudes était général, ou particulier à l'Épi. Pour décider l'alternative, Hipparque répéta la même épreuve sur toutes les étoiles situées dans l'écliptique ou hors de l'écliptique, dont il put se procurer des observations antérieures à son temps. Elles

---

[1] Ptolémée, liv. VII, ch. II, p. 10.
[2] Édition Halma, t. II, p. 449, note (*b*).

s'accordèrent à lui prouver que la sphère étoilée, tout entière, a un mouvement de rotation très-lent autour de l'axe
de l'écliptique, dans le sens du mouvement propre du
soleil; de sorte que le retour de cet astre à l'équinoxe vernal, *précède* son retour aux étoiles de l'écliptique qui s'y
étaient trouvées en coïncidence avec lui, quand il commençait sa révolution annuelle. De là le mot de *précession
des équinoxes* qui exprime ce fait. La généralité du mouvement indiquait d'ailleurs à Hipparque que ce sont les points
équinoxiaux qui se déplacent, les étoiles restant fixes. Il
ne s'y méprit point. En effet la cause physique de ce déplacement nous est aujourd'hui connue. Il provient de ce que
l'axe de l'équateur terrestre tourne coniquement autour de
l'axe de l'écliptique, en accomplissant une révolution
entière dans un intervalle d'environ vingt-six mille ans.

Hipparque mit en œuvre toutes les observations que ses
prédécesseurs pouvaient lui fournir pour déterminer la
mesure précise de ce mouvement général. Il n'en trouva
pas de plus anciennes que celles de Timocharis qui lui inspirassent assez de confiance pour être employées. Toutes
les autres lui donnaient moins de 59″, plusieurs 47 ou 46.
Ses évaluations de l'année sidérale et de l'année tropique
donneraient 46″,807 [1]. La théorie de l'attraction nous
apprend que la vraie valeur était alors 49″,64. On voit combien cette détermination était délicate et difficile. Hipparque
avait rassemblé tous ses résultats dans un traité intitulé

---

[1] *Journal des Savants*, année 1843, p. 610. M. le professeur Sédillot avait
fait avant moi la même remarque; et je me suis empressé de le reconnaître, p. 720, dès que j'en ai été averti.

de la Rétrogradation des points équinoxiaux, dont Ptolémée
ne rapporte que le titre. Mais dans un autre, *Sur la longueur
de l'année*, dont il cite seulement quelques passages[1], Hipparque déclare occasionnellement que la précession ne peut
certainement pas être supposée moindre de 36" par année.
Que fait Ptolémée? Par un inconcevable défaut de critique,
il adopte justement comme bon ce dernier nombre, ce
nombre limite, qu'à ce titre même il aurait dû rejeter. Bien
plus, il prétend l'avoir confirmé par ses observations propres, et il l'introduit définitivement dans ses calculs, ce qui
affecte d'une commune erreur toutes les déterminations
d'Hipparque qu'il s'approprie, en les transportant à son
temps. Si, comme nous le croyons, les Hindous n'ont pas
connu l'ouvrage de Ptolémée, ils n'ont rien perdu à ignorer
une pareille erreur.

Je viens de montrer par quel ensemble d'observations,
d'inductions, et de calculs mathématiques, Hipparque
est parvenu à découvrir le phénomène de la précession, à
en établir la théorie générale, et à fixer approximativement
sa marche annuelle entre d'étroites limites d'erreur. Tout
cela était nécessaire à connaître pour apprécier, avec un
sens critique, les idées que les astronomes indiens se sont
formées de ce même phénomène, et pour juger s'ils ont
pu les acquérir par eux-mêmes, ou s'ils ont dû les emprunter au dehors.

Ces idées sont présentées sous forme de doctrines certaines, dans le *Sûrya-Siddhânta*. Colebrooke et Davis les
ont étudiées à fond dans cet ouvrage, en s'aidant du se-

---

[1] Ptolémée, liv. VII, chap. ii, t. II, p. 13 édit. Halma.

cours des commentateurs pour éclairer les obscurités du texte, et ils se sont généralement accordés, dans l'exposé qu'ils en ont donné[1]. Je les résumerai d'après eux.

Là, comme dans tout le reste du livre, on ne trouve que des énoncés dogmatiques, sans raisonnements ni démonstrations. Il n'y a donc qu'à les reproduire.

Selon le texte, le déplacement du point équinoxial ne consiste pas en un mouvement de rétrogradation continu contre l'ordre des signes, *in antecedentia*. C'est un mouvement oscillatoire, qui porte alternativement ce point de l'ouest vers l'est, puis de l'est vers l'ouest, autour de l'origine du signe *Mesha*, le Bélier, laquelle est marquée par la petite étoile ζ des Poissons. L'amplitude de l'écart dans chacun de ces sens est de 27°, qui sont parcourus en 1800 ans, à raison de 1° ½ en 100 ans, ou de 54″ par année. Au temps où le *Sûrya-Siddhânta* fut composé, l'oscillation était dans sa phase rétrograde. Probablement on ne prétendra pas que cette fausse idée ait pu être suggérée à l'auteur hindou par des observations réelles ; et la période même de 1800 ans qu'il assigne à chaque demi-oscillation prouve, à son insu, qu'il n'en possédait pas d'une date si ancienne, puisqu'elles lui auraient montré que ce mouvement de libration est imaginaire. Toutefois, en reconnaissant qu'il n'existe pas, le sage Colebrooke trouve que sa seule conception atteste manifestement la haute science et l'originalité d'invention des astronomes hindous. Car voyant,

---

[1] Colebrooke, *Essays*, t. II. *On the Equinoxes*, p. 374 et suivantes, particulièrement page 377. — Davis, *Asiatic Researches*, t. II, p. 266 et suivantes.

quatre siècles plus tard, la même idée reproduite occasionnellement par Albategni, qui ne l'adopte point, et, après lui, par quelques astronomes arabes de l'école espagnole qui admettent le fait de la libration des équinoxes comme vrai, en lui attribuant d'autres limites d'amplitude et une autre marche[1] : « De là, dit-il, nous pouvons conclure en « toute assurance que, sur la question de la précession, les « Hindous avaient une théorie qui, bien qu'erronée, *leur était* « *propre*, et qui *plus tard* a trouvé des partisans parmi les astro- « nomes occidentaux. » Colebrooke écrivait ceci en 1816. Mais malheureusement pour la gloire des Hindous, Delambre en 1817 publiait[2] l'analyse détaillée d'un manuscrit des *Tables manuelles* de Théon d'Alexandrie, déjà cité par Dodwel, où la même idée d'une libration du point équinoxial est mentionnée, comme une opinion reçue et mise en pratique par *les anciens astrologues, mais désapprouvée par Ptolemée et par lui-même.* Il l'expose dans un chapitre spécial, intitulé περὶ τροπῆς, que Delambre a traduit en entier. Selon cette hypothèse, la demi-amplitude de chaque oscillation comprend 8° sexagésimaux qui sont parcourus en 640 ans, à raison de 1° en 80 ans, ou de 45″ par année. Ce mouvement avait atteint sa limite occidentale, *in consequentia*, 128 ans avant l'ère d'Auguste ; de sorte que, 28 ans plus tard, au temps d'Hipparque, le point équinoxial était entré dans sa phase de rétrogradation, comme ce grand astronome l'a observé. En partant de ces données, je trouve, par un calcul fort simple, que le mouvement oscillatoire ainsi

---

[1] Colebrooke, *Essays*, t. II, p. 385.
[2] Delambre, *Histoire de l'Astronomie ancienne*, t. II, p. 625.

défini devait s'opérer autour d'une petite étoile de la constellation des Poissons que nous désignons par la lettre μ
dans le catalogue de Ptolémée, où sa longitude la place à
3° ½ vers l'Occident de l'étoile ζ du même astérisme. Or,
dans le *Sûrya-Siddhânta*, cette étoile ζ est supposée coïncider
avec l'équinoxe vernal actuel, et marquer le commencement du signe *Mesha*, le Bélier, dans lequel μ se trouvait
déjà entrée, et avancée de 3° ½ vers l'occident. Ceci constaté, supposez, pour un moment, que l'auteur hindou ait
pris l'idée du mouvement libratoire du point équinoxial
dans les pratiques des astrologues grecs antérieurs à Ptolémée, dont il a pu très-bien avoir connaissance. Comme il
fait osciller ce point autour de l'origine sidérale de son signe
Mesha, le milieu des amplitudes occidentale et orientale se
trouvait nécessairement transporté par cette nouvelle hypothèse, de l'étoile μ à l'étoile ζ où il l'a placé : ce qui créait
déjà un premier point de dissemblance avec l'hypothèse grecque. Puis, au lieu d'attribuer aux demi-oscillations 8° d'amplitude, il pouvait aussi bien leur en donner 27, et les faire
décrire en 1800 ans au lieu de 640, avec un mouvement de
54″ par année au lieu de 45, puisque tout cela est de pure
imagination ; et alors le plagiat aurait été complétement déguisé, sans beaucoup d'efforts. Je n'affirme pas que les choses
se soient passées ainsi, malgré la vraisemblance que j'y
trouve ; et j'accorderai, si l'on veut, que la même idée absurde
qui était venue à l'esprit des astrologues grecs, a pu s'offrir
sans plus de fondement, à l'auteur du *Sûrya-Siddhânta*.
Mais vouloir, avec Colebrooke [1], présenter cette conception

[1] Colebrooke, *Essays*, t. II, p. 385.

de fantaisie comme une doctrine scientifique conclue d'observations réelles, au moyen desquelles les Hindous, bien
avant Hipparque, auraient découvert la précession par eux-
mêmes, et l'auraient évaluée plus exactement que lui et les
astronomes arabes du moyen âge, c'est se créer une chimère qu'aucune personne instruite des faits ne partagera.

Je viens maintenant à un détail de calcul numérique
pour lequel je rendrais volontiers un plein hommage à
l'habileté arithmétique des Hindous, si je n'étais retenu par
l'impossibilité où je suis de les confronter avec Hipparque,
qui avait composé, sur le même sujet, un traité en douze
livres, dont Ptolémée ne parle point, quoiqu'il ait dû en
faire usage. Mais son existence nous est connue par la
mention qui en est faite dans le commentaire de Théon
d'Alexandrie. Voici en quoi la chose consiste : Ptolémée,
comme tous les géomètres, définit les angles plans par les
arcs qu'ils embrassent autour du centre d'une circonférence de cercle, dont le rayon est donné ; et les grandeurs
relatives ou absolues de ces arcs se définissent par les cordes
qui les sous-tendent dans le même cercle, dont le rayon est
pris conventionnellement pour unité de longueur. Ptolémée,
au chapitre ix du livre I de son ouvrage, expose les théorèmes géométriques par lesquels on évalue ces cordes en
parties du rayon, et il donne une table de leurs longueurs
toutes calculées de 30′ en 30′ de degré, pour l'étendue entière de la demi-circonférence. Tout cela devait très-probablement se trouver dans l'ouvrage d'Hipparque, le créa-
teur de la trigonométrie rectiligne et de la trigonométrie
sphérique, puisque c'était précisément pour le même but

d'application qu'il l'avait composé. Ptolémée, quand il veut
résoudre les problèmes d'astronomie en nombres, emploie
toujours les valeurs des cordes ainsi calculées. Mais il est
beaucoup plus commode d'y définir les arcs par la demi-
corde de l'arc double, laquelle se trouve toujours perpendiculaire au rayon mené à l'origine de l'arc simple. Nous
appelons cette perpendiculaire le *sinus* de l'arc ; et, des
deux segments formés par elle sur le rayon, celui qui aboutit
au centre se nomme le *cosinus* de l'arc, celui qui aboutit à
la circonférence se nomme le *sinus verse*. On a peine à comprendre pourquoi Ptolémée effectue tous ses calculs astronomiques avec les cordes entières, au lieu d'y employer
les demi-cordes, ce qui les aurait considérablement simpli-
fiés ; d'autant qu'il a fait exclusivement usage de celles-ci
dans la construction graphique appelée l'*analemme*, qui représente la sphère céleste, avec tous ses cercles, en pro-
jection sur un plan. Quoi qu'il en soit, le premier exemple
pratique de cette substitution qui nous ait été connu, se
trouve dans le traité astronomique d'Albategni composé en
880 de notre ère, sauf qu'il donne encore à ses sinus le nom
de *cordes*. Mais la même substitution, avec le même nom
de *cordes*, *Djyâ*, *Djîvâ*, se trouve déjà effectuée fort antérieurement dans le *Sûrya-Siddhânta*, qui contient une table
de sinus très-exactement calculée de 3°45' en 3°45' pour
tout le quart de la circonférence. Les intermédiaires se
prennent par une interpolation proportionnelle. On y
voit encore que les Hindous de ce temps connaissent
aussi les cosinus qu'ils appellent *kotidjyâ*, et les sinus
verses, qu'ils appellent *utkramadjyâ*, ou encore *ishu* et

çara, mots qui signifient *flèche*, parce qu'en effet le sinus verse est la *flèche* de l'arc double. Je tiens ces indications philologiques de M. Ad. Regnier. Davis a traduit la table du *Sûrya-Siddhânta*, et il l'a insérée dans son remarquable Mémoire au tome II des *Asiatic Researches*, page 248. Delambre en a recalculé tous les nombres par nos formules modernes ; et il les a trouvés singulièrement exacts. Alors il a cherché curieusement quels théorèmes de trigonométrie les Hindous avaient dû mettre en œuvre pour les avoir si bien calculés. Mais il est fort possible qu'ils n'aient eu besoin d'en appliquer aucun. Les douze livres du traité d'Hipparque devaient sans doute contenir une table des cordes, puisqu'il avait précisément pour objet d'exposer les méthodes par lesquelles on peut les évaluer. Nous n'avons plus son ouvrage ni sa table, mais nous avons celle de Ptolémée qui ne devait pas différer de la sienne, étant fondée sur les mêmes principes. Elle nous offre donc un équivalent de celle d'Hipparque, que les Hindous avaient pu se procurer avec son ouvrage. Dans ce cas, ils n'ont eu qu'un transport arithmétique à faire pour en déduire leurs sinus. Comme preuve, choisissez à volonté un arc quelconque : doublez-le, et prenez dans la table de Ptolémée, à défaut de celle d'Hipparque, la moitié de la corde qui correspond à ce double. Cette moitié, transformée par une simple proportion, vous donnera le sinus indien, identiquement tel que l'assigne le *Sûrya-Siddhânta*. Je présente ici en note le type général de ce petit calcul, avec des exemples qui en montreront la fidélité[1]. Ceci, je crois, rend très-

---

[1] Pour effectuer ce transport il faut connaître les conventions numé-

problématique la présomption de haute science que l'on avait attachée à cette table de sinus du *Sûrya-Siddhânta*, et il resterait tout au plus aux Hindous le mérite d'avoir eu, avant Albategni, l'idée très-simple de substituer les demi-cordes aux cordes entières, si toutefois l'utilité de cette substitution n'avait pas été déjà indiquée par Hipparque, comme on peut le soupçonner en voyant que Ptolémée l'a occasionnellement employée. Ici encore, par respect pour les savants laborieux qui nous ont fait connaître les ouvrages hindous, je voudrais pouvoir montrer moins de défiance contre l'originalité des doctrines scientifiques rassemblées dans le *Sûrya-Siddhânta*. Mais, quand on les y voit présentées, sans démonstrations qui les prouvent, sans raisonnements

riques adoptées de part et d'autre. Dans la table de Ptolémée le rayon du cercle est représenté par 60. Les cordes sont exprimées par les nombres entiers et subdivisions sexagésimales de ces soixantièmes, que contient leur longueur. Dans la table des Hindous, le rayon est représenté par 3438 minutes sexagésimales, dont la demi-circonférence contient 10800. Le rapport $\frac{115}{55}$, qu'ils ont pu connaître, donnerait 3437',75. Mais il leur est très-ordinaire de ne prendre que des nombres ronds.

Ces conventions étant admises, soit a un arc donné. Cherchez dans la table de Ptolémée, la corde de l'arc 2 a, prenez-en la moitié, et convertissez cette moitié en secondes sexagésimales des parties du rayon. Multipliez-la ensuite par 3438 et divisez le produit trois fois de suite par 60, ou, ce qui revient au même, prenez-en le millième, que vous diviserez trois fois de suite par 6. Vous aurez le sinus indien. Voici des exemples :

a	3°.45'	15°.0'	60°.0'
Corde 2 a	7°.50'.54"=28254"	51°.3'.30"=111810	105°.55'.23"=374125
Moitié	14127	55905	187061,5
Multiplicateur	3438	3438	3438
Produit divisé par 1000	48568,626	192201,390	645117,4570
$\frac{1}{6}$	8094,771	52033,565	107186,2595
$\frac{1}{6}$	1549,1283	5538,9273	17864,37525
$\frac{1}{6}$	224,8547	889,82125	2977,59554
Sinus indien	225,	890,	2978.

qui montrent la voie par laquelle on a pu les inventer, uniquement comme des vérités tombées du ciel; si, d'ailleurs, on vient à reconnaître qu'elles ont toutes été établies bien plus anciennement dans des ouvrages étrangers, dont l'auteur de ce livre a pu avoir communication, il faudrait pousser la crédulité jusqu'à la superstition pour se payer de l'assurance qu'il nous donne qu'elles lui ont été divinement révélées. Telle est malheureusement la conclusion générale de l'enquête que je viens d'entreprendre sur l'astronomie indienne. C'est une mosaïque faite de matériaux empruntés partout.

Je vais maintenant discuter un fait qui, trop superficiellement étudié, a paru avoir beaucoup plus de portée qu'il n'en a réellement. C'est que la semaine de sept jours se trouve employée pour la numération du temps, avec les mêmes dénominations que la nôtre, sinon explicitement dans le *Sûrya-Siddhânta*, lui-même, du moins dans les traités d'astronomie hindous qui en sont dérivés. Ceci, joint à la haute antiquité que l'on attribuait à la science indienne, venait en aide à l'opinion fort répandue parmi les savants du xviiie siècle, que la semaine est une institution commune à tous les peuples du monde et dont l'origine se perd dans la nuit des temps. Elle existait, disait-on, identiquement la même chez les Égyptiens, les Chinois, les Arabes, comme chez les Juifs; et, d'après cette universalité d'adoption, Bailly en faisait une institution primitive de son peuple antédiluvien [1]. Laplace lui-même, acceptant de confiance ces conjectures d'une fausse érudition, en étendait encore les

[1] Bailly, *Histoire de l'Astronomie ancienne*, liv. III. § 5, p. 62.

conséquences ; et, dans l'exposition du système du monde, il présente la semaine, dans sa relation avec les sept planètes, *comme le monument peut-être le plus ancien et le plus incontestable des connaissances humaines* [1]. L'étude plus approfondie des langues et des coutumes de l'ancien Orient a détruit les arguments sur lesquels on appuyait cette opinion ; et je crois l'avoir le premier mise en doute dans mon *Résumé de chronologie astronomique*, aidé en cela par une savante note de M. Alfred Maury [2]. Mais nous n'avions pas insisté particulièrement sur l'emploi de la semaine dans les traités astronomiques des Hindous, ce qui m'oblige à y revenir.

Il faut considérer cette période à deux points de vue distincts : 1° dans son application astrologique ou cabalistique, pour laquelle les sept jours sont révolutivement désignés par le nom du soleil, de la lune et des cinq planètes principales ; 2° dans son application aux usages civils ou aux calculs astronomiques, pour la numération du temps. Cette seconde partie de la question étant la plus facile à discuter par les témoignages des monuments et de l'histoire, je m'y arrêterai d'abord.

L'emploi de la semaine comme période chronologique a été, sans aucun doute, très-anciennement établi chez les Hébreux, puisqu'on la trouve mentionnée dans les premières pages de la Bible. Mais, contrairement aux assertions de

---

[1] Laplace, *Exposition du système du monde*, liv. I, chap. III, p. 18, 5ᵉ édition, 1824.

[2] *Résumé de chronologie astronomique, Mémoires de l'Académie des sciences*, t. XXII, p. 225, § 7 et 8.

Bailly, l'archéologie et l'érudition moderne n'en ont découvert aucune trace chez les autres peuples anciens de l'Orient et de l'Occident dont les documents originaux ont pu être étudiés.

Nous savons aujourd'hui très-assurément que les Égyptiens des temps pharaoniques divisaient leur mois en périodes de dix jours, non de sept; les Chinois pareillement, comme mon fils l'a constaté sur leurs livres canoniques mêmes. La supposition contraire n'a été qu'une induction trop éloignée, que l'on tirait des idées superstitieuses qui se sont attachées là, comme presque partout, au nombre 7. Elles n'entraînent nullement l'usage chronologique d'une période hebdomadaire. Elles prouvent seulement, une fois de plus, la disposition commune de l'esprit humain aux mêmes préjugés, dont il y a tant d'autres exemples.

On n'a pas encore assez directement pénétré dans les documents originaux des Assyriens, des Phéniciens, et des anciens Perses, pour avoir des renseignements aussi positifs sur leurs usages chronologiques. Mais toutes les inductions de la critique s'accordent à indiquer qu'ils ne comptaient pas le temps par semaines.

On sait du reste que la semaine n'était pas employée dans les anciens calendriers des Grecs et des Romains. On la voit s'introduire chez ces derniers par l'intermédiaire des traditions bibliques, s'y répandre avec le christianisme, et y devenir d'un usage légal sous les premiers empereurs chrétiens. De là elle s'est propagée avec le calendrier julien chez les populations assujetties à la puissance romaine, quand elles furent converties au christianisme. C'est ainsi qu'on la voit associée aux années alexandrines fixes chez les Cophtes, à partir de l'ère de Dioclétien ; et alors, l'ordre, ainsi que les dénominations des sept jours qui la composent, s'y trouvent naturellement les mêmes que l'Église chrétienne avait adoptés. Les féries chrétiennes, une fois admises dans l'usage général, fournirent un élément de plus pour désigner les jours, et elles furent citées à ce titre par les astronomes, même musulmans. Quand Ebn-Iounis, qui observait au Caire dans le xe siècle de notre ère, mentionne une éclipse de lune qu'il énonce en années de Dioclétien, il ne manque jamais d'y joindre, comme complément de date, le nom de la férie chrétienne qui la comprend. On peut voir dans mon *Résumé de chronologie astronomique*, page 329, quelle était pour lui l'utilité de cette adjonction.

D'après cela, quand nous trouvons la période des sept jours employée pour la supputation du temps, dans des traités astronomiques hindous, qui sont tous postérieurs au ve siècle de l'ère chrétienne, ce n'est pas une raison suffisante pour croire qu'elle est propre et non pas étrangère à l'Inde. L'alternative doit donc se résoudre, comme toute autre question de critique historique, par l'étude des documents nationaux.

D'abord, pour les temps modernes, les jours de la semaine entrent aujourd'hui dans les calendriers usuels des Hindous, avec le même ordre de succession qu'ils ont dans le nôtre. Prinsep, à la page 18 de ses *Useful tables*, si riches en documents chronologiques, donne la liste de leurs noms ainsi transportés dans les divers dialectes modernes de l'Inde,

sans y joindre leurs correspondants sanscrits, probablement comme n'ayant pas cours dans les usages civils. L'*O-
riental astronomer* donne ces noms traduits en tamoul, et il
montre comment ils doivent être employés dans la confection des éphémérides usuelles. Mais ce sont là des concordances nécessitées par les rapports actuels des Hindous
avec les Européens, et elles ne prouvent point l'usage primitif de la période hebdomadaire.

Pour les temps anciens, j'ai eu recours à l'érudition obligeante de M. Adolphe Regnier. Il m'a déclaré ne connaître aucun document ancien de littérature indienne, où la
semaine soit mentionnée comme période chronologique.
Mais il ne s'en est pas rapporté à ses propres études. Il a
consulté les écrits des plus célèbres indianistes, et les a
trouvés unanimes sur ce point. Il en a appelé aux lumières
de son savant ami M. Max Müller, qui s'est profondément
occupé des antiquités indiennes. M. Max Müller lui répond
dans le même sens : « Les noms (indiens) des jours de la
« semaine rapportés aux sept planètes sont, dit-il, d'origine
« étrangère. Ils ne se trouvent dans aucun des écrits qui
« appartiennent à la littérature ancienne ou védique de
« l'Inde, même si l'on y comprend le *Djyotisha* ou calen-
« drier védique, qui, je crois, dans l'état où nous l'avons,
« remonte au moins à 200 ans avant l'ère chrétienne. Les
« jours de la semaine ne sont nommés, ni dans Pânini, ni
« dans Manu. Ils ne se rencontrent dans aucun des *Kalpa-*
« *Sûtras* qui traitent des cérémonies saintes, et dans les-
« quels les jours (où l'on doit les accomplir) sont sans cesse
« mentionnés. Même dans les *Kalpa-Sûtras* des *Jainas*,

« livre écrit au ve siècle de l'ère chrétienne, les jours ne sont
« pas encore mis en relation avec la période hebdomadaire. »

M. Weber, dans un article de ses *Études indiennes* (II,
p. 161), où il parle de l'influence de la Grèce et du christianisme sur l'Inde, dit aussi, comme un fait depuis longtemps reconnu, que la semaine aujourd'hui en usage chez
les Hindous est d'origine étrangère. « La manière propre
« à l'Inde d'énumérer les jours dans les anciens temps,
« ajoute-t-il, se règle sur les deux moitiés du mois : la moitié
« *claire*, de la nouvelle à la pleine lune ; et la moitié *obscure*,
« de la pleine lune à la nouvelle. » Dans un ouvrage védique,
le *Taittirîya-Brâhmana* (III, 1, 1, 1 — 15), il y a des prières pour
chacun des jours de ces deux moitiés. M. Weber les a traduites
dans ses *Études indiennes* (I, p. 190), et il en a publié le
texte sanscrit dans le *Journal pour la connaissance de l'O-
rient* (t. VIII, p. 266 — 275). Rien ne s'y rapporte à une période hebdomadaire. Ces citations, tirées des documents
originaux, excluent formellement toute notion ancienne de la
semaine dans l'Inde. Ainsi, quand on la trouve dans des traités
d'astronomie indienne postérieurs au ve siècle de notre ère
elle a dû y être importée de l'Occident, comme elle l'a été au
ixe et au xe siècle, dans les ouvrages d'Albategni et d'Ebn-Iounis. C'est aussi, en résumé, l'opinion arrêtée de M. Regnier ;
et, d'après les autorités sur lesquelles il l'appuie, indépendamment de la sienne propre, aucun indianiste n'y contredira.

Je vais maintenant considérer la semaine dans l'application astrologique ou cabalistique pour laquelle on a attaché les noms du soleil, de la lune et des planètes, aux
sept jours qui la composent, en les y associant dans

7

l'ordre suivant, que le calendrier chrétien leur a conservé.

1	Dimanche.	Le Soleil.
2	Lundi.	La Lune.
3	Mardi.	Mars.
4	Mercredi.	Mercure.
5	Jeudi.	Jupiter.
6	Vendredi.	Vénus.
7	Samedi.	Saturne.

On ne peut pas raisonnablement supposer que cette consécration de chaque jour à un des sept astres, dans l'ordre de succession où on les a rangés, exprime des rapports réels. C'est donc une chimère astrologique, ou philosophique. Reste à chercher d'où l'idée en est venue, et comment elle a pu se propager avec tant de faveur, qu'elle est entrée immédiatement dans les usages de tous les peuples qui en ont eu connaissance, en sorte qu'elle est aujourd'hui presque universellement adoptée.

Le plus ancien auteur qui en ait fait une mention spéciale, si l'on peut appeler ancien un écrivain du iiie siècle de notre ère, c'est Dion Cassius, livre XXXVII, § 18. Il la présente comme étant universellement répandue de son temps, et toutefois d'une invention assez récente, qu'il attribue aux Égyptiens ; par quoi il veut sans doute désigner les astrologues et les nouveaux philosophes de l'école d'Alexandrie, alors très-occupés de faire revivre et d'étendre les spéculations abstraites de Platon et de Pythagore. Car, pour les Égyptiens véritables, nous connaissons aujourd'hui parfaitement les noms ainsi que les attributs qu'ils donnaient aux planètes, et l'on ne trouve rien qui les rallie à la succession des jours, dont chacun avait sa divinité particulière attachée au rang qu'il occupait dans le mois. On pourrait à la vérité faire remonter l'invention jusqu'aux Chaldéens; car, ne connaissant rien, ou presque rien de leurs doctrines astrologiques, on est toujours libre de leur reporter ce que l'on ignore, et l'on ne s'en fait pas faute. Mais, selon toute vraisemblance, et d'après le sentiment exprimé par Dion Cassius, il n'y a pas lieu de remonter si haut, et d'autres inductions s'y accordent. L'application superstitieuse des noms du soleil, de la lune et des planètes, n'avait pas encore cours à Rome, à titre de doctrine, au temps de Cicéron, puisqu'il n'en fait aucune mention dans ses traités *de Divinatione*, et *de Natura deorum*, où il disserte si amplement sur toutes sortes d'autres rêveries philosophiques, qu'il appelle *delirantium somnia*; et celle-là était assez singulière, pour qu'il n'eût pas manqué d'en parler, s'il l'avait connue. Seulement, comme l'a remarqué le savant mythologiste allemand, M. Jacob Grimm, déjà, sous Octave, le septième jour des Juifs, supposé de mauvais augure, avait reçu le nom de *Saturni dies*, Saturne étant réputé par les astrologues un astre malfaisant. C'est ce que prouve un vers de Tibulle, liv. I, élég. iii, où, parmi d'autres présages fâcheux qu'il a rencontrés, il ajoute :

Saturni aut sacram me timuisse diem [1].

Mais, deux siècles plus tard, Dion présente ces relations superstitieuses comme devenues en quelque sorte nationales chez les Romains, et il leur assigne deux objets qui

---

[1] J'adopte ici la leçon de Vossius, *timuisse*, au lieu de *tenuisse*, qui n'offre aucun sens. (Voyez Tibulle, édit. de Lemaire, p. 35, note 18.)

achèvent d'en déceler l'origine : c'était d'exprimer, sous une forme philosophique, les rapports occultes des parties du temps avec l'ordre des astres qui en règlent la succession; et encore, de rattacher, dans une même conception mathématique, les harmonies des mouvements célestes aux intervalles harmoniques des sons musicaux, deux grands sujets des spéculations imaginaires auxquelles se livraient les néopythagoriciens d'Alexandrie [1]. Ce double mystère se révèle par l'inspection de la figure ci-jointe, que j'emprunte, un peu enjolivée, à Scaliger (*de Emendatione temporum*, liv. I, pag. 8), sans que je sache de quelle source il l'a tirée.

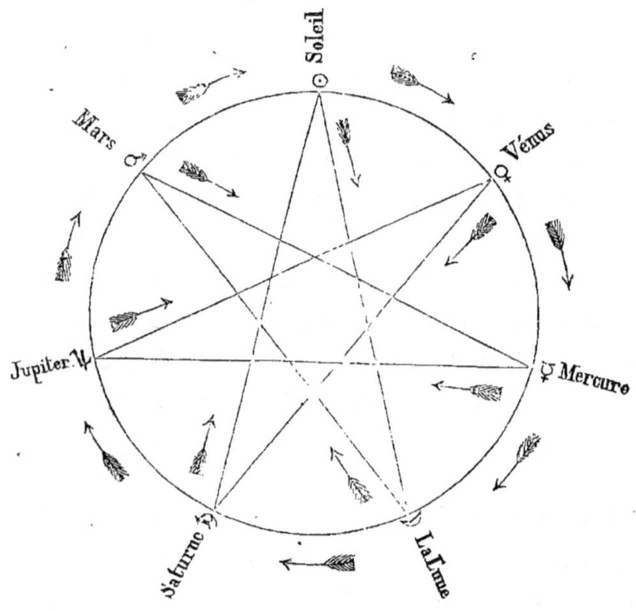

[1] Voyez, sur ce sujet, un savant mémoire de M. Vincent, où toutes ces idées sont complétement exposées, d'après les textes originaux qui les ren-

Divisez le contour d'une circonférence de cercle en sept arcs égaux, représentant les parties de l'heptacorde. Aux points de division placez les signes du soleil, de la lune et des planètes, dans l'ordre ici assigné. Puis, joignez ces points de quatre en quatre par une suite continue de cordes, qui les sépareront par des intervalles de quarte. Alors, attribuant le premier jour au signe $\odot$, suivez continûment à partir de ce point la série des sept cordes dans le sens de mouvements que les flèches droites indiquent. Elles vous conduiront successivement, par des intervalles de quarte, aux astres dont voici les noms : Soleil, Lune, Mars, Mercure, Jupiter, Vénus, Saturne, lesquels répondent, dans la semaine, à dimanche, lundi, mardi, mercredi, jeudi, vendredi, samedi, et s'appelaient au ive siècle de notre ère, *les dieux des jours* [1].

ferment. (*Notices des manuscrits publiées par l'Académie des inscriptions,* t. XVI, partie ii.)

[1] ΠΑΥΛΟΥ ΑΛΕΞΑΝΔΡΕΩΣ ΕΙΣΑΓΩΓΗ. Κεφ. περὶ τοῦ γνῶναι πόσαι τῶν Θεῶν. Cet ouvrage est un manuel d'astrologie qui a été composé en l'an 278 de notre ère, puisque l'auteur prend pour exemple d'un de ses calculs l'an 94 de Dioclétien dans lequel il se trouve. Il y expose la manière de déterminer les *dieux* des jours et des heures, par des procédés numériques moins simples que la construction dont j'ai fait usage, mais qui conduisent aux mêmes résultats. Le texte grec, accompagné d'une traduction latine, a été publié pour la première fois en l'an 1586 à Wittemberg, par Andr. Shato, et le tout a été réimprimé dans la même ville en 1588. La bibliothèque Sainte-Geneviève possède la première édition, que les conservateurs de cet établissement m'ont obligeamment communiquée. Cet ouvrage a été signalé par le savant M. Weber comme offrant un intérêt spécial pour l'histoire de l'astronomie indienne, parce qu'il contient beaucoup de mots, tardivement usités dans la langue grecque, que l'on retrouve transformés en sanscrit dans les traités astronomiques des Hindous, même dans le *Sûrya-Siddhânta,* sans que l'on puisse méconnaître leur origine; ce qui prouve, comme le conclut très-judicieusement M. Weber, qu'ils ont eu communication de cet ouvrage grec et probablement de beaucoup d'autres. J'y ai effec-

De même, pour connaître les *dieux* des heures, comptez 1 pour la 1re du 1er jour de la semaine, laquelle appartiendra ainsi au soleil; puis comptez successivement 2, 3, 4...

tivement retrouvé plusieurs des mots que M. Regnier m'avait indiqués d'après M. Weber, et il a bien voulu compléter ces identifications sur l'exemplaire que je lui ai transmis, ce qui m'a valu de sa part une note que je m'empresse d'insérer ici.

NOTE DE M. AD. REGNIER.

On trouve dans les livres d'astronomie et d'astrologie indienne les termes techniques suivants employés par Paulus Alexandrinus. Les Indiens ne les ont pas traduits, mais simplement transcrits, avec quelques modifications, du grec en sanscrit. (Voyez Weber, *Indische Skizzen*, p. 96, 97.)

SANSCRIT.	PAUL D'ALEXANDRIE. (WITEBERGÆ, 1586.)
Kendra	κέντρον. A. 2; K. 1, etc.
Liptâ	λεπτόν (et non λεπτή, comme dit M. Weber)· A. 1; C. 4; F. 1; G. 2, etc.
Sunaphâ	συναφή. H. 1; H. 2; M. 2, etc.
Durudhara	δορυφορία. D. 2; F. 2. (On a transcrit δορυ et traduit -φορία.)
Kemadruma (pour *kremaduma*).	χρηματισμός. F. 2.
Veçi	φάσις. F. 1; F. 2; G. 4.
Âpoklima	ἀπόκλιμα. P. 2; L. 3, etc.
Panaphara	ἐπαναφορά P. 2; L. 2; M. 1, etc.
Trikona	τρίγωνος. A. 2; B. 1; E. 1; Q. 2; R. 3, etc
Hibuka	ὑπόγειον. D 3; L. 3, etc.
Djâmitra	διάμετρον. E. 1; E. 3; G. 3, etc.
Meshûrana	μεσουράνημα. F. 2; N. 1; N. 2, 3; L. 2, etc.
Drikâna	δεκανός. A. 1.

M. Weber ajoute à cette liste : 1° *anapha*, mais je ne trouve pas dans Paulus le correspondant grec ἀναφή; 2° *dyutam*, qui serait, dit-il, la transcription de δυτον, que je ne trouve dans aucun dictionnaire grec. Dans Paulus il y a le dérivé δυτικός.

De ces divers mots, on trouve dans le *Sûrya-Siddhânta, liptâ* et *kendra*, et de plus *horâ** (Paulus Alex. A. 2; T. 1, etc.). M. Weber a omis ce dernier mot dans sa liste, mais il le signale dans son Catalogue des manuscrits de la Bibliothèque de Berlin, p. 233.

* Il est bien possible que le *Sûrya-Siddhânta*, outre ces trois transcriptions, en contienne encore d'autres qui peuvent aisément m'avoir échappé quand j'ai parcouru ce poëme, dans une toute autre vue que celle d'y trouver des mots grecs.

sur chacune des planètes qui suivent, dans le sens de mouvement marqué par les flèches courbes *extérieures*. Ce seront les *dieux* de ces heures-là. En opérant ainsi, vous trouverez que les 8e, 15e, 22e vous ramèneront au signe $\odot$, et la 24e à Mercure, qui sera le dieu de cette dernière heure du 1er jour. Alors la 1re du 2e jour appartiendra à la lune; et, en continuant ainsi relativement, vous verrez que la 1re heure de chaque jour appartient constamment à la planète qui préside à ce jour-là.

Tels sont les rapports occultes que la superstition des derniers philosophes d'Alexandrie avait établis entre les planètes, les jours de la semaine juive, et les heures du jour, peu avant l'époque de Dion Cassius, rapports qui, de son temps, s'étaient déjà propagés dans toutes les parties du monde soumises aux Romains. L'Église chrétienne, trouvant ces dénominations païennes des jours devenues d'un usage public et général, se vit contrainte de les accepter, en changeant seulement la dénomination du 1er jour de la semaine, *Dies solis*, en *Dies dominica*, le jour du Seigneur. Mais les peuples qui les reçurent des Romains avant d'être convertis au christianisme, les Germains par exemple, en adoptant le même ordre de numération des jours, y remplacèrent les noms latins des divinités planétaires, par les noms de leurs dieux dont les attributs se trouvaient y correspondre[1]. Enfin, lorsque la

---

[1] M. Regnier a bien voulu me remettre, sur ce sujet, une note dont j'extrais ce qui suit :

« Entre les divers dialectes anciens des peuples germaniques, ceux où nous voyons cette substitution opérée le plus complétement sont : l'ancien

même division hebdomadaire se fut introduite dans les traités astronomiques des Hindous, postérieurement au iv\ siècle de notre ère, on y remplaça les noms des planètes par leurs noms indiens, comme on le voit dans tous les calendriers modernes dont Prinsep a donné la liste. Pour le *Sûrya-Siddhânta*, qui ne remonte pas plus haut que cette date, comme nous l'avons reconnu, M. Ad. Regnier m'a communiqué un passage où l'emploi de la semaine est formellement indiqué, comme procédé numérique de computation du temps. « Au chapitre 1\, çloka 51, le « *Sûrya-Siddhânta* nomme le soleil, la lune et les planètes, « *régents des jours, des mois et des années.* Puis, pour « un usage plutôt astrologique qu'astronomique, il in- « dique divers calculs au moyen desquels on peut trouver, « à une époque donnée, le régent du jour, du mois et de « l'année. Le premier jour qui suivit la création du monde « actuel fut le jour du soleil, *dies Solis*, notre dimanche ; « la même désignation de ce premier jour a été de- « puis reproduite dans tous les traités postérieurs. » Ainsi, en résumé, là comme partout ailleurs où la semaine

frison, l'ancien saxon (comparez l'anglais), et l'ancienne langue du nord
   « Voici la liste des jours de la semaine, dans ces divers idiomes.

   « Ancienne langue du nord : *Sunnu-dagr*, jour du soleil ; *Mâna-dagr*, de la lune : *Tyrs-dagr, Tys-dagr*, jour du dieu Tys ; *Odins-dagr*, jour d'O-din ; *Thôrs-dagr*, de Thor ; *Fria-dagr, Freyju-dagr*, de Fria ; *Laugar-dagr*, jour du bain. C'est le seul des sept noms qui ne soit pas mythologique.

   « Ancien frison : *Sonna-dei ; Mona-dei ; Tys-dei ; Werns-dei ; Thunres-dei ; Frigen-dei, Fre-dei ; Sater-dei*, jour de Saturne. Ce dernier est le seul nom romain conservé.

   « Anglo-saxon : *Sonnan däg ; Monan däg ; Tives däg ; Vôdenes, Vôdnes däg ; Frige däg ; Thunores däg ; Sœtres däg, Sœternes däg*. (Voyez Grimm, *Deutsche Mythologie.*, p. 114 et 115.) »

de sept jours se trouve employée, elle dérive immédiatement de la semaine romaine ou chrétienne, qui dérive
elle-même de la semaine juive; et cette communauté d'o-
rigine explique, sans nul effort, la communauté d'application. Mais partout aussi, le préjugé astrologique qui s'y
est primitivement attaché s'y est maintenu indélébile; et
le penchant universel de l'esprit humain pour ces chimères
a été peut-être une des causes les plus puissantes, sinon la
plus puissante, qui ait servi à la propager.

Il me reste à attaquer la dernière forteresse de la
science astronomique indienne, l'institution des *nakshatras*. Mais ce n'est qu'un édifice fantastique, image trompeuse de réalités, et le talisman de la critique le fera évanouir.

V

SUR LES NAKSHATRAS DES HINDOUS.

Il y a une vingtaine d'années qu'à la suite d'un long
travail sur l'ancienne astronomie chinoise, qui a été publié
en entier dans le *Journal des Savants*, je fus conduit à reconnaître que les vingt-huit divisions stellaires, appelées
par les Hindous *nakshatras*, ou *mansions de la lune*, qui ont
été admises par tous les savants européens, comme constituant un *zodiaque lunaire* propre à l'Inde, ne sont, en
réalité, que les vingt-huit divisions stellaires des anciens
astronomes chinois, détournées de leur emploi astrono-

mique, et transportées par les Hindous à des spéculations
d'astrologie, qui seraient géométriquement incompatibles
avec les inégalités de leurs intervalles, s'ils ne les y adaptaient tant bien que mal, au moyen de conventions artificielles suffisamment satisfaisantes pour la crédulité populaire. M'attendant bien à la surprise, je dirais volontiers
au scandale, qu'exciterait parmi les savants et les indianistes ce renversement d'un préjugé qu'ils avaient universellement accepté, je m'étais appuyé sur des démonstrations et des calculs, dont l'exactitude et l'évidence me
semblaient, me semblent encore aujourd'hui, incontestables. Mais, de nos jours, les mathématiciens et les philologues sont deux nations étrangères l'une à l'autre, entre
lesquelles il ne se fait guère d'échange d'idées; et j'ai tout
lieu de présumer que je n'ai persuadé personne. Non pas
qu'on ait combattu mes arguments, ni même qn'on ait cru
nécessaire de les discuter : on a, tout bonnement, rejeté
la conclusion, par sentiment. Car le sentiment a parfois
une grande part dans les inductions des philologues. L'un
des plus savants indianistes de notre temps, M. Weber,
s'est prononcé sur ce sujet de la façon la plus décidée.
Dans un passage de ses *Esquisses indiennes* (*Indische Skizzen*, p. 76) où il cherche à découvrir l'origine des *mansions
lunaires* des Hindous, « l'adoption d'une origine chinoise
« de ces mansions, dit-il, telle que M. Biot l'a soutenue,
« doit, je pense, *être simplement rejetée comme impos-
« sible.* On ne peut guère supposer non plus que les Baby-
« loniens et les Indiens aient eu chacun de leur côté, et
« d'une manière indépendante, l'idée de cette division toute

« particulière. Il ne reste donc qu'une chose à croire, c'est
« que les uns ont été les maîtres des autres, et c'est à
« quoi les Babyloniens seuls peuvent prétendre, vu que
« nous trouvons déjà les *mansions lunaires* mentionnées
« dans la Bible (II *Reg.* cap. xxiii, v. 5), où l'on ne peut
« songer à une influence, ni indienne, ni chinoise. »

Le livre des Rois, qui est le deuxième dans le texte hébreu, est le quatrième dans la Vulgate. J'ouvre d'abord
celle-ci au livre IV, chapitre xxiii. Josias, étant remonté sur
le trône de Jérusalem, rétablit le culte du vrai Dieu, détruit
les idoles babyloniennes ; et, au verset 5, il est dit :

« Et delevit aruspices, quos posuerant reges Juda ad
« sacrificandum in excelsis per civitates Juda, et in cir-
« cuitu Jerusalem : et eos qui adolebant incensum Baal,
« et soli, et lunæ, et *duodecim signis*, et omni militiæ
« cœli. »

M. Renan me donne le mot hébreu qui, dans cette version, est remplacé par *duodecim signa* : c'est *mazzalôth*.
Saint Jérôme l'a pris comme désignant les *douze signes*,
ou divisions du ciel, que le soleil parcourt dans l'intervalle
d'une année. Le sens général ne répugne pas à cette interprétation ; d'autant qu'au verset 11, il est dit que Josias
fit brûler le char du soleil, et enlever les chevaux qu'on y
attelait. Reste à savoir la signification précise de ce mot
mazzalôth ; s'il implique une spécification de nombre, qui
serait 12 au sens que lui donne saint Jérôme, et devrait
être 28, pour justifier celui que lui attribue M. Weber.
M. Renan a bien voulu me rendre le service d'appliquer à
cette question sa profonde connaissance de la langue hé-

braïque, et voici ce qu'il m'écrit : « Je viens de vérifier les
« divers emplois du mot *mazzalôth*, probablement iden-
« tique à *mazzarôth*, en hébreu. Il ne se trouve que *deux*
« *fois* dans la Bible; une première au livre des Rois, à
« l'endroit cité par M. Weber; une seconde au livre de
« Job, chapitre xxxviii, verset 32. Dans le premier de ces
« deux endroits, et probablement dans le second, il désigne
« les *demeures*, ou les *constellations* diverses que traverse
« le soleil. Mais, dans aucun de ces deux cas, on ne voit
« indiqué le nombre de ces demeures ou constellations.
« Toute conjecture sur ce point est gratuite, en ce qui con-
« cerne les anciens Hébreux. On trouve bien, dans la
« langue rabbinique, le mot *mazzal* employé pour désigner
« les douze signes du zodiaque grec. Mais ce peut être là
« une application moderne. Le mot *mazzal*, en effet, chez
« les mêmes rabbins, s'applique à toute constellation et
« même aux planètes. »

L'identification du mot hébreu avec les vingt-huit mansions lunaires n'est donc plus, de la part de M. Weber,
qu'une affaire de sentiment philologique. Mais qu'on me
permette de montrer, par cet exemple, combien la philologie, *toute seule*, est incompétente pour décider que deux
systèmes de conceptions géométriques ou astronomiques
sont différents ou identiques, d'après l'induction qui se ti-
rerait uniquement de la dénomination commune qu'on leur
aurait appliquée. Supposez deux peuples, qui auraient partagé le contour du ciel en un certain nombre de divisions,
pour un usage quelconque. Ce nombre est-il le même chez
les deux? Sont-elles, dans chacun, égales en grandeur, ou

inégales? Sont-elles limitées par les mêmes étoiles ou par des étoiles différentes? Voilà autant de caractères d'identité ou de différence, qu'il vous faut connaître pour les assimiler sûrement, ou les séparer. Tant de choses peuvent-elles être exprimées par un seul mot, *mazzalôth*, ou tout autre? Ce serait le cas de répondre, comme M. Jourdain au *Bel-men de Cléonte* : « Vraiment, c'est une belle langue que l'hébreu! » Mais on ne juge pas si aisément des conceptions astronomiques. Il y faut plus de façons. Je sais bien qu'on ne peut pas dire à un adversaire : voilà comment vous devez m'attaquer. Ce serait répéter la scène de ce même M. Jourdain quand il fait des armes avec Nicole; et qu'elle lui portant de rudes bottes, il s'écrie tout en colère : « Tu « me pousses en tierce avant de pousser en quarte, et tu « n'as pas la patience que je pare. » Toutefois, de même que, dans les combats singuliers, il y a des règles d'honneur dont on ne peut se départir; de même, dans les controverses philosophiques, il y a des règles de logique qu'il faut toujours observer. Ainsi, dans les considérants de l'arrêt porté contre moi par M. Weber, je trouverais juste et profitable qu'il m'eût attaqué par des propositions telles que celles-ci :

1° M. Biot a mal connu et mal défini les vingt-huit divisions stellaires des Chinois.

2° M. Biot a mal connu et mal défini les vingt-huit nakshatras des Hindous.

3° M. Biot a mal comparé ces deux systèmes.

Si M. Weber, ou tout autre indianiste, peut prouver contre moi ces trois propositions, ou seulement une des trois, je suis battu, jusque-là je me tiens pour sain et sauf.

Mais ce n'est pas le combat que je réclame. Je ne cherche et n'ambitionne que la vérité. Je vais donc, pour la défendre, discuter, le plus succinctement qu'il me sera possible, les trois propositions précédentes, en renvoyant, pour les preuves de détail, aux articles du *Journal des Savants* de l'année 1840, dans lesquels je me suis attaché à les établir.

Quand j'écrivis ces articles, je n'avais pas d'abord en vue les Hindous. Je m'étais uniquement proposé de rassembler, dans une exposition méthodique, les procédés d'observation de l'ancienne astronomie chinoise, ses résultats acquis, et les éléments d'application qu'ils peuvent nous fournir. Je me trouvais dans des circonstances particulièrement favorables pour remplir cette tâche plus complétement qu'on ne l'avait pu faire jusqu'alors. Outre les ouvrages déjà publiés sur ce sujet par Gaubil et par ses collègues de Pékin, j'avais à ma disposition deux mémoires inédits de ce savant missionnaire, appartenant à la bibliothèque du Bureau des longitudes[1], dont l'un surtout m'a été singulièrement utile, parce qu'il contient un traité complet d'uranographie chinoise, dans lequel tous les astérismes du ciel chinois sont soigneusement comparés à ceux de nos planisphères européens, avec la traduction et la discussion de plusieurs anciens catalogues de ces asté-

---

[1] On peut voir une notice détaillée sur ces manuscrits de Gaubil, dans le *Journal des Savants* pour l'année 1850, p. 302. Elle a été rédigée par mon fils Édouard, qui malheureusement n'a pas obtenu l'impression de ces précieux documents, que lui seul aurait été en état de suivre avec les soins et les connaissances spéciales qu'elle exigerait.

rismes, qui sont extraits des annales chinoises. Mais ce qui a été pour moi inappréciable, c'est l'assistance que m'ont donnée M. Stanislas Julien et mon fils ; le premier employant, avec une complaisance sans bornes, les lumières de son immense érudition, à chercher et à découvrir les ouvrages chinois qui contenaient les documents originaux dont j'avais besoin; mon fils s'attachant, avec une affection infatigable, à me les traduire, à m'en interpréter les détails, à m'aider dans mes calculs; et par tout cela me rendant possible un travail que je n'aurais jamais pu faire sans lui. Je vais extraire de cette longue étude les résultats d'ensemble que j'ai besoin de rappeler, et dont le premier établissement date de vingt-quatre siècles avant notre ère.

Aussi loin que l'on puisse remonter dans les livres des Chinois, on y voit mentionnés le gnomon à trou [1], les cercles divisés, placés dans le méridien [2], et les horloges d'eau à niveau constant [3]. L'usage de ces instruments fait concevoir qu'ils aient, dès lors, inventé, et depuis, invariablement pratiqué notre méthode moderne, de déterminer les positions apparentes des astres par l'observation de leurs passages au méridien, combinée avec la mesure de leurs distances polaires. Comme l'évaluation des intervalles de temps est d'autant plus difficile et sujette à erreur qu'ils ont plus d'étendue, ils avaient, pour la rendre moins incer-

[1] *Journal des Savants* pour 1840, page 23, note.
[2] Gaubil, *Recueil* de Souciet, p. 5 ; *ibid.*, p. 25.
[3] *Tcheou-li*, liv. xxx, § 29 et comm., t. II, p. 201, 202, traduction d'Édouard Biot.

taine et plus facile, imaginé un moyen que nous employons nous-mêmes. Ils avaient choisi certaines étoiles, dont le nombre, probablement, d'abord de 24, a été porté à 28 par Tcheou-kong 1100 ans avant notre ère ; lesquelles 28 sont réparties d'une manière fort inégale, et en apparence fort bizarre, sur tout le contour du ciel. Ils mesuraient d'abord, aussi exactement qu'il était possible, les intervalles de temps qui s'écoulaient entre les passages successifs de toutes ces étoiles au méridien, de manière à en faire autant de données, sur lesquelles il n'y avait plus à revenir ; puis, quand ils voulaient déterminer la position relative de tout autre astre, mobile ou fixe, dans le sens du mouvement diurne du ciel, ils avaient seulement à observer l'intervalle de temps qui s'écoulait entre son passage au méridien et celui de l'étoile fondamentale qui s'en trouvait la plus voisine. Aussi expriment-ils toujours les lieux apparents des astres par cet intervalle, converti en arc de l'équateur. C'est exactement ce que nous faisons nous-mêmes aujourd'hui. Seulement, nos étoiles fondamentales sont beaucoup plus nombreuses, et leurs intervalles mieux évalués. Mais la méthode est absolument la même.

Le nom générique de ces intervalles, dans la langue chinoise, est *sieou*, qui, étant prononcé *so*, signifie au propre *mansion, hôtellerie*[1]. Cette dénomination leur convient

---

[1] Gaubil (Souciet, III, p. 80) donne leur nom d'ensemble. Ils ont, dit-il, été appelés de tout temps *Eul-che-pa-sieou ;* ce qui, avec une légère variante de prononciation, peut signifier en français, les 28 *constellations*, ou les 28 *hôtelleries.* Le sens un peu vague du premier énoncé, est fixé avec une

parfaitement, comme étant les lieux de passage des astres.
Or, voyez avec quelle puissance les préjugés scientifiques
s'infiltrent dans les meilleurs esprits! Un des savants les
plus distingués de notre temps, Ideler, a écrit un ouvrage
sur la chronologie chinoise. Il joignait à une grande érudition la pratique courante des calculs astronomiques, sans
être lui-même un observateur; et il n'avait, sur l'ancienne
astronomie des Chinois, que les notions vagues qu'il en avait
pu prendre dans les livres des missionnaires. En parlant
des 28 divisions stellaires, il rapporte leur nom générique,
sieou, so, qu'il interprète assez exactement, *auberge;* mais
qui, selon lui, peut également se traduire par le verbe
se reposer. « D'après cette dernière signification, dit-il, j'ai
« adopté le terme de *stations de la lune* pour les désigner. »
La lune est amenée ici, comme dans le *mazzalôth* de
M. Weber, par une préoccupation d'esprit. Le mot chinois
sieou n'offre aucun indice qui se rapporte à cette application particulière, et les recherches qu'ont pu faire sur cela
M. Stanislas Julien et mon fils ne leur ont fourni aucun
texte qui en donnât la preuve, ou même le soupçon. L'idée
n'en a pu venir à Ideler que par l'analogie qu'il a cru y
trouver avec les *mansions lunaires* des Hindous et des Arabes. Ce qu'il y a de singulier, c'est qu'il voit très-bien l'im-

---

entière précision par le *Tcheou-li*, liv. xxvi, fol. 13, à l'article du *Fong-
siang-chi*, c'est-à-dire l'astronome impérial, qui est chargé d'observer les
positions des 28 *sieou*, ou *étoiles* (déterminatrices) 二十八宿
et, dans ce livre, composé 1100 ans avant l'ère chrétienne, leur application
astronomique n'est pas autrement spécifiée, étant sans doute connue de
tout le monde par un long usage, comme chez nous les jours de la semaine
sont désignés suffisamment par leur nom d'ensemble.

possibilité d'accorder le mouvement moyen de la lune, qui de sa nature est égal, avec des divisions tellement inégales, que deux presque immédiatement consécutives ont pour amplitude équatoriale, la première 2° 42′, l'autre 50° 24′. Mais cela ne l'éclaire point. Quand un préjugé scientifique a pris pied dans une tête abstraite, il résiste à l'évidence même.

Le trait de ressemblance que je viens de signaler, entre le mode d'observer propre aux Chinois et le nôtre, se suit dans une autre particularité. Une fois que nous avons adopté un certain nombre d'étoiles comme fondamentales, pour y rapporter nos observations, nous en conservons invariablement l'usage, afin d'éviter les indéterminations d'énoncé qu'un changement y apporterait. Par un motif pareil, fortifié de leur invincible persistance à conserver les usages anciens, les Chinois ont toujours employé, et emploient aujourd'hui encore les étoiles fondamentales autrefois adoptées dès l'origine de leur astronomie. J'ai rapporté dans le *Journal des Savants*[1] les preuves historiques et astronomiques de ce fait, qui d'ailleurs n'est, je crois, contesté par personne. Lorsque les jésuites furent admis à la cour de Pékin, ils trouvèrent cet usage établi, et ils purent identifier sur le ciel même les 28 étoiles qui limitent les *sieou* chinois. Ils en construisirent, par l'ordre de l'empereur Cham-hi, un catalogue que nous possédons, où elles sont définies par leurs longitudes et leurs latitudes, pour l'année 1683[2]. Ces 28 étoiles nous étant ainsi con-

---

[1] *Journal des Savants* pour l'année 1840, p. 31 *et passim*.
[2] Souciet, III, p. 79 et 80. Le même recueil, II, p. 178-181, en contient

nues, j'ai calculé leurs coordonnées équatoriales pour l'an
2357 avant l'ère chrétienne, époque présumée de l'empereur Yao, parce que l'astronomie et la tradition s'accordent, comme on le verra tout à l'heure, pour indiquer que
24 d'entre elles sur les 28 étaient déjà employées, dès ce
temps-là, au même usage qu'elles ont eu depuis. J'ai effectué un calcul pareil pour l'an 1800 de notre ère, afin de
mettre en évidence les changements qui se sont opérés
dans les directions relatives des cercles de déclinaison, et
conséquemment dans les amplitudes des divisions équatoriales, par le déplacement progressif du pôle de l'équateur.
Tous ces résultats sont rassemblés dans un tableau qui est
inséré au *Journal des Savants* de 1840, page 245. Je le
rapporterai en entier dans la suite de ces études; mais je
vais en extraire, dès à présent, un petit nombre de détails
qu'il m'est indispensable de signaler.

La première chose qui frappe, à l'inspection de ce tableau, c'est l'extrême petitesse de la plupart des étoiles
qu'on y voit désignées. Une seule, α de la Vierge, est de
1re grandeur; quatre, δ d'Orion, α de l'Hydre, α et β de Pégase, sont de 2e; les vingt-trois autres sont de 3e, 4e; une
même, β du Cancer, est de 5e ou de 6e grandeur, ce qui en rend
la perception à l'œil nu assez difficile. C'est donc un autre
motif que leur éclat qui les a fait choisir. Mais pourquoi

---

un autre plus détaillé, où les vingt-huit étoiles déterminatrices sont individuellement identifiées avec leurs dénominations européennes. Leurs longitudes et latitudes y sont données, jusqu'aux secondes de degré, pour le
1er janvier de l'année 1700; de sorte qu'il est impossible de ne pas les reconnaître dans le ciel. Au reste, toutes ces identifications se retrouvent exactement
les mêmes, dans le traité d'uranographie chinoise de Gaubil, encore inédit.

les avoir prises sur des cercles de déclinaison si diverse-
ment écartés entre eux, que la division TSE, par exemple,
avait seulement, dans l'origine, 2° 42′ 24″ d'amplitude
équatoriale, tandis que la division TSING, la deuxième après
elle, contient 30° 34′ 32″? Pour les vingt-quatre plus anciennes, on se rend aisément raison de cette apparente
bizarrerie. Les traditions et les textes nous apprennent
que les anciens Chinois attachaient une grande importance
aux passages méridiens des étoiles circompolaires. On observait surtout régulièrement ceux des sept brillantes étoiles
de la Grande Ourse, pour connaître les heures de la nuit. Or,
de toutes les étoiles qui étaient circompolaires en — 2357,
c'est-à-dire qui restaient toujours au-dessus de l'horizon chinois, il n'y en a pas une seule qui n'ait une division équatoriale correspondante à ses passages supérieurs
et inférieurs au méridien. Réciproquement : si l'on considère les divisions les plus étendues, qui offrent comme de
grands vides parmi les autres, on trouve qu'elles sont
opposées par couples en ascension droite, et qu'elles répondent à des époques de la révolution diurne pendant lesquelles il ne passait au méridien aucune des étoiles circompolaires que les anciens Chinois observaient spécialement.
Toutes ces particularités sont exposées dans les tableaux
que j'ai placés à la suite du tableau général. Enfin, si l'on
se remet sous les yeux le ciel de cet ancien temps, comme
on peut le faire, en ajustant à sa date un globe céleste à
pôles mobiles, portant avec lui son équateur et ses cercles
de déclinaison variables, on reconnaît que les vingt-quatre
anciennes étoiles déterminatrices sont choisies, aussi pro-

che que possible de la position que l'équateur céleste occupait alors, parmi celles qui étaient perceptibles à la simple
vue ; ce qui les rendait spécialement convenables pour établir des intervalles équatoriaux par la mesure du temps.
Quant aux quatre dont l'adoption paraît avoir été plus
récente, elles répondent aux deux solstices et aux deux
équinoxes observés par Tcheou-kong, frère de l'empereur
Vou-vang, 1100 ans avant notre ère. Gaubil n'avait envoyé
en Europe qu'une seule de ces observations, celle du solstice
d'hiver, sans dire où il l'avait prise. Laplace l'ayant trouvée
dans les manuscrits de Gaubil, la calcula par les formules
qu'il avait établies dans la *Mécanique céleste*, et il a signalé
comme très-surprenante l'extrême justesse qu'elle suppose
dans l'évaluation des intervalles de temps. M. Stanislas Julien m'a rendu l'inestimable service d'explorer, page par
page, tous les anciens livres chinois d'où Gaubil avait pu
tirer cette observation. Il l'a vue mentionnée dans un traité
d'astronomie composé en l'an 206 de notre ère par l'astronome Tsai-song, président du tribunal des Historiens sous
l'empereur Hien-ti [1]. Il a remis cet ouvrage entre les mains
de mon fils ; et, par son secours, j'y ai retrouvé les trois

[1] M. Stanislas Julien a également retrouvé un fragment très-important de
Tcheou-kong dans un ancien dictionnaire chinois appelé *Eul-ya*, antérieur à
l'incendie des livres, dont Gaubil l'avait tiré, sans indiquer son origine.
M. Julien a remis cet ouvrage à mon fils, qui m'a traduit ce fragment. Et il
m'a été d'une utilité extrême, pour présenter dans leur acception véritable
les douze divisions écliptiques des Chinois, qui sont essentiellement différentes des signes grecs, avec lesquels Ideler les a confondues ; trompé en
cela par la similitude de dénominations que Gaubil leur a données, quoiqu'il connût très-bien leur différence de construction et de valeur géométrique. Sur cette particularité importante de l'astronomie chinoise, voyez le
Journal des Savants pour 1839, p. 729, et 1840, p. 143, 144

autres. Je les ai calculées par les formules de Laplace, et je les ai trouvées non moins précises que celles qu'il avait calculées lui-même. Je me suis souvent représenté le vif plaisir que lui aurait causé la découverte de ces anciens documents, dont lui seul alors comprenait et appréciait l'importance. Je ne sais s'ils ont attiré l'attention de personne depuis vingt ans qu'ils sont publiés.

Je viens d'exposer, dans ce résumé, tout le système de l'ancienne astronomie chinoise. Les preuves historiques et mathématiques sur lesquelles je me fonde sont rapportées en détail dans les articles du *Journal des Savants* pour 1840. Quiconque voudra y recourir verra que cette ancienne astronomie nous est aujourd'hui connue aussi bien que la nôtre, et qu'elle est telle que je la présente. C'est là un premier terme de comparaison qu'il faut nécessairement combattre ou accepter.

Je quitte les *sieou* chinois, et je passe aux *nakshatras* des Hindous. Il faut, avant tout, s'en faire une idée précise; savoir bien en quoi ils consistent, et de quels éléments astronomiques ils sont composés. On trouve tous les renseignements désirables sur ces deux points dans un mémoire de Colebrooke, primitivement inséré, en 1807, au tome IX des *Asiatic Researches*, et qu'il a reproduit en entier trente ans plus tard, au tome II de ses *Essays*, page 321. C'est le fruit de longues recherches, pour lesquelles il avait compulsé les traités d'astronomie originaux, comparé les commentaires, et consulté les pandits qui pouvaient lui donner une intelligence complète des détails astronomiques qu'on y voit indiqués. Ce travail de Colebrooke peut être considéré comme contenant tout ce que les Européens les mieux informés ont pu apprendre de plus certain sur les nakshatras des Hindous. Je le prendrai donc comme un texte sûr, en matière de fait; d'autant que, pour cela, je peux confirmer ses assertions par un document qu'il n'a pas connu. Quant aux conjectures qu'il a émises sur l'origine des nakshatras, je les lui laisse, me persuadant que les interprétations véritables sortiront des faits mêmes, et ne doivent sortir que de là.

Les nakshatras hindous, considérés dans leur ensemble, présentent un système de division du ciel, tout à fait pareil aux *sieou* chinois. Ils consistent de même en vingt-huit segments, limités par des cercles de déclinaison partant du pôle de l'équateur, et aboutissant à autant d'étoiles déterminatrices, appelées *yoga*. Le *Sûrya-Siddhânta*, et les traités astronomiques qui en sont dérivés, ne désignent pas ces vingt-huit étoiles par des dénominations que nous puissions philologiquement identifier avec leurs analogues, grecques ou arabes. Mais ils les définissent par un genre de coordonnées conventionnelles, appelées longitudes et latitudes *apparentes*, qui suffisent pour les faire retrouver sur le ciel, d'après nos catalogues, quand on sait transformer par le calcul ces indications conventionnelles en longitudes et latitudes *vraies*. J'ai exposé dans le *Journal des Savants* pour 1840, page 268, le principe mathématique de cette transformation, tel qu'il se déduit du procédé prescrit dans le *Sûrya-Siddhânta*[1] pour déterminer par l'observation les

---

[1] Colebrooke, *Essays*, tome II, p. 325.

coordonnées *apparentes;* et j'ai rendu sensibles, par une figure, leurs relations avec les longitudes et latitudes *vraies,* qui seules nous importent. Les valeurs de ces dernières, ainsi obtenues, sont identiques avec celles que Colebrooke avait calculées lui-même, et avec celles qu'il rapporte d'après les anciens traités d'astronomie hindous qu'il a consultés. Je remarque à ce sujet, page 270, que le procédé prescrit par l'auteur du *Sûrya-Siddhânta,* pour déterminer *par observation* les coordonnées *apparentes,* à l'aide d'une sphère armillaire, est tout à fait insuffisant et impraticable, ce qui donne lieu de soupçonner qu'il les a déduites, par un calcul inverse, des coordonnées *vraies* prises dans les catalogues, en les présentant, pour déguiser leur origine, comme réellement observées.

Colebrooke s'est donné beaucoup de peine pour identifier sur le ciel les 28 étoiles déterminatrices des nakshatras. Il n'a pas voulu les conclure uniquement des latitudes *vraies,* que les auteurs hindous les plus autorisés leur assignent, pensant, avec juste raison, que les petites incertitudes dont ces indications peuvent être affectées, pourraient faire prendre l'une pour l'autre des étoiles très-voisines. Il a consulté à ce sujet les pandits réputés les plus habiles, et il les a trouvés peu exercés à la connaissance pratique du ciel; ce qui se comprend fort bien d'une science toute de mémoire, dont les applications peuvent s'effectuer sans aucun besoin de recourir à l'observation. Les résultats de cette étude qu'il a jugés les plus certains, sont rassemblés au tome II de ses *Essays,* page 522, dans un même tableau, avec les données mathématiques qui s'y rapportent, et que lui avaient fournies les textes sanscrits originaux. Le tout forme un document très-précieux, qui atteste au plus haut degré l'érudition, la patience et la sagacité de son auteur.

Or, les identifications de Colebrooke se trouvent aujourd'hui généralement confirmées, dans toutes leurs particularités les plus importantes, par un document qu'il n'a pas connu, et qui lui est antérieur de huit siècles. C'est un fragment du voyageur arabe Albirouni, que M. Munk m'a fait connaître, et dont il m'a donné la traduction, que j'ai publiée dans le *Journal des Savants* pour 1845, page 39. Albirouni avait mis beaucoup d'intérêt à reconnaître dans le ciel les étoiles déterminatrices des nakshatras, ou *mansions de la lune* des Hindous, institution qu'il supposait, par préjugé national, leur être venue des Arabes. Il trouva déjà, comme Colebrooke, les pandits très-peu exercés à la connaissance pratique du ciel. Toutefois il a rapporté dans son ouvrage la série de ces identifications qui lui ont semblé les plus satisfaisantes; et, grâce à M. Munk, j'en ai pu former un tableau que j'ai mis en regard de celui de Colebrooke à la page 47 du volume cité, en faisant ressortir les preuves générales de leur accord.

Mais, avant d'aller plus loin, je dois signaler une cause de perturbation progressive à laquelle sont sujets tous ces systèmes de division du ciel par des cercles de déclinaison, menés du pôle de l'équateur à des étoiles invariablement déterminées. A mesure que le mouvement de précession déplace le pôle, les cercles de déclinaison qui en partent, et qui sont dirigés aux mêmes étoiles, prennent dans l'espace des positions absolues et relatives différentes, dont la variabilité altère les grandeurs des angles compris entre eux, au point de les rendre occasionnellement tout à fait nuls, pour les rouvrir ensuite dans un sens opposé. De telles alternatives ont été observées par exemple à la Chine, pour la division TSE, qui a pour déterminatrices les deux étoiles λ et δ d'Orion. Les cercles de déclinaison menés à ces deux étoiles comprenaient, dès l'origine, un très-petit angle, 2°. 42′. 24″, en — 2357. Ils se sont progressivement rapprochés depuis, et se sont réunis en un seul, vers l'an 1210 de notre ère, ce qui a fait évanouir cette division, après quoi elle s'est rouverte en sens contraire. Les jésuites la trouvèrent dans cet état interverti, en 1683, lorsque l'empereur Cham-hi les chargea de faire un nouveau catalogue des vingt-huit sieou, et ils voulurent la mettre au rang d'ordre qu'elle avait atteint. Mais l'empereur leur ordonna de lui conserver son rang ancien, tout en donnant à ses deux étoiles déterminatrices leurs longitudes et latitudes actuelles. Tant le respect du passé a de puissance dans ce vieux pays, où rien ne se perd !

Un effet tout pareil s'est produit sur le nakshatra *Abhidjit* des Hindous. D'après les positions absolues qu'ont aujourd'hui les deux étoiles τ du Sagittaire et α de la Lyre, qui le limitaient anciennement, je trouve, par un calcul exact, qu'il a dû s'anéantir dans le huitième mois de l'an 972 de notre ère ; et, comme Albirouni voyageait dans l'Inde en 1030, sa disparition avait eu lieu cinquante-sept ans avant son arrivée. *Abhidjit* était donc alors interverti, mais n'embrassait qu'un petit nombre de minutes, de sorte qu'il ne l'a pas aperçu dans le ciel ; et, comme les Hindous n'en

tenaient plus compte, il a cru que son nom avait été ficti-
vement-ajouté à la liste ancienne. Cette induction est matériellement erronée. On verra tout à l'heure que ce nakshatra *Abhidjit*, qui n'était pas encore évanoui au temps de
Brahmagupta, est mentionnée par lui à son rang de liste,
mais comme ayant une si petite amplitude, que l'on peut
le négliger. En effet, pour l'usage purement astrologique
auquel les Hindous emploient leurs nakshatras, il ne leur
importait guère qu'il y en eût 28 ou 27; et, depuis l'éva-
nouissement d'*Abhidjit*, ils se sont arrangés de ce dernier nombre tout aussi bien que du premier ; trouvant sans
doute cela plus commode que de continuer à suivre ce nakshatra après son inversion, comme les Chinois ont fait plus
tard, pour leur sieou TSE, quand il s'est évanoui et rouvert.

Ces définitions générales étant établies, il faut étudier
les nakshatras en eux-mêmes, dans les deux caractères que
leur donnent les intervalles équatoriaux qu'ils embrassent
et les étoiles déterminatrices qui les limitent. Celles-ci, tout
d'abord, présentent une particularité de choix fort singulière ; c'est d'être quelques-unes si petites qu'elles sont difficilement perceptibles à la vue. Telles sont, par exemple, λ
d'Orion, λ du Verseau, ζ des Poissons, α de la Mouche,
toutes de 4ᵉ grandeur. Beaucoup d'autres sont de 3ᵉ. Pourquoi celles-là préférablement à de plus brillantes? Autre
singularité. Les nakshatras ont pour but avoué de désigner
les mansions célestes dans lesquelles la lune est successivement amenée par son mouvement moyen diurne, qui,
de sa nature, est égal, et a pour mesure constante 13° 10′
35″. Or les étoiles qui les limitent sont tellement choisies,

que les amplitudes équatoriales comprises entre leurs cercles de déclinaison consécutifs présentent des différences énormes. Je prends comme exemple une de ces divisions, qui a pour limite α du Dauphin et λ du Verseau ; et je trouve par le globe, qu'à l'époque où ζ des Poissons occupait l'équinoxe vernal, elle avait 31° d'amplitude équatoriale. Mais, passant à la suivante, qui a pour limite λ du Verseau et α de Pégase, je trouve qu'elle comprenait seulement 4° $\frac{1}{2}$. Il ne faudrait pas dire que c'est là une erreur du globe, ou que Colebrooke s'est peut-être trompé dans le choix des étoiles déterminatrices qu'il a désignées ; car j'obtiens, à quelques minutes près, les mêmes résultats, en calculant ces deux intervalles avec les longitudes et latitudes *vraies* de leurs limites, données par le *Siddhânta-Sârvabhauma*, et que Colebrooke a rapportées dans les deux dernières lignes de son tableau. Le fait est donc incontestable. Maintenant, par quelle idée est-on allé choisir des intervalles aussi démesurément inégaux, pour marquer les phases d'un mouvement égal ? Et, une fois choisis, comment pouvait-on les y adapter ? A considérer la chose dans sa rigueur, ce raccordement semble géométriquement impraticable. Mais il est devenu très-aisé pour les Hindous, au moyen de certaines distinctions commodes, que deux de leurs plus célèbres astronomes vont nous expliquer.

TEXTE DE VARÂHAMIHIRA, RAPPORTÉ PAR ALBIROUNI

TRADUIT DE L'ARABE PAR M. MUNK, DE MÊME QUE LE TEXTE SUIVANT DE BRAHMAGUPTA

« Pour les six mansions, dont la première est *Revatî* et

« la dernière *Mrigaçiras*, la vue précède le calcul ; et, dans
« chacune de ces six, la lune entre, pour la vue, avant l'é-
« poque où elle devrait y entrer par computation. Dans les
« douze suivantes, qui finissent par *Anurâdhâ*, l'anticipa-
« tion est d'une demi-mansion ; en sorte que (la lune) se
« trouve être, à la vue, au milieu de la mansion, tandis que,
« selon le calcul, elle devrait être au commencement. Dans
« les neuf mansions qui commencent par *Djyeshthâ* et qui
« finissent par *Bhâdrapâdâ*, la vue est postérieure au calcul ,
« et la lune n'entre, à la vue, dans chacune de ces mansions,
« qu'au moment où, selon le calcul, elle devrait en sortir
« pour entrer dans la suivante. »

En distinguant ainsi les effets réels des effets calculés,
et les admettant, au besoin, comme également acceptables,
il est clair que l'on pouvait, sans difficulté, concilier l'égalité du moyen mouvement de la lune avec l'inégalité des
nakshatras. Mais, pour que cette concession acquît le caractère d'un principe, il fallait que l'application en fût assujettie à quelque règle émanée d'une autorité compétente.
Brahmagupta va nous la donner.

TEXTE TIRÉ DU DERNIER LIVRE DE BRAHMAGUPTA

SUR LA RECTIFICATION DU KHANDAKATAKA, ÉGALEMENT RAPPORTÉ PAR ALBIROUNI.

« La mesure de certaines mansions dépasse de moitié
« (environ) celle du moyen (mouvement) de la lune, pour
« un jour ; de sorte que chacune de ces mansions est en
« moyenne de 19°. 45'. 52". 18'''. Ce sont les six mansions

« appelées : Rohinî, Punarvasu, Uttara-Phâlgunî, Viçâkhâ,
« Uttara-Âshâdâ, et Uttara-Bhâdrapâdâ. Leur somme totale
« est 118°. 35'. 13". 0'''. Six autres sont courtes ; et leur
« mesure moyenne est de moitié (environ) plus courte que
« le moyen mouvement de la lune ; de sorte que chacune
« de ces mansions comprend (en moyenne) 6°. 35'. 17". 26'''.
« Leurs noms sont : Bharanî, Ârdrâ, Âçleshâ, Svâtî, Djyesh-
« thâ, Çatabhishâ. Leur somme totale est 39°. 31'. 44". 36'''.
« Quant aux quinze qui restent, chacune d'elles (en moyenne)
« égale (à peu près) le mouvement (moyen) de la lune pour
« un jour. Par conséquent, elles sont (en moyenne) de
« 13°. 10'. 34". 52''' ; et leur somme est 197°. 38'. 43". 0'''. Le
« total des trois totaux est 355°. 45'. 41". 24'''. Il reste
« donc, pour compléter la circonférence, 4°. 14'. 18". 36''',
« ce qui a été la part d'*Abhidjit*, que l'on a négligé[1]. »

A l'époque de Brahmagupta, le nakshatra Abhidjit n'é-
tait pas encore évanoui. Mais il était fort restreint ; et sa
diminution progressive devait faire très-évidemment prévoir qu'il ne tarderait pas à s'anéantir. En effet, d'après
la connaissance des deux étoiles τ du Sagittaire et α de la
Lyre, qui le limitaient à l'orient et à l'occident, je trouve
qu'au commencement du vi^e siècle de notre ère, date approximative du *Sûrya-Siddhânta*, il n'avait déjà plus que 2°. 47'.
16" d'amplitude équatoriale, bien moins que Brahmagupta

---

[1] Je n'oserais affirmer qu'Albirouni ait reproduit exactement les noms
des nakshatras, que Brahmagupta distribue dans ses trois catégories. Car
plusieurs me sembleraient ne pas devoir appartenir à celle dans laquelle cet
énoncé les range. Mais ceci n'intéresse en rien notre argumentation, puisque les inégalités d'amplitude des nakshatras se trouvent avouées et prou-
vées par le fait même de la formation des catégories.

ne lui en concède. On pouvait donc le négliger sans grand inconvénient dans un calcul astrologique ; ou, si l'on voulait en tenir compte, on pouvait très-bien lui attribuer le peu qui restait pour compléter la circonférence du ciel, après avoir fictivement égalisé les autres nakshatras par groupes, pour les adapter conventionnellement au mouvement moyen de la lune, qui était inconciliable avec l'inégalité de leurs amplitudes. Mais la nécessité reconnue de ces altérations prouve évidemment que les nakshatras étaient originairement inégaux, quand les Hindous se les sont appropriés ; et c'est un bel exemple du charlatanisme de la science indienne que de voir Brahmagupta pousser jusqu'aux soixantièmes de secondes, des évaluations d'une nature si vague, qu'après avoir compté 28 nakshatras occupant le contour du ciel, on pût ensuite les réduire à 27, en leur conservant la même utilité d'application.

Quand Brahmagupta dit qu'*Abhidjit a été négligé*, il paraît faire allusion au chapitre VIII du *Sûrya-Siddhânta*, dont Colebrooke a tiré les données qu'il rapporte aux lignes 8 et 10 de son tableau, sans en apercevoir, ou du moins sans en signaler l'importance. Je vais suppléer à son silence en m'appuyant sur la traduction littérale que M. Regnier m'a donnée de ce chapitre VIII.

L'auteur y marque les longitudes et latitudes *apparentes* des 28 nakshatras, en prescrivant à l'astronome de construire une sphère pour les observer[1]. Il commence par

---

[1] C'est le précepte que j'ai déjà rapporté dans mon deuxième article, p. 48 et 49, en y joignant les détails relatifs à la construction de l'appareil.

les longitudes, qu'il définit par leurs différences successives, à partir de ζ des Poissons. Ces différences sont très-
inégales entre elles. L'auteur les rapporte dans l'ordre où
elles se suivent sur l'écliptique, sans prendre la peine de
mentionner les noms vulgaires des nakshatras auxquels il
les applique, et qu'il est facile de suppléer comme l'a fait
Colebrooke. Mais il y en a trois consécutifs, qu'il nomme
individuellement pour mentionner une particularité qui les
concerne, et qu'il est essentiel de faire remarquer. A cet
effet, je présente ici les 28 nakshatras, dans leur ordre de
liste, en les désignant par leurs noms vulgaires, et j'y marque du signe * les 21ᵉ, 22ᵉ et 23ᵉ que l'auteur hindou a exceptionnellement nommés.

1 Açvinî.		15 Svâtî.
2 Bharanî.		16 Viçâkhâ.
3 Critticâ.		17 Anurâdhâ.
4 Rohinî.		18 Djyeshthâ.
5 Mrigaçiras.		19 Mûla.
6 Ârdrâ.		20 Âpya (synon. de) Pûrva-Âshâdâ.
7 Punarvasu.		21 Vaiçva (syn. de) Uttara-Âshâdâ *.
8 Pushya.		22 Abhidjit *.
9 Âçleshâ.		23 Çravana *.
10 Maghâ.		24 Dhanishthâ.
11 Pûrva-Phâlgunî.		25 Çatabishâ.
12 Uttara-Phâlgunî.		26 Pûrva-Bhâdrapâdâ.
13 Hasta.		27 Uttara-Bhâdrapâdâ.
14 Tchitrâ.		28 Revatî.

L'auteur indique assez vaguement l'amplitude écliptique
de *Vaiçva*, le 21ᵉ. Puis il ajoute :

La position de Çravana est à la fin de Vaiçva.

En d'autres termes, 23 est à la fin de 21. C'est clairement dire que l'intermédiaire, *Abhidjit*, est nul, ou doit être traité comme tel.

C'est ce même précepte que Brahmagupta répète, quoiqu'il s'en écarte pour attribuer au nakshatra *Abhidjit* une amplitude fictive. Au reste, on a renoncé depuis à ces distinctions de groupes, que Brahmagupta avait établies. Aujourd'hui, pour les usages populaires, l'*Oriental Astronomer* n'admet plus que 27 nakshatras, ayant tous une même amplitude *écliptique*, égale à 13° $\frac{1}{3}$; de sorte que la somme des 27 forme 360° qui embrassent le contour entier du ciel, tout comme les 28 anciens. Mais ces modifications modernes doivent être exclues lorsqu'on veut remonter aux origines.

Les Arabes admettent pareillement 27 mansions lunaires, qu'ils emploient aussi à des usages astrologiques. Mais ils ont choisi des étoiles déterminatrices qui rendent ces divisions assez approximativement égales pour qu'elles s'adaptent à peu près au mouvement moyen de la lune, et que leurs levers, ainsi que leurs couchers, se succèdent continuellement par des intervalles à peu près égaux de treize ou quatorze jours, comme Ulug-Beg le dit, en n'attachant d'ailleurs à cette institution aucune importance astronomique[1]. Je n'entre pas ici dans la question d'origine, je ne mentionne que le fait.

Je viens de décrire les 28 nakshatras du *Sûrya-Siddhânta* dans leur ensemble, en spécifiant, pour chacun d'eux, les

___

[1] Hyde, *Commentaires sur le catalogue d'Ulug-Beg*, Oxford, 1665, p. 9. L'énumération des vingt-sept mansions lunaires arabes est donnée dans les pages précédentes, 5-8.

étoiles déterminatrices qui le caractérisent individuellement; tout cela d'après les documents originaux et les recherches d'érudition qui peuvent nous en donner la connaissance la plus exacte et la plus complète. Cet exposé
forme la seconde partie de la thèse que j'ai à soutenir, et
je me crois en droit de demander, comme pour la première, qu'on la combatte ou qu'on l'accepte.

Maintenant je n'ai plus besoin de parler aux mathématiciens et aux astronomes, je m'adresse à toutes les personnes de bon sens, et je leur propose la question suivante.

Si vous aviez, par hasard, l'occasion de voir un individu
scier avec une vrille, ou percer avec une scie, hésiteriez-
vous à dire que ces outils n'ont pas été fabriqués pour
l'usage auquel il les applique? Non sans doute. Eh bien, de
même, quand vous voyez les Hindous rapporter le moyen
mouvement diurne de la lune, qui, de sa nature, est égal, à
un système de mansions célestes d'inégales grandeurs,
tellement inégales qu'on n'y peut ajuster ce mouvement
que par des fictions de calcul, qui rétrécissent idéalement
les plus longues et allongent les plus étroites, vous ne pouvez pas hésiter davantage à dire que l'outil n'a pas été fait
pour l'œuvre, et que ce système de divisions stellaires a été
originairement imaginé pour une application différente, qui
n'exigeait pas leur égalité.

Un autre indice fortifie ce soupçon. Voulant établir dans
le ciel vingt-huit mansions lunaires, destinées à être vues
de tout le monde, par quel motif serait-on allé choisir, pour
déterminatrices d'un grand nombre d'entre elles, de toutes

petites étoiles, à peine perceptibles, préférablement à de
très-brillantes qui se trouvaient dans les mêmes plages du
ciel? Cela n'est pas compréhensible. Mais un tel choix devient explicable si, dans la formation primitive du système,
ces petites étoiles présentaient des particularités de position spécialement adaptées à l'usage qu'en voulaient faire
les inventeurs.

Ces défauts d'aptitude que les nakshatras présentent,
dans l'application astronomique pour laquelle on les suppose inventés, ne se rencontrent pas dans les sieou, auxquels, depuis un temps immémorial, les Chinois rapportent généralement les positions apparentes des astres. Du
reste, comme conception géométrique, les deux systèmes
offrent des analogies singulières. Tous deux se composent de vingt-huit divisions équatoriales, embrassant le
contour du ciel, et limitées par des cercles de déclinaison
partant du pôle de l'équateur, lesquels doivent être invariablement dirigés à autant d'étoiles choisies pour les définir. Enfin, ce qui est bien digne d'être remarqué, plusieurs
de ces étoiles déterminatrices sont communes aux sieou et
aux nakshatras. Ces aperçus généraux nous apprennent
donc qu'il y aura un extrême intérêt à comparer intimement l'ensemble et les détails de ces deux systèmes, pour
signaler tous les traits de concordance et de dissemblance
qu'ils peuvent offrir; car ce seront là les indications les plus
propres à faire sûrement découvrir s'ils ont une origine
commune ou différente; et, dans le premier cas, lequel a
donné naissance à l'autre.

Cette épreuve comparative peut s'effectuer, avec autant de

facilité que de certitude et d'évidence, au moyen d'un globe céleste à pôles mobiles, qui entraîne avec lui son équateur et ses cercles de déclinaison. Il suffit de porter les deux systèmes sur ce globe, en les y faisant coïncider, par un des cercles de déclinaison pour lesquels l'étoile déterminatrice leur est commune; car, en amenant le cercle de déclinaison mobile, à partir de là, sur toutes les autres étoiles déterminatrices des deux systèmes, on verra si elles sont les mêmes ou différentes; et, quand on les trouvera différentes, le degré d'importance de ces changements se manifestera par leur étendue équatoriale, qui seule influe sur l'amplitude relative des divisions comparées.

J'ai fait construire, il y a bien des années, pour la Faculté des sciences de Paris, un instrument de ce genre, qui m'a utilement servi dans toutes mes études d'astronomie ancienne; je l'ai employé à celle-ci.

Comme les étoiles déterminatrices des deux systèmes sont invariablement fixées, on peut effectuer la comparaison pour une époque quelconque, en amenant le globe à reproduire le ciel de ce temps-là, ce qui est très-facile à faire. Mais, pour le but que nous avons ici en vue, il faut remonter au delà de l'année 972 de notre ère, qui a vu s'évanouir *Abhidjit*, afin que les nakshatras et les sieou se trouvent également au nombre de vingt-huit, conformément à leur état antérieur. Profitant donc de cette liberté, je choisis une époque très-reculée, qui semble avoir été signalée par commémoration dans un hymne des Védas que Colebrooke a cité avec raison comme très-remarquable [1], parce que les

---

[1] *Asiatic Researches*, tome VIII, p. 36. *Essays*, tome II, p. 89 90.

vingt-huit nakshatras y sont nommés dans l'ordre de succession révolutif, que les auteurs hindous leur assignent,
mais avec cette particularité que l'énumération commence
par *Krittikâ*, dont la déterminatrice est η Pléiade, ce qui
semble y placer l'équinoxe vernal, et qu'une expression
qualificative, toute spéciale, semble marquer le solstice
d'été dans *Maghâ*, dont la déterminatrice est Régulus. Au
temps du *Sûrya-Siddhânta* et de Brahmagupta, vers le
vi⁰ siècle de notre ère, ces deux nakshatras occupaient des
rangs fort différents dans la liste générale. *Krittikâ* était le
troisième, *Maghâ* le dixième; et l'énumération commençait
par *Âçvinî*, ayant pour limite antérieure ζ des Poissons,
où l'équinoxe vernal se trouvait alors. Le déplacement des
rangs relatifs en reporte donc l'application à une autre
époque. Colebrooke n'a pas donné le texte de l'hymne où
il a remarqué ce changement d'origine; mais M. Regnier
a eu l'obligeance d'en faire pour moi la traduction *littérale*,
que j'insère ici en note[1]. Le poëte n'y désigne pas les
nakshatras par leurs caractères abstraits, comme divisions
mathématiques de l'écliptique ou de l'équateur. Ce sont
vingt-huit génies, qui occupent le ciel, l'air, les eaux, la
terre, et que la lune rencontre successivement dans son
cours. Il les invoque comme régulateurs des destinées humaines, pour qu'ils lui accordent la nourriture du corps,
la force, la vertu, la richesse, et tous les biens matériels,

---

[1]   NOTE DE M. AD. REGNIER.

Atharva-Véda, XIX, vii.
Merveilleux tous ensemble, brillants au ciel, serpents rapides au firma-

principal objet de cette religion sensuelle de l'Inde. L'ordre dans lequel il les énumère est le seul caractère qui désigne l'époque, réelle ou fictive, à laquelle s'appliquent ses invocations.

Admettant donc que *Krittikâ*, le premier qu'il nomme, se trouvait alors à l'équinoxe vernal, je dispose mon globe à pôles mobiles de manière que le point zéro des divisions de l'écliptique coïncide avec η des Pléiades, déterminatrice de ce nakshatra, et je retrouve le ciel de l'empereur Yao, tel qu'il était 2357 années avant notre ère. Car η des Pléiades est aussi la déterminatrice du sieou chinois *Mao*, qui contenait, vers ce temps, l'équinoxe vernal, selon le

ment, moi, désirant, vingt-huit qu'ils sont, leur amitié [a], je vénère le ciel, les jours, par mes chants.

Que Krittikâ soit pour moi l'objet d'heureuses invocations, ainsi que Rohinî; que Mrigaçiras me soit propice, Ârdrâ fortunée, Punarvaçu aimable, Pushya beau, Âçleshâ lumière, et Maghâ voie [b] pour moi. Que la première Phalgunî et les deux Phalgunis me soient la chose pure, ainsi que Hasta; que Tchitrâ me soit propice, et Svâti bonheur pour moi; Viçâkhâ richesse; Anurâdhâ objet d'heureuse invocation; Djyeshthâ bon nakshatra; Mûla parfait. Que les premiers Ashâdhas me procurent la nourriture; que ceux qui sont suivants m'amènent la force. Qu'Abhidjit me procure la vertu même [c]; que Çravana, Çravishthâ [d], me fassent les bons aliments; que le grand [e] Çatabhishak m'apporte la chose la meilleure; la double Proshthapadâ [f], un bonheur excellent; que Revatî et les Açvayudjs [g] m'amènent la prospérité, et les Bharaṇîs la fortune.

XIX, viii, 1 et 2.

Les nakshatras qui sont dans le ciel, dans l'air, dans les eaux, la terre, qui dans les montagnes, les points cardinaux, tous ceux que la lune parcourt dans son progrès, qu'ils me soient tous propices. Tous les vingt-huit, propices, puissants, qu'ils me donnent en partage le nécessaire (ce qui convient dans chaque circonstance).

[a] Dans le texte, *vingt-huit* est rendu par un adjectif s'accordant avec *amitié* : « leur amitié *vingt-huitaine*, leur amitié de vingt-huit qu'ils sont. » — [b] *Ayana* « voie » signifie, comme terme d'astronomie, « route du soleil, point de conversion du soleil. » — [c] Littéralement « la chose pure. — [d] *Çravishthâ*, synonyme de *Dhanishthâ*. — [e] Au lieu de faire rapporter *mahat* « grand, chose grande, » à *Çatabhishak*, on pourrait le considérer comme régime : « m'apporte la chose grande. — [f] *Proshthapadâ*, synonyme de *Bhadrapadâ*. — [g] *Açvayudjs*, synonyme d'*Açvinî*.

Chou-king. Et, d'après le calcul général des sieou, que j'ai publié dans le *Journal des Savants* de 1840, pour cette époque même, pages 244 et 245, cet équinoxe se trouvait alors presque exactement sur le cercle horaire de η Pléiade, entre le 1er et le 2e degré de la division *Mao*, dont elle est la déterminatrice chinoise; ce qui place le solstice d'été tout près du cercle horaire de Régulus, déterminatrice indienne du nakshatra *Maghâ*. Cette concordance primordiale des deux systèmes étant établie, j'amène successivement le cercle de déclinaison mobile sur les 28 déterminatrices des nakshatras hindous, et j'examine, sur le globe même, leurs rapports de position avec les déterminatrices chinoises de même rang. J'ai rassemblé tous les résultats de cette comparaison générale dans un tableau détaillé, que j'ai inséré au *Journal des Savants* de 1840, page 274, et je le remets sous les yeux du lecteur, comme étant la pièce capitale du procès. Je n'ai pas même voulu y modifier l'orthographe que j'avais adoptée d'après les missionnaires et d'après Colebrooke, pour les homophones des noms chinois et sanscrits.

Il y a d'abord *sept* étoiles déterminatrices sur 28 qui sont absolument identiques, tant pour le choix qu'on en a fait que pour le rang d'ordre qui leur est attribué dans les deux listes. Et cette double identité n'est pas explicable par des circonstances très-apparentes, d'éclat ou de configuration, qui sont propres à certains groupes célestes, comme on pourrait le dire, par exemple, des sept étoiles de la Grande-Ourse, que presque tous les peuples ont réunies dans un même astérisme. Ici la communauté d'adoption s'applique aussi à de très-petites étoiles, comme γ du Corbeau, λ d'Orion, α de la Mouche, qui sont de 3e ou de 4e grandeur. On en voit ensuite *huit* autres, qui, sans être absolument identiques, sont extrêmement voisines. Pour quatre de celles-ci, les 6e, 7e, 15e et 18e de la liste, les déterminatrices sont si petites, étant de 4e ou de 5e grandeur, une seulement de 3e, que la distinction n'a pu être faite entre elles par Colebrooke avec une entière certitude. Pour une cinquième, qui est la 27e de la liste, il hésite entre α et β du Bélier; la déterminatrice chinoise est β. Dans les trois autres, le système hindou préfère α du Taureau, Aldebaran, à ε du Taureau; α d'Orion à δ d'Orion; α du Scorpion, Antarès, à σ du Scorpion; c'est-à-dire *trois* étoiles de 1re grandeur à *trois* autres très-voisines et bien moins brillantes, si, toutefois, la supériorité de l'éclat, jointe à la proximité, n'a pas influé sur le choix de Colebrooke ou des pandits. Une substitution analogue, amenée par des motifs pareils, a lieu dans les 8e, 13e et 20e divisions. Régulus remplace α de l'Hydre des Chinois; Arcturus remplace $\varkappa$ de la Vierge; α de la Lyre, β du Capricorne. Mais, ici, on découvre une particularité

	DÉSIGNATION des DIVISIONS CORRESPONDANTES [1]		NOMS des ÉTOILES DÉTERMINATRICES		EXCÈS D'ASCENSION droite des étoiles indiennes en − 2357.	
	chinoises.	indiennes.	chinoises.	indiennes.		
1	MAO.	Critticá.	η Pléiade, 3e grandeur.	η Pléiade, 3e grandeur.	nul.	Équinoxe vernal.
2	PI.	Róhini.	a Taureau, 3e-4e.	α Taureau (Aldebaran),1re.	+ 2°.	Étoiles voisines. ϵ de 3e-4e grandeur; α 1re grandeur.
3	TSE.	Mrigáçiras.	λ Orion, 4e.	λ Orion, 4e.	nul.	
4	TSAN.	A'rdrá.	δ Orion, 2e.	α Orion, 1re.	+ 5° 20'.	α préférable, à cause de la petitesse de la station chinoise.
5	TSING.	Punarvasu.	μ Gémeaux, 3e.	β Gémeaux, 2e-3e.	+ 17°.	Étoiles très-distantes. Changement intentionnel.
6	KOUEY.	Pushya.	θ Cancer, 4e.	δ Cancer, 4e.	+ 3°.	Étoiles très-voisines. θ de 5e-6e grandeur; δ de 4e grandeur.
7	LIEOU.	A'sléshá.	δ Hydre, 4e.	α^1 α^2 Cancer, 4e.	+ 2°.	Toutes deux de 4e grandeur; peu distantes; α^1 plus voisine de l'écliptique.
8	SING.	Mag'há.	α Hydre, 2e.	α Lion (Régulus), 1re.	insensible.	α Hydre 2e grandeur sur l'ancien équateur; Régulus 1re grandeur sur l'écliptique. L'une et l'autre marquant le solstice d'été.
9	TCHANG.	Phalguni P.	39 ν^4 Hydre.	δ Lion, 2e-3e.	+ 9° 30'.	Étoiles très-distantes en déclinaison. Changement intentionnel.
10	Y.	Phálguni U.	α Hydre et Coupe, 3e-4e.	β Lion, 2e.	+ 4° 30'.	Étoiles très-distantes en déclinaison.
11	TCHIN.	Hasta.	γ Corbeau, 3e.	γ Corbeau, 3e.	nul.	
12	KIO.	Chitrá.	α Vierge (l'Épi), 1re.	α Vierge (l'Épi), 1re.	nul.	
13	KANG.	Swáti.	$\varkappa$ Vierge, 4e.	α Bouvier (Arcturus), 1re.	+ 2° 30'.	$\varkappa$ Vierge 4e grandeur; Arcturus 1re grandeur.
14	TI.	Visác'há.	α^2 Balance australe, 2e-3e.	α^2 Balance australe, 2e-3e.	nul.	
15	FANG.	Anurádha.	π Scorpion, 4e.	δ Scorpion, 3e.	+ 1° 20'.	π Scorpion 4e grandeur; δ Scorpion 3e grandeur; très-voisines; marquant l'une et l'autre l'équinoxe automnal, mais π plus exactement que δ.
16	SIN.	Jyésht'há.	σ Scorpion, 3e-4e.	α Scorpion (Antarès), 1re.	+ 1° 20'.	Antarès 1re grandeur; σ scorpion 3e-4e grandeur.
17	OUEY.	Múla.	μ^2 Scorpion, 4e.	ν ou υ Scorpion, 4e.	+ 9° 30'.	Étoiles de la même serre. L'astérisme hindou comprend μ^2.
18	KI.	A'shád'ha P.	γ^2 Sagittaire, 3e.	δ Sagittaire, 3e.	+ 4°.	Étoiles voisines; toutes deux de 3e grandeur.
19	TEOU.	A'shád'ha U.	φ Sagittaire, 4e.	τ Sagittaire, 4e.	+ 4'.	Étoiles voisines; toutes deux de 4e grandeur.
20	NIEOU.	Abhidjit.	β Capricorne, 3e.	α Lyre, 1re.	insensible.	β Capricorne 3e grandeur; α Lyre 1re grandeur.
21	NU.	S'ravana.	ϵ Verseau, 4e.	α Aigle, 1re.	− 6°.	α Aigle 1re grandeur; ϵ Verseau 4e grandeur. Étoiles distantes en déclinaison. Changement intentionnel.
22	HIU.	D'hanisht'bá.	β Verseau, 3e.	α Dauphin, 5e.	− 4°.	Étoiles distantes en déclin.
23	GOEY.	Satabhishá.	α Verseau, 3e.	λ Verseau, 4e.	+ 9°.	Étoiles distantes. λ sur l'écliptique. Changement intentionnel.
24	TCHR.	Bhádrapada P.	α Pégase, 2e.	α Pégase, 2e.	nul.	
25	PI.	Bhádrapada U.	γ Pégase, 2e.	α Andromède, 2e-3e.	+ 1° 30'.	
26	KOEY.	Révatí.	ζ Andromède, 4e.	ζ Poissons, 4e.	+ 5°.	ζ Andromède loin de l'écliptique; ζ Poissons sur l'écliptique. Changement intentionnel.
27	LEOU.	Aswini.	β Bélier, 3e.	α Bélier, 3e.	+ 5°.	Étoiles voisines. Colebrooke hésite entre α et β.
28	OEI.	Bharáni.	α Mouche et Lis, 4e.	α Mouche et Lis, 4e.	nul.	

[1] Lorsque deux nakshatras indiens consécutifs ont le même nom, la lettre P, annexée au premier, signifie *prior*, c'est-à-dire qu'il passe le premier au méridien, et la lettre U, ajoutée au suivant, signifie *ulterior*, parce qu'il arrive le second au méridien. Cette identité de nom, ou plutôt de caractère, n'a pas lieu pour les divisions chinoises, quoiqu'elle semble exister quand on traduit les caractères en syllabes toniques européennes. Mais j'ai évité cette confusion en variant l'orthographe des mots analogues.

bien remarquable : dans ces trois cas, l'étoile brillante substituée est prise, autant qu'il est possible, sur le même cercle
horaire ancien ; ce qui, pour le moment, conserve à la division la même amplitude équatoriale, en l'exposant toutefois à éprouver dans l'avenir une altération rapide, si, l'étoile
substituée, étant beaucoup plus rapprochée du pôle, son
cercle de déclinaison se déplace très-rapidement. C'est précisément ce qui est arrivé au nakshatra *Abhidjit*, par la substitution d'α de la Lyre à β du Capricorne ; et voilà pourquoi
il s'est évanoui dès l'année 972, tandis que le sieou chinois
correspondant, qui avait conservé sa déterminatrice β, s'est
maintenu presque sans altération jusqu'aujourd'hui. Je
supprime d'autres détails qui sont exposés dans le *Journal
des Savants* pour 1840, et je me bornerai ici à faire remarquer que, dans les cas rares où les étoiles déterminatrices sont distinctement différentes, on reconnaît, dans le
système indien, l'intention manifeste de s'écarter très-peu
des stations chinoises correspondantes, et de revenir bientôt les rejoindre exactement, comme un copiste qui voudrait s'approprier le tableau d'un maître, sans prévoir les
conséquences des changements qu'il y introduit.

La comparaison que nous venons d'effectuer, page 136,
pour le temps d'Yao, ne suppose nullement que les nakshatras décrits dans le *Sûrya-Siddhânta* fussent dès lors en usage
chez les Hindous. Nous aurions pu aussi bien l'établir pour
toute autre époque, en plaçant à l'équinoxe vernal, ou plus
généralement sur le cercle horaire de cet équinoxe, une quelconque des étoiles déterminatrices qui sont communes aux
deux systèmes. Nous aurions découvert entre eux les mêmes

rapports généraux, avec des différences d'amplitudes équatoriales plus ou moins sensibles entre les divisions de même rang, qui ont des déterminatrices différentes inégalement distantes du pôle; comme nous avons reconnu, par exemple, qu'au xe siècle de notre ère le mouvement du cercle horaire d'α de la Lyre a fait évanouir le nakshatra *Abhidjit*, tandis que la division chinoise de même rang n'a presque pas varié. Si j'ai établi la comparaison pour l'époque reculée où η Pléiade se trouvait à l'équinoxe vernal, c'est uniquement parce que l'hymne des Védas, cité par Colebrooke, semble assigner cette place au nakshatra dont elle est la déterminatrice, en le nommant le premier. Mais il ne faudrait pas du tout en conclure que l'hymne indien a été composé à cette date. Car, dans tous les siècles postérieurs, les astronomes chinois se sont unanimement accordés pour établir, qu'au temps de l'empereur Yao, l'équinoxe vernal était dans le sieou *Mao*, dont η Pléiade est la déterminatrice; de sorte que, si le poëte hindou a connu cette croyance populaire, comme η Pléiade est aussi la déterminatrice du nakshatra *Krittikâ*, il a pu très-naturellement mettre celui-ci au premier rang de sa liste, pour donner à son hymne un vernis de haute antiquité. Et cette seule possibilité rend la date de sa composition entièrement incertaine.

Maintenant, de ces deux systèmes qui ont entre eux tant de ressemblance, lequel est l'original, lequel la copie? Le simple bon sens dicte la réponse. Les sieou chinois ont été employés depuis un temps immémorial à des usages astronomiques auxquels ils sont parfaitement appropriés. Les nakshatras du *Sùrya-Siddhânta*, qui s'assimilent à eux par le rang, le nombre, l'identité ou la correspondance des étoiles déterminatrices et l'inégalité des amplitudes, sont, par ce dernier caractère, absolument impropres à l'usage auquel on les applique. Ainsi, à proprement parler, les Hindous vous présentent une vrille dont ils ont voulu faire une scie, ou une scie dont ils ont voulu faire une vrille. Reconnaissez donc l'emprunt à l'inconvenance de l'application, et reportez l'invention de l'instrument à ceux qui savent s'en servir, c'està-dire aux Chinois, comme je l'avais avancé. Car, si l'on voulait en faire honneur aux Hindous, autant vaudrait dire que les fellahs de l'Égypte, qui bâtissent leurs huttes de boue sur les plates-formes des temples pharaoniques, ont érigé eux-mêmes ces monuments pour en faire un tel usage.

Ceci forme la troisième et dernière partie de mon plaidoyer philosophique. Je la soumets comme les deux premières à l'examen des indianistes, en demandant de leur équité qu'ils la combattent ou qu'ils l'acceptent. S'ils reconnaissent que j'ai découvert la vérité, il y a vingt ans, je ne regretterai ni le temps ni la peine que j'ai dû employer aujourd'hui pour l'établir et la défendre.

P. S. Dans les articles que j'ai insérés au volume du *Journal des Savants* pour 1840, page 277, et dans celui de 1845, page 42, j'ai comparé le système des mansions lunaires des Arabes avec les nakshatras hindous et les sieou chinois. Mais la dérivation me paraît tellement évidente, que je n'ai pas jugé nécessaire d'en reproduire ici les preuves, pour ne pas allonger démesurément ce dernier article, déjà trop étendu.

COURTE ADDITION

AUX ARTICLES RELATIFS A L'ASTRONOMIE INDIENNE.

Depuis la publication de mon dernier article, de savants confrères m'ont fait connaître deux anciens documents originaux, que je demande la permission d'y ajouter, parce qu'ils offrent la confirmation inespérée des vues que j'avais émises.

Le premier, et le plus important, m'a été fourni par M. Stanislas Julien. M'entretenant ces jours derniers avec lui de la discussion que je venais de reprendre sur l'origine chinoise des nakshatras hindous, tels que le *Sûrya-Siddhânta* les décrit, il m'apprit que le grand dictionnaire bouddhique intitulé *Mahâvyutpatti*, dont il possède depuis peu un exemplaire, contenait, au § 160, un tableau bilingue, chinois et sanscrit, dans lequel les 28 *sieou* chinois sont présentés en concordance avec les 28 nakshatras, et il me demanda si je serais curieux de le voir. Ayant répondu avec empressement à cette proposition, M. Stanislas Julien m'adressa dès le lendemain une copie littérale de ce document, accompagnée de la note préliminaire que je vais transcrire.

« Le dictionnaire *Mahâvyutpatti*, sanscrit et thibétain, « passe pour avoir été composé vers le viie siècle de notre

« ère, par des pandits indiens et des *lotsavas* (interprètes) thi-
« bétains. On ignore à quelle époque ont été ajoutées les
« traductions chinoise et mongole que contient le manuscrit
« 25,147 de l'Université de Saint-Pétersbourg, d'après le-
« quel a été copié l'exemplaire tétraglotte que je possède. »

« Paris, le 3 septembre 1859.

« Signé STANISLAS JULIEN. »

Voici maintenant le tableau de concordance que M. Julien
a copié sur l'original, en y joignant la traduction des noms
chinois et sanscrits dans leurs homophones français, sans
avoir voulu prendre préalablement connaissance de celui
que je venais d'insérer au cahier d'août du *Journal des
Savants*, afin d'assurer à ses interprétations une complète
indépendance. M. Julien, ayant suivi scrupuleusement le
Mahâvyutpatti, a été obligé de modifier quelques-uns des
noms que j'avais écrits avec l'orthographe des missionnaires
ou de Colebrooke, mais cela ne change rien aux désignations.

EUL-CHI-PA-SIEOU.	*ACHTAVIÑÇATI NAKCHATRAS.*
LES 28 SIEOU.	LES 28 NAKCHATRAS.
1 Mao.	1 Kṛittikâ.
2 Pi.	2 Rôhinî.
3 Tse.	3 Mrigaçiraḥ (ms. Mrigasiraḥ).
4 Sen.	4 Ârdrâ.
5 Tsing.	5 Pounarvasouḥ.
6 Koueï.	6 Pouchyaḥ.
7 Lieou.	7 Açlêchâ.
8 Sing.	8 Maghâ.

9	Tchang.	9	Poûrvaphâlgouṇî.
10	I.	10	Outtaraphâlgou . î.
11	Tchin.	11	Hastâ.
12	Kio.	12	Tchitrâ.
13	Kang.	13	Svâti.
14	Ti.	14	Viçâkhâ.
15	Fang.	15	Anourâdhâ.
16	Sin.	16	Djyêchthâ.
17	Weï.	17	Moûlam.
18	Ki.	18	Poûrvâchâdhâ.
19	Teou.	19	Outtarâchâ . hâ.
20	Nieou.	20	Abhidjit.
21	Niu.	21	Çrava . aḥ.
22	Hiu.	22	Dhanichthâ.
23	Weï.	23	Çatabhichâḥ.
24	Chi.	24	Poûrvabhadrapadâ.
25	Pi.	25	Outtarabhadrapadâ
26	Koueï.	26	Rêvatî.
27	Leou.	27	Açvinî.
28	Weï.	28	Bharaṇî.

Or ce tableau, composé en Chine il y a je ne sais combien de siècles, se trouve absolument identique à celui que j'ai publié il y a vingt ans dans le *Journal des Savants*, et que je viens de reproduire ici, p. 136. L'identité n'existe pas seulement dans les concordances; elle a lieu aussi pour l'ordre d'énumération qui commence également par le sieou *Mao* et le nakshatra *Krittikâ*, placés tous deux à l'équinoxe vernal. Seulement le rédacteur du tableau chinois, ne faisant probablement que mentionner des concordances admises par tous les astronomes de son pays, n'a pas cru nécessaire de les justifier par l'identité des étoiles qui limitent les divisions mises en correspondance, au lieu que j'ai été obligé de les établir sur ce fondement assuré. L'auteur chinois n'aborde pas non plus la question d'antériorité de l'un ou de l'autre système, qui peut-être aurait paru fort incongrue à la Chine, où l'on devait parfaitement connaître les altérations que les Hindous faisaient subir aux sieoù pour s'en servir. Mais nous autres Européens qui les connaissons aujourd'hui, le simple bon sens nous y fait découvrir la preuve d'un emploi postérieur dans les nakshatras de l'Inde. Car, pour conclure autrement, il faudrait supposer que les Hindous ont imaginé par eux-mêmes, un système de divisions stellaires du ciel, bizarrement composé de très-grandes et de très-petites, dont ils ne pouvaient faire usage qu'en raccourcissant les unes, allongeant les autres, et violant ainsi toutes leurs onditions fondamentales ; tandis que chez un peuple voisin, les Chinois, depuis un temps immémorial, le même système inaltéré servait de cadre à un vaste ensemble d'observations astronomiques, avec une telle propriété d'application, que les inégalités, en apparence bizarres, des divisions qui le composaient, y trouvaient leur justification et leur emploi précis. La question d'origine ainsi présentée, me semble décidée par son énoncé même, et je ne crois plus avoir besoin d'y revenir.

Le second document que je veux mentionner, m'a été fourni par M. Ad. Regnier. Il est extrait du chapitre XII du *Sûrya-Siddhânta*, et il offre un curieux exemple du charlatanisme d'appropriation, qui est le fondement de la science indienne. Au çloka 31, l'auteur énumère les planètes, y compris le soleil et la lune, dans l'ordre qui suit :

Saturne, Jupiter, Mars, le Soleil, Vénus, Mercure, la Lune

Puis, à quelque distance de là, au çloka 78, il ajoute littéralement[1] :

> De Saturne, au-dessous, que les quatrièmes soient, par ordre,
> les régents des jours.

Ceci n'est autre chose que la règle donnée par Dion Cassius, et reproduite par Paulus Alexandrinus, pour trouver les noms des planètes qui président aux divers jours de la semaine. Seulement elle est appliquée dans un ordre inverse; ce qui déguise l'origine romaine d'où elle est tirée.

Pour s'en convaincre, il suffit de jeter les yeux sur la figure que j'ai insérée ci-dessus, page 100. Prenez-y la liste des planètes à *commencer par Saturne*, en suivant les flèches courbes tracées autour de la circonférence, vous aurez l'ordre d'énumération adopté dans le çloka 31,

> Saturne, Jupiter, Mars, le Soleil, Vénus, Mercure, la Lune.

Partez alors de Saturne, et marchez *en dessous* comme le prescrit l'auteur, en suivant les cordes tracées dans l'intérieur de la circonférence. *A chaque quatrième*, comme il le

---

[1] L'habile indianiste M. John Muir, qui a longtemps habité dans l'Inde, ayant appris que je désirais savoir quels étaient, dans la littérature sanscrite, les ouvrages les plus anciens où il était parlé de la semaine, avait eu la bonté d'écrire à ce sujet à un savant pandit, Bâpû Deva Çàstrin, professeur de mathématiques au collége du Gouvernement à Bénarès et l'un des éditeurs du *Sûrya-Siddhânta*. Bâpû Deva, dans une lettre fort obligeante, écrite en sanscrit et adressée à M. Ad. Regnier, a indiqué, sans mentionner aucun texte plus ancien, les çlokas 31 et 78 du chapitre xii du *Sûrya-Siddhânta*, que M. Regnier m'a traduits sur le manuscrit de la Bibliothèque impériale : la livraison de la *Bibliotheca indica*, qui contient le chapitre xii, n'était pas encore parvenue à Paris au moment où y arriva la lettre de Bénarès.

dit encore, vous trouverez successivement, pour *régents des jours :*

Saturne, Vénus, Jupiter, Mercure, Mars, la Lune, le Soleil.

Ce qui répond à

Samedi, Vendredi, Jeudi, Mercredi, Mardi, Lundi, Dimanche.

C'est-à-dire, la règle romaine intervertie, pour déguiser le plagiat. Au reste, toute l'astronomie des brahmes est de pareille étoffe; et comment auraient-ils pu s'en faire une par eux-mêmes, n'ayant ni instruments exacts, ni observations précises, ni chronologie continue? Je suppose qu'ils ont dû bien se moquer intérieurement des savants européens, quand il les ont vus étudier profondément, et accepter comme antiques, des doctrines qui venaient d'eux ou des Chinois. Et moi-même qui parle ici, suis-je plus raisonnable d'avoir perdu tant de temps à les démasquer?

NOTE RELATIVE A LA PAGE 64

RÉSOLUTION SYMBOLIQUE DU PROBLÈME D'HIPPARQUE.

J'établis les raisonnements sur la figure 1, dont la construction a été expliquée dans le texte, page 62. T y désigne la terre, placée au centre du grand cercle suivant lequel le rayon de l'écliptique coupe la sphère céleste dont le rayon est supposé indéfini. C est le centre du cercle que le soleil décrit. Du point T on a mené deux droites rectangulaires entre elles, qui sont dirigées aux points équinoxiaux et solsticiaux, et leurs intersections avec l'orbite solaire sont désignées par les caractères astronomiques propres à ces points. Enfin, par le centre C, on a mené deux droites parallèles à celles-là, et les quatre points où elles coupent l'orbite sont désignés par E, F, G, H.

Soit a la durée de l'année solaire exprimée en jours et fractions de jours. Ce sera l'année tropique, si l'on compte la longitude A T ♉ de l'apogée A, à partir de l'équinoxe vernal mobile ♉, comme le faisait Hipparque. Ce sera l'année sidérale, si l'on veut rapporter cette longitude à une étoile actuellement en coïncidence avec ce même équinoxe, comme le font les Hindous.

Dans les deux cas, le mouvement angulaire du soleil en un jour, autour du centre C, sera $\frac{360°}{a}$. Je le désigne symboliquement par m. Alors l'angle ACS, décrit dans le nombre t de jours, sera mt; réciproquement : si t est donné, l'angle décrit sera $\frac{t}{m}$.

Ceci convenu, pour généraliser les données d'Hipparque, je remarque que, si l'excentricité était nulle, le nombre de jours compris entre deux équinoxes consécutifs sera $\frac{1}{4} a$, ce qui répondrait à un mouvement de 90°. Nommant donc $+ \pi$ et $+ \alpha$ les nombres de jours qui *excèdent* ce quart dans les deux intervalles qu'il a observés, je forme le tableau suivant, qui comprendra tous les cas analogues, en attribuant des valeurs positives, nulles ou négatives, aux symboles π et α.

	INTERVALLES DE TEMPS.	MOUVEMENTS.
De l'équinoxe vernal au solstice d'été..	$\frac{1}{4} a + \pi$	$90° + m\,\pi$
Du solstice d'été à l'équinoxe d'automne.	$\frac{1}{4} a + \alpha$	$90° + m\,\alpha$
SOMMES.	$\frac{1}{2} a + \pi + \alpha$	$180° + m\,(\pi + \alpha)$

La somme des mouvements représente l'arc total ♈ E ♋ G ♎. Or la portion intérieure E ♋ G contient à elle seule 180°. Conséquemment l'excès $m\,(\pi + \alpha)$ exprime la somme des deux arcs ♈ E, G ♎; et comme ils sont évidemment égaux, on aura, en définitive :

$$♈\,E = ♎\,G = \tfrac{1}{2}\,m\,(\pi + \alpha).$$

Par les données du problème, l'arc ♈ E ♋ est $90° + m\,\pi$. Retranchez-en ♈ E qui est $\frac{1}{2}\,m\,(\pi + \alpha)$; il restera EF ♋ égal à $90° + \frac{1}{2}\,m\,(\pi - \alpha)$ d'où retranchant EF, qui à lui seul contient 90°, on aura en définitive :

$$♋\,F = ♑\,H = \tfrac{1}{2}\,m\,(\pi - \alpha).$$

Ces deux évaluations vont nous suffire, pour déterminer l'excentricité CT et la longitude AT ♈ de l'apogée A, que j'ai désignées respectivement par les lettres e, λ, dans la figure.

En effet : dans le triangle rectangle CTY, construit sur CT ou e, comme hypoténuse, le côté CY est $e \sin \lambda$, et le côté TY est $e \cos \lambda$; or ces côtés sont respectivement égaux aux perpendiculaires ♈ ε et ♋ φ, qui sont les sinus des arcs ♈ E, ♋ F, dont nous venons de déterminer les valeurs dans la circonférence excentrique. Donc, en prenant pour unité le rayon CA de cette circonférence, on aura ces deux égalités :

(1) $e \sin \lambda = \sin \frac{1}{2}\,m\,(\pi + \alpha),$ $e \cos \lambda = \sin\ m\,(\pi - a).$

de là on tirera e, ainsi que λ, quand π et α seront donnés par l'observation, ce qui est le problème d'Hipparque; ou inversement, si e et λ sont donnés on en tirera π et α, comme nous aurons à le faire pour les Hindous.

Quand on connait *a priori*, ou par déduction, π et α, les durées et les intervalles des quatre saisons peuvent s'exprimer symboliquement par les relations suivantes, qui sont de toute évidence :

		ARCS DÉCRITS	Intervalle de temps.
1° De l'équinoxe vernal au solstice d'été :	$90° + \text{♉} \, E + F \, \text{♋} = 90° + \frac{1}{2} m \, (\pi + \alpha) + \frac{1}{2} m \, (\pi - \alpha) =$	$90 + m \, \pi$	$\frac{1}{4} a + \pi$
2° Du solstice d'été à l'équinoxe d'automne : . .	$90° + G \, \text{♎} - F \, \text{♋} = 90° + \frac{1}{2} m \, (\pi + \alpha) - \frac{1}{2} m \, (\pi - \alpha) =$	$90° + m \, \alpha$	$a + \alpha$
3° De l'équinoxe d'automne au solstice d'hiver : . .	$90° - G \, \text{♎} - H \, \text{♑} = 90° - \frac{1}{2} m \, (\pi + \alpha) - \frac{1}{2} m \, (\pi - \alpha) =$	$90° - m \, \pi$	$\frac{1}{4} a - \pi$
4° Du solstice d'hiver à l'équinoxe vernal suivant.	$90° + H \, \text{♑} - \text{♉} \, E = 90° + \frac{1}{2} m \, (\pi - \alpha) - \frac{1}{2} m \, (\pi + \alpha) =$	$90° - m \, \alpha$	$\frac{1}{4} a - \alpha$
Somme.		$360°$	a

Venons maintenant aux applications. Pour les Hindous, on aura d'abord

$$a = 365^j \, 6^h \, 12^m \, 36^s{,}556 = 365^j{,} 2587565,$$

donc :

$$\log a = 2{,}5626006 ; \qquad \text{et } \log \frac{360}{a} \text{ ou } \log m = \bar{1} \, 99337019$$

$$\frac{1}{4} \alpha = 91^j \, 7^h \, 35^m \, 9^s{,} 159$$

Les autres données sont :

$$e = 0{,}03798886 ; \qquad \lambda = 77° 17' 15''$$

$$\log e = \bar{2}{,}5796565; \quad \log \sin \lambda = \bar{1}{,}9892215; \quad \log \cos \lambda = \bar{1}{,}5425392$$

avec ces éléments les équations (1) donnent :

$$\tfrac{1}{2} m (\pi + \alpha) = 2^\circ\, 7'\, 25'',43; \qquad \tfrac{1}{2} m (\pi - \alpha) = 0^\circ\, 28'\, 44'',35$$

De là, par addition et soustraction, on tire :

$$m\,\pi = 2^\circ\, 36'\, 9'',\, 78 = 2^\circ,602716; \qquad m\,\alpha = 1^\circ\, 38'\, 41'',08 = 1^\circ,644744$$

prenant les logarithmes des seconds membres, et en retranchant celu i de m, on trouve :

$$\pi = 2^j,640755 = 2^j\, 15^h\, 22^m\, 41^s,\, 132; \qquad \alpha = 1^j,668769 = 1^j\, 16^h\, 3^m\, 1^s,642.$$

Connaissant ainsi $m\,\pi$, π, $m\,\alpha$, α, et $\tfrac{1}{2}\,a$, on peut remplir les cadres des formules symboliques qui expriment les durées des quatre saisons, et l'on obtiendra les valeurs que je leur ai attribuées dans le texte, page 69.

NOTE 2

—

CALCUL DES INÉGALITÉS APPARENTES DU MOUVEMENT, DANS L'EXCENTRIQUE.

Je prends comme exemple le mouvement du soleil. Les mêmes raisonnements, et la même méthode, s'appliqueraient à tout autre astre que l'on supposerait se mouvoir uniformément dans un cercle excentrique, dont les éléments déterminatifs seraient connus.

Ceci convenu, je suppose que la figure 2, déjà indiquée dans le texte p. 71, représente l'excentrique décrit par le soleil dans le cours d'une année a. On connaît la longitude de l'apogée A; notons l'instant où le soleil y arrive. Puis supposons *qu'après* un certain nombre de jours $+ t$, compté de ce passage, il se soit transporté sur son orbite en S. Nous pouvons calculer l'angle ACS, qu'il a décrit autour du centre C.

Car son *moyen mouvement diurne* étant $\dfrac{360^\circ}{a}$ ou m, l'angle ACS décrit en t jours, sera $m\,t$. En attribuant au symbole a la valeur admise par les Hindous, nous avons trouvé, dans la note précédente,

$$\log m = \overline{1},9937019.$$

Dans notre langage astronomique actuel, l'angle ACS s'appelle *l'anomalie moyenne*, et l'angle ATS, qui répond au même point S, vu de la terre T, s'appelle *l'anomalie vraie*. Je le désignerai par le symbole v. Le problème de perspective que nous avons à résoudre consiste à déterminer v connaissant $m\,t$.

Or cela est très-facile; car l'angle $m\,t$ étant extérieur au triangle SCT, l'angle intérieur CST de ce triangle est $m\,t - v$. Donc, si l'on nomme e le rapport de l'excentricité CT au rayon CA ou CS que je prendrai pour unité, la proportionnalité des angles aux côtés opposés, qui a lieu dans tout triangle rectiligne, donnera immédiatement :

$$(1) \qquad \sin(m\,t - v) = e \sin v$$

et en changeant v en $v - m\,t + m\,t$ dans le second membre, on en tirera :

$$(2) \qquad \operatorname{tang}(m\,t - v) = \frac{e \sin m\,t}{1 + e \cos m\,t}$$

L'angle $m\,t - v$ s'appelle *l'équation du centre*. Si on le désigne par ε, les deux équations précédentes deviendront :

$$(1) \quad \sin \varepsilon = e \sin v; \qquad (2) \quad \operatorname{tang} \varepsilon = \frac{e \sin m\,t}{1 + e \cos m\,t}$$

et, quand ε sera connu par la seconde, on aura comme conséquence :

$$(3) \qquad v = m\,t - \varepsilon$$

Ce qui fera connaître *l'anomalie vraie v*, correspondante à chaque valeur donnée de *l'anomalie moyenne m t*.

Le second membre de l'équation (1) acquiert la plus grande de toutes ses valeurs quand l'anomalie vraie $v = 90°$. L'équation du centre ε, dont ce second membre représente toujours le sinus, est donc aussi alors dans son maximum de grandeur. Si on la désigne par E, on aura, pour cette phase spéciale :

$$\sin E = e.$$

Ce maximum se réalise dans les points Σ, Σ', où le rayon visuel $T\Sigma$, $T\Sigma'$, devient perpendiculaire au diamètre A P, qui va de l'apogée au périgée. L'expression de sin E, qui s'y rapporte, est rendue évidente par la figure même.

Si dans l'équation (2) on fait l'anomalie moyenne $m\,t = 90°$, et que

l'on nomme ε_q la valeur de l'équation du centre dans cette phase spéciale, il en résulte :

$$\tan \varepsilon_q = e;$$

ε_q est donc moindre que E, puisque le sinus de E est égal à la tangente
de ε_q.

Ce second cas se réalise quand le rayon CS, mené du centre C, devient perpendiculaire au diamètre AP; et la figure montre qu'en effet
alors la tangente trigonométrique de ε est égale à l'excentricité CT ou
e, le rayon CS étant 1.

Dans les tables indiennes, on a :

Pour le soleil, $\varepsilon_q = 2°.\ 10'.32''$ d'où l'on déduit $e = 0,0379S886$
Pour la lune, $\varepsilon_q = 5°.\ 2'.48''$ d'où l'on déduit $e = 0,0883092$

D'après les relations que nous venons d'établir, les plus grandes
équations du centre qui correspondent à ces valeurs de ε_q, sont :

Pour le soleil : E $= 2°10'.37'',65$;   pour la lune : E $= 5°.3'.58'',88$
d'après la relation (3) les anomalies moyennes qui correspondent à ces
plus grandes équations E sont :

$$m\,t = 90 + E$$

elles surpassent donc 90°.

Par une inadvertance singulière, tous les auteurs européens qui ont
écrit sur l'astronomie des Hindous, Davis, Colebrooke, Bailly, Delambre
même, ont pris les ε_q de leurs tables pour les plus grandes équations E;
trompés, sans doute parce que ces tables ne s'étendant qu'à un seul
quadrant, les ε_q qui les terminent sont en effet les plus grandes équations du centre qui s'y trouvent comprises. Mais c'est là une de leurs
imperfections. L'erreur résultant de cette confusion, quoique numériquement peu considérable, est théoriquement fort importante, comme
nous aurons tout à l'heure l'occasion de le voir.

Aujourd'hui que nous possédons des tables qui font connaître immédiatement les grandeurs des angles, d'après les valeurs numériques
de leurs tangentes exprimées en parties du rayon, l'équation (2) nous
permet de calculer directement l'angle ε qui correspond à chaque valeur donnée de l'anomalie moyenne $m\,t$. A défaut de pareilles tables
on peut procéder par un détour. Du point T menez Tπ perpendiculaire
à SC prolongé. Vous aurez évidemment :

$$\text{T}\pi = e \sin m\,t; \qquad \text{C}\pi = e \cos m\,t;$$

et par suite :

$$S\Pi = 1 + e \cos m\, t.$$

Le rapport $\dfrac{T\Pi}{C\Pi}$ reproduirait exactement l'expression de tang ε, que donne notre équation (2). Mais, pour éviter les tangentes, calculez l'hypoténuse ST du triangle rectangle STΠ, et le rapport $\dfrac{T\Pi}{TS}$ vous exprimera le sinus de l'angle ε. Ptolémée procède à peu près ainsi, en substituant des cordes aux sinus qu'il ne connait pas, ou qu'il semble ne pas connaître. A l'aide de ce détour, il construit une table où les valeurs de l'équation du centre se présentent toutes calculées pour des valeurs de l'anomalie moyenne, espacées de 6° en 6° dans le premier quadrant qui confine à l'apogée, et de 3° en 3° dans le second qui confine au périgée, les variations du mouvement apparent y étant plus rapides.

A l'époque où le *Sûrya-Siddhânta* fut composé, les Hindous possédaient tous les théorèmes de géométrie, de trigonométrie rectiligne, et d'arithmétique, dont ils avaient besoin pour suivre cette voie simple. Mais apparemment ils ne l'ont pas connue, et ils n'ont pas su la découvrir. Car, d'abord, ils sont partis de ce principe évidemment faux que des tables de l'équation du centre, calculées pour le quadrant qui confine à l'apogée, pouvaient s'adapter sans changement à celui qui confine au périgée, quoiqu'ils n'ignorassent pas que le mouvement apparent est plus rapide dans celui-ci que dans l'autre; et, pour ces deux, ils calculent les équations du centre par une règle empirique si bizarre, qu'après l'avoir traduite en formule, comme l'a fait Delambre, afin d'en voir le mécanisme, on ne peut véritablement concevoir comment ils sont allés se l'imaginer. Pourtant, l'idée d'une excentricité variable qui en fait la base, et la manière d'en faire usage, sont formellement prescrites dans le *Sûrya-Siddhânta*, qui va même jusqu'à en assigner les valeurs extrêmes, tant pour le soleil que pour la lune et les cinq planètes. Je n'entrerai pas dans plus de détail sur cette vaine hypothèse, qui est exposée fort au long dans l'*Histoire de l'Astronomie ancienne* de Delambre, t. I, p. 462 et suivantes. Je me bornerai à montrer la fausseté des résultats, en comparant les vraies valeurs de l'équation du centre du soleil et de la lune calculées par notre formule (2) pour la moitié orientale de l'orbite, avec celles que leur assignent les tables indiennes, les mêmes erreurs se reproduisant dans la moitié occidentale, où le signe seul des équations est changé.

| ANOMALIE moyenne DU SOLEIL comptée de l'apogée. | ÉQUATION DU CENTRE. | | ERREUR de LA TABLE indienne. |
	CALCUL exact.	TABLE indienne.	
0°	0°. 0'. 0"	0". 0'. 0"	0°. 0'. 0"
15	0 .52 .36	0 .34 .24	+ 0 . 1 . 48
30	1 . 3 .13	1 . 6 . 2	+ 0 . 2 . 49
45	1 .29 .55	1 .32 .58	+ 0 . 3 . 3
60	1 .51 .57	1 .53 .25	+ 0 . 1 . 28
75	2 . 4 .52	2 . 6 .12	+ 0 . 1 . 20
90	2 .10 .52	2 .10 .52	0
90 + 2°. 10'. 38"	2 .10 .38	2 .10 .26	— 0 . 0 . 12
90 + 15	2 . 7 .14	2 . 6 .12	— 0 . 1 . 2
90 + 30	1 .55 .15	1 .53 .25	— 0 . 1 . 50
90 + 45	1 .34 .52	1 .32 .58	— 0 . 1 . 54
90 + 60	1 . 7 .31	1 . 6 . 2	— 0 . 1 . 29
90 + 75	0 .35 . 6	0 .34 .24	— 0 . 0 . 42
180	0 . 0 . 0	0 . 0 . 0	0

| ANOMALIE moyenne DE LA LUNE comptée de l'apogée. | ÉQUATION DU CENTRE. | | ERREUR de LA TABLE indienne. |
	CALCUL exact.	TABLE indienne.	
0°	0°. 0'. 0"	0°. 0'. 0"	0°. 0'. 0"
15	1 .12 .23	1 .18 .53	+ 0 . 6 . 30
30	2 .20 .56	2 .32 . 2	+ 0 .11 . 6
45	3 .21 .49	3 .34 .39	+ 0 .12 . 50
60	4 .11 .21	4 .22 .29	+ 0 .11 . 8
75	4 .46 . 2	4 .52 .35	+ 0 . 6 . 33
90	5 . 2 .48	5 . 2 .48	0 . 0 . 0
90 + 5 . 3'. 59"	5 . 3 .59	5 . 1 .58	— 0 . 2 . 28
90 + 15	5 . 0 . 2	4 .52 .35	— 0 . 7 . 27
90 + 30	4 .34 .28	4 .22 .29	— 0 .11 . 59
90 + 45	3 .48 .37	3 .34 .39	— 0 .13 . 58
90 + 60	2 .44 .15	2 .32 . 2	— 0 .12 . 15
90 + 75	1 .25 .53	1 .18 .53	— 0 . 7 . 0
180	0 . 0 . 0	0 . 0 . 0	0 . 0 . 0

Ces tables font l'équation du centre nulle à l'apogée et au périgée, comme cela doit être, puisque en ces points, le rayon visuel mené à l'astre coïncide avec le rayon mené du centre. Elles s'accordent aussi avec les formules exactes dans les points intermédiaires où l'anomalie moyenne atteint 90°, parce que ces formules ont été calculées en attribuant aux excentricités les valeurs que nous avons tout à l'heure déduites des équations du centre ε_q , assignées dans les tables elles-mêmes pour ce degré de l'anomalie. Mais, hors de ce point de raccordement, que j'ai établi à dessein pour rendre la comparaison légitime, tous les nombres donnés par les tables indiennes sont, non pas occasionnellement mais systématiquement fautifs, étant trop forts dans les quadrants qui confinent à l'apogée, trop faibles dans ceux qui confinent au périgée, par suite de la communauté d'application qu'on leur attribue. Pour la lune surtout, ces erreurs sont intolérables, même dans des observations grossières. Le même empirisme étant prescrit dans le *Sûrya-Siddhânta*, pour les planètes, les tables qu'on a pu en déduire doivent être également défectueuses. En présence de tels résultats, il n'est pas croyable que l'auteur de ce livre ait connu l'ouvrage de Ptolémée. Car, s'il l'eût connu, il lui eût été facile de construire des tables exactes sur les données dont il disposait, comme j'ai fait moi-même dans les tableaux précédents.

Je ne puis me dispenser de mentionner ici une analogie philologique de laquelle on a tiré une induction contraire. Dans les traditions fabuleuses auxquelles les Hindous ont rattaché la composition du *Sûrya-Siddhânta*, il est dit que ce livre, fut divinement révélé à un sage appelé *Asura-Maya*. Or, dans une inscription trouvée à *Kapur-di-Giri*, le nom d'un des Ptolémées, successeurs d'Alexandre, est écrit *Tura-Maya*. De là on a pensé que le nom presque identique *Asura-Maya* pouvait bien désigner l'astronome grec. Mais la dissemblance complète des doctrines, dans le point le plus important de leur application, me paraît difficile à concilier avec cette conjecture.

SUITE DES ÉTUDES

RELATIVES A

L'ASTRONOMIE INDIENNE

II

Les pages que l'on vient de lire ont été écrites dans le courant de l'année 1859. A cette époque, il n'existait aucune traduction complète du *Sûrya-Siddhânta* en langage européen; mais cette œuvre d'érudition a été accomplie, l'année suivante, par la Société orientale d'Amérique, et je reproduis ici l'analyse que je m'empressai d'en insérer dans le *Journal des Savants* cette année-là même.

TRANSLATION OF THE SÛRYA-SYDDHÂNTA, etc. Traduction du Sûrya-Syddhânta, traité classique de l'astronomie indienne, avec des notes et un appendice, par le Rév. E. B. Burgess, ancien missionnaire baptiste dans l'Inde, avec l'assistance du comité de publication de la Société orientale d'Amérique. 1 vol. in-8° de 355 pages, avec des figures explicatives réparties dans le texte. Imprimé à New-Haven. Connecticut, 1860.

I

Dans le courant de l'année dernière, j'ai eu à rendre compte d'un traité pratique d'astronomie indienne, rédigé dans l'Inde d'après des documents sanscrits, par le révé-

rend M. Hoisington, pour l'instruction des élèves de la mission américaine établie à Ceylan. Quoique les matériaux
dont M. Hoisington a fait usage soient de date moderne, on
ne peut douter qu'ils ne soient, quant au fond des doctrines, scrupuleusement extraits des traités sanscrits plus
anciens, principalement du *Sûrya-Siddhânta*, dont aucun
auteur hindou n'oserait s'écarter, si ce n'est dans quelques détails de forme. En conséquence, j'ai profité de cette
occasion pour présenter à nos lecteurs une idée générale,
et je crois très-exacte, de la science astronomique des Hindous; non pas telle que Bailly et d'autres après lui l'ont
rêvée, mais telle qu'on la voit fixée dans l'ouvrage de
M. Hoisington, et telle qu'on la saisit dès son établissement
primitif, dans les extraits étendus du *Sûrya-Siddhânta* que
nous ont donnés Davis et Colebrooke, en les complétant,
au besoin, par d'importants passages du même traité, que
M. A. Regnier a bien voulu me traduire du sanscrit, sur le
manuscrit que notre Bibliothèque impériale possède. Aujourd'hui le texte entier du *Sûrya-Siddhânta* vient de paraître imprimé en sanscrit, dans la *Bibliotheca indica* de
Calcutta, par les soins d'un indianiste américain, M. Fitz
Edward Hall, avec l'assistance du pandit Bâpû-Deva Cas-
trin, professeur de mathématiques au *Government College*
de Bénarès; et voilà qu'aussitôt la Société orientale d'Amérique publie la traduction anglaise du même texte, d'après
un manuscrit identique à l'imprimé, traduction soigneusement révisée par un de ses indianistes les plus exercés,
le professeur Whitney, avec la précieuse adjonction d'un
commentaire scientifique perpétuel, composé par M. A. New-

ton, professeur de mathématiques au *Yale College* de New-Haven. Ce noble concours d'érudition, de science positive, et de dévouement infatigable à une tâche excessivement pénible, ne nous laisse rien à désirer pour la connaissance intime de ce livre mystérieux, où toute la science astronomique des Hindous se trouve concentrée. Et le service rendu ainsi aux lettres savantes par nos confrères d'Amérique, en même temps qu'il les honore, offre un exemple éclatant de la rapidité surprenante avec laquelle les études indiennes se sont répandues dans les deux mondes, depuis soixante-quinze ans à peine qu'elles ont commencé de s'introduire en Europe, sous la puissante impulsion des orientalistes anglais, qui, en 1784, fondèrent la Société asiatique de Calcutta.

Hélas! elles auraient pu naître et se développer en France bien des années avant cette époque s'il s'était rencontré alors dans nos académies des esprits assez clairvoyants pour en apprécier l'importance, et assez zélés pour mettre à profit les circonstances, maintenant oubliées, qui nous en auraient ouvert si aisément l'accès. Lorsque, en 1697, la paix de Riswick eut assuré définitivement à la France la possession de Pondichéry et des autres établissements secondaires qu'elle avait formés sur les côtes de l'Inde, Louis XIV voulut étendre à ces contrées le dessein, que lui avait inspiré Colbert, de porter dans l'extrême Orient la lumière du christianisme, en s'aidant du prestige des sciences de l'Europe pour la propager. La Société des jésuites, qui, peu d'années auparavant, en 1686, avait déjà fourni au roi des hommes d'un mérite distingué pour être

envoyés, dans cette même intention, à Siam et à la Chine,
fut encore chargée de pourvoir à la nouvelle mission. Connaissant bien la nature des obstacles qu'on aurait à vaincre, elle choisit, pour commencer cette œuvre, un petit
nombre de ses membres, jeunes, ardents, instruits dans
les mathématiques, la physique, l'astronomie, même la
médecine, plusieurs exercés aux observations célestes, et
tous doués de dispositions spéciales pour s'approprier les
idiomes étrangers. Arrivés sur les lieux, après quelques
mois employés à apprendre le tamoul, qui est le langage
usité dans la moitié méridionale de la péninsule indienne,
distinct du sanscrit dont il dérive, ils reconnurent que,
pour ne pas s'ôter absolument toute possibilité de communiquer avec les naturels, surtout avec les brahmes de
l'intérieur, il fallait cacher avec le plus grand soin qu'ils
fussent de race européenne; les Portugais, même missionnaires, ayant rendu le nom d'européen odieux et méprisable à la presque universalité de la société indienne, en
se mêlant indifféremment aux indigènes des castes les plus
viles, dont le contact seul imprime une souillure ineffaçable. Ils se résolurent donc à se couvrir du déguisement
qui avait si heureusement réussi, un siècle auparavant, au
célèbre missionnaire jésuite italien, le P. De Nobilibus.
Comme lui, ils se présentèrent sous les pauvres vêtements
de religieux hindous, se disant *Saniassi romabouri, Religieux romains*, et s'assujettissant à toutes les pénibles règles de vie pratiquées par les pénitents les plus austères.
A ce titre, leur désintéressement, leur charité s'étendant
sur toutes les souffrances, ne tardèrent pas à leur obtenir

le respect ainsi que le confiant accueil des populations. Ils
firent des prosélytes, et ils eurent même la joie de convertir au christianisme quelques-uns des brahmes avec lesquels ils avaient communiqué. Ces premiers succès firent
progressivement accroître le nombre de leurs collaborateurs; et, après un petit nombre d'années, au prix de bien
des peines et de persécutions courageusement suppor-
tées, ils étaient parvenus à établir dans beaucoup de provinces de la péninsule des chrétientés ferventes et nombreuses, plusieurs même avec l'assentiment et sur la
demande expresse de princes hindous, à qui la réputation
de vertu et de savoir des religieux de la nouvelle croyance
avait inspiré le désir de les attirer à leur cour. Là ils
avaient à disputer avec les brahmes sur la religion, la philosophie, les mathématiques, comme aussi sur l'astronomie, dont ils se vantaient de posséder depuis un temps immémorial les doctrines les plus sublimes, qui leur étaient
transmises par des livres divinement révélés, écrits dans
une langue intelligible pour eux seuls. Mais les missionnaires s'étaient préparés à ces luttes. Après qu'ils se furent répandus dans l'Inde, le savant abbé Bignon (Jean-
Paul), alors directeur de la Bibliothèque royale, avait
entrepris de s'aider de leur zèle, pour commencer à former dans cet établissement une collection de livres orientaux; et on les chargea d'acheter tous ceux des Hindous
qu'ils pourraient se procurer. Ils mirent à profit cette occasion de les étudier avec l'assistance des brahmes devenus
chrétiens, qui seuls leur en rendaient l'acquisition et l'intelligence possibles. Ils réussirent ainsi à apprendre la lan-

gue sanscrite, et à obtenir une connaissance complète des doctrines religieuses, philosophiques, astronomiques, qu'on leur opposait. Un seul exemple, pris parmi d'autres, suffira pour montrer à quel point ils s'en étaient rendus maîtres.

Il m'est fourni par une lettre du P. Pons au P. Duhalde, que celui-ci nous a heureusement conservée. Elle est datée de Karikal (dans le Maduré), le 23 novembre 1740. Les premières lignes annoncent l'intérêt qui va s'y attacher [1].

« Il n'est pas, dit le missionnaire, aussi aisé qu'on se le « figure en Europe, d'acquérir une connaissance certaine « de la science de ces peuples gentils au milieu desquels « nous vivons, et qui sont l'objet de notre zèle. Vous en « jugerez par cet essai que j'ai l'honneur de vous envoyer. « Il contient quelques particularités de la littérature in- « dienne, que vous ne trouverez peut-être pas ailleurs, et « qui, à ce que je pense, vous feront mieux connaître les « bracmanes anciens et modernes qu'on ne les a connus « jusqu'ici. » Le reste de la lettre est le développement de ce programme. Il serait inutile de la citer ici tout entière, puisqu'elle est imprimée dans le recueil des *Lettres édifiantes*, où chacun peut la lire; mais ce qui importe, c'est de connaître la valeur qu'elle avait à une époque si éloignée de nous. N'osant pas me fier à mon sentiment, j'ai consulté

---

[1] *Lettres édifiantes et curieuses, écrites des Missions étrangères :*
1re édit. t. XXVI, p. 219, 1743;
2e édit. t. XIV, p. 65, 1781;
3e édit. t. VIII, p. 37, 1814.

notre savant indianiste M. Ad. Regnier sur ce point curieux d'histoire littéraire, et voici ce qu'il m'écrit :

« Dès le commencement de mes études indiennes, Eu-
« gène Burnouf avait appelé mon attention sur cette lettre,
« et m'avait dit combien elle était, à ses yeux, intéressante,
« curieuse, remarquable à tous égards pour l'époque où
« elle avait été écrite. Le sentiment que m'a surtout laissé
« cette lecture est celui d'un vif regret. Si ces premiers
« pas, qui promettaient tant, s'étaient continués; s'ils
« avaient excité en Europe l'attention qu'ils méritaient ; si
« les jésuites avaient eu dans l'Inde une position semblable
« à celle qui leur avait été faite en Chine, quels fruits au-
« rait pu porter cette première initiation déjà si péné-
« trante, et en bien des points si nette, si sûre, si précise !
« Que de choses on eût pu faire et apprendre dans ces
« quarante ans qui se sont écoulés depuis le jour où cette
« lettre fut envoyée au père Duhalde jusqu'à celui où fut
« fondée la Société asiatique de Calcutta !

« Quand on a dégagé ces quelques pages, si bien rem-
« plies, des fautes de transcription et d'impression, de
« quelques erreurs qui sont l'effet d'une préoccupation
« bien naturelle (comme, par exemple, le triple *Çânti*, où
« il croit reconnaître notre triple *Sanctus*), on est frappé
« de tout ce que l'intelligent missionnaire avait retiré dès
« lors du commerce des lettrés du pays et de la pratique
« des livres; on est frappé de son excellente méthode, de
« la fermeté et de la sagacité d'esprit avec lesquelles il a
« comparé et pénétré ce qu'il a lu et entendu, et su dé-
« mêler bien souvent le fond essentiel des choses d'avec

« les subtilités, les superfluités puériles, qui, dans les
« communications de ses maîtres, devaient à tout moment
« couvrir ce fond et le cacher. Aux mots sanscrits qu'il
« cite çà et là, à la manière dont il les traduit et les ex-
« plique pour la plupart, on voit qu'il savait ou commen-
« çait tout au moins à bien savoir la langue. On sent qu'il
« est sur la bonne pente, qu'il n'a plus en quelque sorte
« qu'à s'y laisser glisser, pour faire, ou par lui-même, ou
« par ses disciples, s'il en avait pu former, de rapides pro-
« grès.

« Le père Pons touche dans sa lettre à la plupart des
« parties de la littérature indienne. On peut s'étonner qu'il
« ne mentionne pas les deux grandes épopées et les dra-
« mes (bien qu'il parle des *Nâtakas*, mais en prenant le
« mot dans un sens particulier). Ses notions sur les Védas
« ne sont exactes que quant à leur nombre et à leurs noms :
« le *Rig-Véda* (défiguré par la prononciation), le *Yajour-*
« *véda*, le *Sâmavéda* et l'*Atharvan* (dont l'imprimeur a fait,
« en supprimant l'apostrophe, *Latharvan*). Ce qu'il dit du
« contenu des livres saints ne s'appliquerait guère qu'au
« moins ancien des quatre, à l'*Atharvan*. Il ne faut pas
« s'étonner que, sur ce point, ses informations fussent va-
« gues, incomplètes, et même en quelques cas fausses. Les
« brahmanes cachaient si bien leurs saintes écritures, que
« Colebrooke nous dit, en tête de son mémoire sur les Vé-
« das, qu'on a longtemps douté, d'abord, que les brah-
« manes les possédassent réellement ; puis, dans tous les
« cas, qu'ils les communiquassent jamais à d'autres qu'à
« des Hindous *dvidjas* (deux fois nés, ou régénérés).

« Les deux parties les plus intéressantes de la lettre du
« révérend missionnaire sont celles où il traite : 1° de la
« langue et de la grammaire, 2° de la philosophie.

« Son jugement général sur la langue est d'une remar-
« quable exactitude, et exprimé en fort bons termes. Quant
« à la grammaire indienne, il l'a appréciée tout d'abord
« comme nous l'apprécions aujourd'hui, après l'étude ap-
« profondie qu'on en a faite. « Jamais, dit-il, l'analyse et
« la synthèse ne furent plus heureusement employées... Il
« est étonnant que l'esprit humain ait pu atteindre à la
« perfection de l'art qui éclate dans ces grammaires. » Il
« paraît comprendre que de toutes les sciences cultivées
« par les Indiens, la grammaire est peut-être celle où
« éclate le mieux la puissance à la fois et la subtile finesse
« de leur esprit. Il expose très-pertinemment la théorie des
« racines, suffixes et préfixes; le changement de figure du
« primitif, à l'approche des éléments secondaires, pre-
« mière notion du *guṇa* et du *vṛiddhi*, etc. Il connaît Pâṇini
« et nous dit même en avoir fait un abrégé, qu'il a envoyé
« en Europe en 1738. Qu'est-il devenu, ainsi que l'abrégé
« des règles de la versification et de la poésie qu'il avait
« composé et envoyé également? Il serait fort désirable
« que ces deux manuscrits se retrouvassent. A voir la net-
« teté d'esprit du père Pons, il y a tout lieu de croire que
« ces deux petits ouvrages devaient être de premiers es-
« sais déjà très-dignes d'attention.

« Il parle beaucoup plus longuement de la philosophie.
« Sans doute, dans ce qu'il en dit, il y a çà et là bien des
« choses à modifier, à rectifier. Mais que l'on compare son

« exposition aux mémoires sur le même sujet, lus par Co-
« lebrooke à la Société asiatique de Calcutta en 1823,
« 1824, 1826 et 1827, et l'on ne pourra s'empêcher de
« s'étonner que, près d'un siècle auparavant, les éléments
« essentiels de l'analyse et de l'appréciation des théories
« de métaphysique et de logique, eussent été si judicieu-
« sement réunis. Le père Pons énumère (avec quelque peu
« de désordre et de confusion, il est vrai) les noms des di-
« verses écoles; il nomme les principaux maîtres, tels que
« Gotama, Kapila, Çankara-Âcârya, etc. Il sait la théorie du
« syllogisme indien; il esquisse avec justesse le fond des
« différentes doctrines; traduit et définit exactement plu-
« sieurs des termes techniques les plus usités, tels qu'*anu-*
« *mâna, upamâna,* etc. Ce qui doit augmenter les regrets à
« la vue de cette ébauche si pleine de promesses, c'est qu'à
« la pénétration, à la conception rapide, à la netteté de
« l'esprit, le père Pons, comme le montre la fin de sa let-
« tre, joignait cette honnête modestie qui fait qu'on se dé-
« fie de soi-même, qu'on ne veut rien avancer qu'à coup
« sûr, qu'on ne donne pas ses conjectures pour des certi-
« tudes; qu'il avait enfin ces qualités prudentes qui assu-
« rent le progrès, et sans lesquelles, surtout dans une
« étude toute nouvelle, la facilité brillante devient témé-
« rité, et est souvent un danger plutôt qu'un secours.

« En résumé, cette lettre est non-seulement tout entière
« très-curieuse, mais encore on y trouve, en beaucoup de
« points, un fond d'idées solide, ou des aperçus très-pro-
« pres à mettre sur la bonne voie. Il ne faut pas s'étonner
« que, dans l'histoire des études indiennes, on ne tienne pas

« compte de cette aurore, qui n'a pas été suivie du jour
« qu'elle annonçait. Elle n'avait pas frappé les yeux. Mais,
« si cette première tentative n'a pas eu les heureuses con-
« séquences qu'on en pouvait attendre, cet accident du
« sort, résultat de l'insouciance des contemporains, ne
« doit pas dispenser de la signaler avec l'honneur qu'elle
« mérite. Nous, Français, qui sommes si jaloux de quel-
« ques-unes de nos gloires, il en est d'autres que nous né-
« gligeons avec une étrange indifférence. Outre les bien-
« faits religieux et moraux qu'elle a répandus, combien
« d'autres fruits admirables de civilisation et de science
« n'a pas produits la belle et sainte œuvre des Missions, si
« honorable pour les nations chrétiennes, et en particulier
« pour la France! Elle cherche, il est vrai, sa récompense
« ailleurs qu'en ce monde. Mais la gloire, même humaine,
« ne lui est pas moins due par surcroît. »

Voilà comment cette lettre du père Pons est appréciée
par un juge compétent, dont l'esprit délicat n'est pas moins
sensible à la beauté morale qu'au mérite littéraire. Je n'a-
jouterai qu'un trait à cette analyse. Chez les Hindous,
comme chez les Grecs au temps de Pythagore, l'astronomie
est un apanage de la philosophie. C'est une de leurs sciences dont les brahmes sont le plus jaloux. Un missionnaire,
qui voulait conférer et discuter avec eux, avait besoin de
se montrer bien instruit dans cette portion si importante de
leurs doctrines. Le père Pons s'y était également préparé,
et voici la preuve qu'il nous en donne :

« Les bracmanes, dit-il, ont cultivé presque toutes les
« parties des mathématiques; l'algèbre ne leur a pas été

« inconnue ; mais l'astronomie, dont la fin était l'astrolo-
« gie, fut toujours le principal objet de leurs études ma-
« thématiques, parce que la superstition des grands et du
« peuple la leur rend plus utile. Ils ont plusieurs méthodes
« d'astronomie. Un savant grec, qui, comme Pythagore,
« voyagea autrefois dans l'Inde, ayant appris les sciences
« des bracmanes, leur enseigna à son tour sa méthode d'as-
« tronomie ; et, afin que ses disciples en fissent un mys-
« tère aux autres, il leur laissa dans son ouvrage les noms
« grecs des planètes, des signes du zodiaque, et plusieurs
« termes comme *hora* (vingt-quatrième partie du jour),
« *kendra* (centre), etc. J'eus cette connaissance à Dely, et
« elle me servit pour faire sentir aux astronomes du raja
« *Jaësing*, qui sont en grand nombre dans le fameux ob-
« servatoire qu'il a fait bâtir dans cette capitale, qu'ancien-
« nement il leur était venu des maîtres d'Europe.

« Quand nous fûmes arrivés à Jaëpour, le prince, pour
« se bien convaincre de la vérité de ce que j'avais avancé,
« voulut savoir l'étymologie des mots grecs, que je lui don-
« nai. J'appris aussi des bracmanes de l'Hindoustan que le
« plus estimé de leurs auteurs avait mis le soleil au centre
« des mouvements de Mercure et de Vénus. Le raja Jaësing
« sera regardé, dans les siècles à venir, comme le restau-
« rateur de l'astronomie indienne. Les tables de M. de la
« Hire, sous le nom de ce prince, auront cours partout dans
« peu d'années. »

N'est-ce pas une chose curieuse que de voir déjà, en
1740, un missionnaire français connaissant assez le sanscrit, et les traités originaux d'astronomie écrits dans cette

langue mystérieuse, pour pouvoir, non-seulement discuter avec les brahmes les doctrines qui s'y trouvent consignées, mais leur montrer, dans les mots mêmes qui les expriment, des indices évidents d'emprunts faits à la science grecque, indices que de notre temps M. Weber a de nouveau signalés, sans savoir qu'un autre les eût aperçus et fait remarquer un siècle avant lui [1]? Seulement les concordances découvertes par l'habile philologue de Berlin font descendre ces communications jusqu'à *Paulus Alexandrinus*, conséquemment jusqu'au m[e] siècle de notre ère ; au lieu que, pour le missionnaire, c'était déjà une grande hardiesse de les faire remonter à Pythagore, en présence de personnages, régulateurs suprêmes de toutes les croyances philosophiques, morales et religieuses, qui prétendaient reculer les origines de leur science dans les profondeurs d'une inaccessible antiquité.

Le père Duhalde, à qui cette lettre fut adressée, était un compilateur laborieux. Il l'inséra dans la première édition des *Lettres édifiantes*, au tome XXVI, qui parut en 1743, sans y voir rien de plus que dans toute autre. Le monde lettré n'y fit aucune attention. Ceux qu'elle aurait particulièrement intéressés, Fourmont, l'abbé Bignon, touchaient à la fin de leur carrière ; et, dans l'état de malaise moral où se débattait la France, sous un gouvernement énervé,

---

[1] Lorsque j'ai inséré dans le *Journal des Savants* le premier article de mon second mémoire, je ne connaissais pas et n'ai pu signaler la note où M. Weber, dans ses *Leçons sur l'histoire de la littérature indienne* (p. 227 ; traduction française, p, 376), a cité le père Pons, et lui a attribué l'identification des termes *hora* et *kendra* avec deux mots grecs. Je répare ici cette omission involontaire.

on se passionnait pour toute autre chose que pour la philologie comparée. Mais plaçons-nous, en pensée, dans des
temps meilleurs. Supposons qu'il eût existé alors, dans les
sciences d'érudition, un homme d'un esprit élevé, étendu,
un Silvestre de Sacy, par exemple, et qu'on eût exposé à
ses yeux ce tableau, si peu attendu, des trésors littéraires
de l'Inde. Ému de l'espoir de les acquérir à la France, il
aurait pu, comme le nôtre, et à meilleur droit encore, sol-
liciter, obtenir, que l'on créât une chaire de sanscrit au
Collége royal, qu'on y appelât le père Pons; et alors toute
cette mine d'études orientales, si abondante et si féconde,
aurait commencé d'être exploitée dans notre patrie, quarante ans avant que la société de Calcutta eût essayé d'y
pénétrer, puisqu'elle ne se forma qu'en 1784!

Que l'on me pardonne ces regrets. Ils n'ôtent rien au
mérite de ceux qui nous ont retrouvé ces richesses littéraires, et nous en ont fait jouir, sans savoir que d'humbles
missionnaires les avaient déjà inutilement signalées à l'indifférence du siècle précédent, et sans que ces premières ten-
tatives d'exploitation leur aient été d'aucune avance pour
les mettre au jour. En tirant de l'oubli des services méconnus, nous apprenons à ne plus retomber dans la même
faute; et cette leçon de justice tardive ne doit que nous
disposer davantage à nous montrer reconnaissants des services nouveaux. C'est avec ce sentiment que je vais présenter à nos lecteurs l'importante publication qui nous
arrive aujourd'hui d'Amérique; et je mettrai tous mes efforts, comme toute mon espérance, à le leur faire partager.

II

J'ai été contraint de retarder la publication de ce deuxième article, parce que le savant et aimable pandit qui me seconde était en voyage. Le voilà revenu, et, avec son assistance, je reprends ma tâche commencée[1]. J'ai déjà fait connaître le sujet du travail entrepris par la commission américaine. Je vais maintenant l'analyser, et j'entre tout de suite en matière.

Dans une note placée en tête de l'ouvrage, le révérend M. Burgess, parlant en son nom propre, expose les motifs qui l'ont engagé à entreprendre une traduction complète du *Sûrya-Siddhânta*, et rend compte des facilités particulières qu'il a eues dans l'Inde pour l'effectuer. Je dois m'arrêter un moment à ce préambule, parce que les vues personnelles que le révérend missionnaire y présente, et les jugements qu'il y prononce, donneraient une idée peu favorable, et non méritée, de l'esprit général qui a dirigé la confection de l'œuvre commune, si l'on ne commençait par les en séparer. C'est ce que chacun pourra faire, quand on l'aura entendu raconter lui-même sous quel point de vue il l'a envisagée. Voici comme il s'exprime :

« Bientôt après que je fus entré dans le champ des mis-
« sions, au pays des Marattes, en l'année 1839, mon at-

---

[1] Toutes les fois que je cite une expression ou un passage du texte sanscrit, je le fais d'après la désignation ou la traduction littérale que M. Ad. Regnier m'en a donnée.

« tention se porta sur la préparation, en langue vulgaire,
« d'un traité d'astronomie à l'usage des écoles. Je fus ainsi
« conduit à étudier la science astronomique des Hindous,
« telle qu'on la voit exposée dans leurs livres classiques, et
« à examiner ce qui a été écrit sur cette matière par les
« savants européens. Je me trouvai d'une part fort inté-
« ressé par le sujet, et de l'autre assez embarrassé par le
« manque de secours préliminaires qui m'en ouvrissent
« suffisamment l'accès. Une exposition complète du sys-
« tème astronomique des Hindous n'a jamais été faite.
« L'*Astronomie indienne* de Bailly est le premier ouvrage
« où cette matière ait été traitée *in extenso*. Or, on a depuis
« longtemps reconnu qu'il est établi sur des données in-
« suffisantes; que l'antiquité, comme aussi la valeur de la
« science astronomique des Hindous, y sont considérable-
« ment exagérées, et qu'il est écrit avec le dessein arrêté
« de défendre une théorie insoutenable. Les articles insé-
« rés dans les *Asiatic Researches*, par Davis, Colebrooke,
« Bentley, qui ont été les premières, comme ils sont en-
« core les meilleures sources de notions exactes sur les ob-
« jets dont ils traitent, se rapportent seulement à des points
« particuliers de l'astronomie indienne qui offrent une im-
« portance spéciale. L'ouvrage de Bentley sur l'astronomie
« indienne a surtout pour but de rechercher l'âge des prin-
« cipaux traités astronomiques des Hindous, et les époques
« des diverses découvertes qu'ils renferment, toutes choses
« encore pour lesquelles il est un guide très-peu sûr. Le
« travail de Delambre sur le même sujet, dans son *Histoire*
« *de l'astronomie ancienne*, étant fondé uniquement sur

« l'ouvrage de Bailly, et sur les premiers essais consignés
« dans les *Asiatic Researches*, est naturellement borné
« dans les limites des autorités sur lesquelles il s'appuie.
« On a aussi publié dans l'Inde des ouvrages estimables,
« dans lesquels il est plus ou moins question d'astrono-
« mie. Tels sont, par exemple, le *Kala-Sankalita* de War-
« ren; le traité de Jervis sur les poids, les mesures et les
« monnaies de l'Inde; l'*Oriental Astronomer* de Hoïsing-
« ton, etc. Mais ces publications, pour la plupart, ne don-
« nent presque rien de plus que les procédés pratiques
« employés dans les diverses parties du système hindou;
« et, comme les autorités plus haut mentionnées, elles
« sont difficilement accessibles. En un mot, il n'existait
« rien qui fît connaître au monde la juste mesure de ce que
« les Hindous ont su et ignoré d'astronomie, la forme sous
« laquelle ils présentent leur système entier, le mélange
« qu'ils font d'anciennes idées avec des idées modernes; de
« l'astronomie avec l'astrologie; de l'observation et des
« déductions mathématiques, avec des théories arbitrai-
« res; comme aussi avec la mythologie, la cosmogonie, et
« des fantaisies de pure imagination. Rien ne m'a semblé
« devoir mieux combler ces vides que la traduction et
« l'explication détaillée d'un traité complet d'astronomie
« indienne, provenant de l'Inde même, et voilà l'œuvre que
« j'ai entrepris d'exécuter. »

Il y a une grande distance entre les premières et les dernières lignes de ce programme. Celles-là nous montrent un
humble missionnaire, animé du modeste désir de rédiger
un manuel élémentaire d'astronomie indienne, pour l'en-

seignement des jeunes Marattes confiés à ses soins. Dans
les dernières, le missionnaire est devenu un savant de profession, qui va révéler au monde lettré tout l'ensemble des
doctrines astronomiques de l'Inde, dont jusqu'alors, à l'entendre, on ne connaissait que des fragments. Cette longue
énumération des ouvrages et des travaux d'érudition antérieurement publiés, n'a pas été sans doute écrite par lui
dans l'isolement de sa mission, sous le sentiment des difficultés que leur insuffisance lui présentait. C'est vraisemblablement un préambule oratoire, rédigé après coup en
Amérique, dans le dessein de rehausser la valeur de l'œuvre
nouvelle. Mais la prétention de savoir, et le ton de critique
tranchante que le révérend auteur y déploie, tournent
contre lui, en montrant qu'il apprécie fort inexactement ce
dont il se fait juge, et qu'il comprend mal l'intérêt véritable, intérêt tout entier de philologie et d'érudition historique, non d'enseignement ou de science positive, qu'offre aujourd'hui la traduction complète du *Sûrya-Siddhânta*
en langage européen. Je lui abandonne volontiers les idées
systématiques de Bailly, mais non pas les tables indiennes
du soleil, de la lune et des planètes, accompagnées d'applications au calcul des éclipses, que contient son livre[1].
Car ces tables, que le père Duchamp avait envoyées de
l'Inde en 1750, et qui ont été tardivement retrouvées dans
les papiers de l'astronome Delisle, sont identiques, pour le
soleil et pour la lune, avec celles que Davis a publiées dans
le tome II des *Asiatic Researches*, comme les ayant traduites

---

[1] Bailly. *Traité d'astronomie indienne*, p. 317-421.

d'un ancien ouvrage sanscrit, le *Makaranda*[1]. Quant aux extraits du *Sûrya-Siddhânta*, et des autres traités d'astronomie hindoue que nous ont donnés Davis et Colebrooke, leur valeur scientifique est beaucoup plus grande que ne le croit M. Burgess. Car ils nous ont fait connaître les méthodes et les pratiques astronomiques des Hindous, tout autant que cela est nécessaire à des astronomes européens pour se former une idée très-complète de leur science, ce qui était la chose réellement importante à constater. Il critique à tort Delambre, qui, bien loin d'admettre le système de Bailly, s'est attaché à en faire ressortir l'invraisemblance, autant que la vogue littéraire, et la réputation d'érudition dont jouissait son auteur, permettaient à un simple astronome de laisser voir qu'il en doutait. Et l'on doit aussi à ce même Delambre la preuve la plus décisive du peu de valeur de la science indienne, lorsque, en exposant, d'après Davis, les règles empiriques dont les Hindous font usage pour représenter l'inégalité principale des mouvements du soleil et de la lune, il les concentre habilement dans une formule algébrique où l'on aperçoit, d'un coup d'œil, leur insuffisance et leur erreur. Voilà ce que M. Burgess paraît ignorer. Je lui demande grâce pour l'*Oriental Astronomer* de son confrère M. Hoisington. C'est un excellent manuel élémentaire d'astronomie indienne, tel que M. Burgess lui-même avait d'abord projeté d'en composer un pour l'instruction des jeunes Marattes; et l'ordre mé-

---

[1] Davis, *Asiatic Researches*, t. II, p. 255, 256, édition de Londres, 1799. L'identité de ces tables a été signalée pour la première fois dans le *Journal des Savants*, année 1859, p. 374. Voyez ci-dessus, p. 66.

thodique dans lequel les matières y sont rangées, le rend très-utile à consulter par nous autres Européens. Je regrette que l'intérêt de la vérité m'ait contraint de rectifier les appréciations peu équitables contenues dans ce préambule, au moins inutile; et, libre maintenant d'applaudir sans réserve à une œuvre qui mérite toute la reconnaissance du monde lettré, je n'ai plus qu'à y puiser, en pleine sécurité, pour donner à nos lecteurs une notion exacte de ce livre mystérieux, le *Sûrya-Siddhânta*, qui nous est présenté, pour la première fois, dans un idiome européen.

Le mot sanscrit *siddhânta*, qui sert de dénomination commune à tous les traités d'astronomie originaires de l'Inde, signifie, au propre, *doctrine certaine, vérité assurée*. Il les désigne ainsi par la qualité spéciale d'infaillibilité à laquelle ils prétendent. Ce titre se complète et s'individualise, quand on lui adjoint le nom du personnage divin qui a révélé le livre; ou le nom d'un ancien sage qui l'a rédigé; ou, avec moins d'autorité, et seulement pour les ouvrages de date moderne, le nom du simple mortel qui en est l'auteur avoué. Le *Sûrya-Siddhânta* appartient à la première classe. Il a été révélé par *Sûrya*, le Soleil, agissant en qualité d'être divin. Le texte nous apprendra tout à l'heure comment cette révélation a été faite. L'ouvrage entier est écrit en vers techniques, distribués par couples formant autant de strophes distinctes, appelées *çlokas*. Les notions astronomiques, et les opérations de géométrie ou de calcul, énoncées dans ces vers, sont présentées sous une forme purement dogmatique, sans préparation qui les annonce à l'intelligence, sans raisonnement qui les prouve,

sans aucune observation de fait qui les appuie ou les confirme. Les nombres sur lesquels on doit opérer, même les
plus complexes, ne sont jamais écrits en chiffres. Pour l'ordinaire, leurs éléments sont individuellement exprimés
par des mots de la langue sanscrite, pris dans des sens
convenus, hors de leur signification ordinaire, et accolés
consécutivement les uns aux autres, de manière à former
en somme un monstre grammatical, dont l'interprétation
n'est possible qu'aux seuls initiés, qui savent le démem-
brer, et comprendre les sens symboliques de ses diverses
parties, dans lesquelles encore un même nombre n'est pas
toujours représenté par un même mot [1]. Voilà le texte que
les savants américains ont traduit pour nous, strophe par
strophe, ayant à faire, sur chacune d'elles, un double travail. D'abord un travail de linguistique très-difficile : déterminer la signification précise de chaque mot, dans son
application symbolique actuelle; puis construire la phrase
résultante de leur assemblage et découvrir le sens précis
de la pensée qu'ils contiennent, sens fréquemment caché
sous l'enveloppe de formes elliptiques très-embarrassantes
à pénétrer. L'énigme philologique étant résolue, si la
strophe interprétée n'offre pas le simple énoncé d'un fait
ou d'une croyance; si elle exprime un précepte scientifique à mettre en action, une construction géométrique
à effectuer, un calcul numérique à faire, il faut habiller
ce précepte à l'européenne, le revêtir de démonstrations

---

[1] Cette manière conventionnelle d'écrire les nombres, qui ne les rend intelligibles que par une connaissance complète des notions mythologiques
propres à l'Inde, peut se voir appliquée aux mouvements de la lune, dans
une note de M. Ad. Regnier que j'ai donnée plus haut, p. 42 et 43.

mathématiques, l'accompagner au besoin de figures explicatives, et en réaliser matériellement l'application dans
des exemples appropriés. Le livre sanscrit étant ainsi in-
terprété, commenté, élucidé, mis en pratique, on peut le
lire, l'étudier, l'apprécier dans son ensemble et ses détails, tout comme si c'était un ouvrage d'astronomie rédigé en Europe. Tel est l'état dans lequel la commission
américaine nous le présente aujourd'hui. Tout le monde
comprendra ce qu'il a fallu employer de soins, de savoir
et de patience, pour exécuter dans son entier une œuvre
pareille. Mais, ce qui sera moins généralement compris,
et ce que je voudrais faire sentir, comme j'en suis pénétré
moi-même, à tous ceux qui jouiront de son travail, c'est
la somme de dévouement, d'abnégation, de résignation
philosophique, dont elle a eu besoin en l'accomplissant :
ne rencontrant partout qu'une fausse science, faite de pièces de rapport ajustées par un vain empirisme; pas une
observation, pas une date, pas un détail dont la science
réelle puisse profiter. Conçoit-on bien ce qu'un philologue
éminent et un mathématicien habile ont dû faire d'efforts
sur eux-mêmes pour pousser ainsi jusqu'au bout le sacri-
fice moral qu'ils avaient accepté, sans en retirer, ni en es-
pérer d'autre fruit, que de pouvoir assigner à ce livre
classique de l'astronomie indienne la véritable place qu'il
doit occuper dans l'histoire de l'esprit humain, et de l'offrir, dégagé de ses enveloppes fantastiques, au libre examen des curieux qui voudront se donner le facile plaisir
de le parcourir? C'est ce que je vais faire en compagnie de
nos lecteurs, non sans réclamer leur juste reconnaissance

pour les explorateurs habiles et infatigables qui l'ont mis tout entier sans voiles sous nos yeux.

Le *Sûrya-Siddhânta*, et les autres traités sanscrits qui en dérivent, ne s'adressent pas à l'intelligence. Ce sont des collections de règles numériques, de véritables codes, que le disciple devra apprendre par cœur, vers pour vers, et fixer imperturbablement dans sa mémoire, de manière à pouvoir en réciter tous les mots dans leur ordre, sans en passer un seul. Alors, en exécutant l'une après l'autre les opérations d'arithmétique prescrites dans chaque vers, il arrivera machinalement, sans aucun travail d'esprit, à déterminer, pour tout instant assigné, les positions apparentes de la lune, du soleil et des cinq planètes, à prédire les instants des éclipses de lune, de soleil, ainsi que leurs phases principales : toutes choses suffisantes pour fabriquer les almanachs populaires et donner des consultations astrologiques, ce qui constitue pour les brahmes un attribut de leur caste, et le but final de l'astronomie. Une telle pratique ne s'acquiert qu'après beaucoup d'années d'exercice dans les écoles, et le plus grand nombre des disciples ne va pas au delà. Du moins les choses étaient ainsi au milieu du xviiie siècle. Les brahmes qui communiquèrent leurs méthodes de calcul et leurs tables usuelles du soleil, de la lune et des planètes, soit au père Duchamp, soit à l'astronome français Legentil, pendant son séjour dans l'Inde, arrivaient ainsi à calculer des éclipses machinalement, par un pur artifice de mnémonique, en opérant avec beaucoup de sûreté et de rapidité, sans se rendre raison de rien. En est-il aujourd'hui autrement pour le commun des brahmes? Je l'ignore. Sans doute, ceux qui professent l'astronomie ou les mathématiques au *Government College* de Bénarès, doivent avoir l'intelligence personnelle de leurs anciens livres. Mais, comme les croyances religieuses et populaires sont les mêmes qu'autrefois, il est présumable que, là où ne s'exerce pas l'influence européenne, le mode de l'enseignement classique n'a pas changé; et le *Sûrya-Siddhânta* va nous offrir le livre le plus universellement vénéré qui lui a servi de base pendant des siècles.

Il débute par une invocation à Brahma; après quoi, les circonstances qui ont amené la révélation de l'ouvage sont exposées dans les termes suivants, que je reproduis aussi fidèlement qu'il m'est possible, d'après la traduction littérale que M. Ad. Regnier m'en a donnée.

« Vers la fin du *Krita-yuga* (l'âge d'or, le premier des
« quatre à partir de la création du monde[1]), un grand

---

[1] Ce même âge d'or est aussi appelé *Satya-yuga*. C'est ainsi qu'il est désigné dans l'*Oriental Astronomer* de M. Hoisington, et dans les Mémoires de Davis insérés aux *Asiatic Researches* de la société de Calcutta. Cette dénomination et celle de *Krita-yuga* sont synonymes. J'ai exposé plus haut en détail (voyez p. 30 et suivantes) cette conception des quatre âges du monde physique, dont l'ordre de succession et les durées respectives forment un élément fondamental de l'astronomie indienne. Je me borne donc ici à remettre sous les yeux du lecteur le tableau suivant, qui lui deviendra indispensable pour l'étude qui va nous occuper. Les quatre âges (*yuga*) y sont rangés dans l'ordre de leur antiquité relative; et leurs durées sont exprimées en années solaires sidérales, comme les emploie le *Sûrya-Siddhânta*.

1° *Satya-yuga* ou *Krita yuga* (l'âge d'or)........	1,728,000
2° *Tretâ-yuga* (l'âge d'argent).............	1,296,000
3° *Dvâpara-yuga* (l'âge d'airain)...........	864,000
4° *Kali-yuga* (l'âge de fer).............	432,000
Somme totale, *Mahâ-yuga* (grand *yuga*), ou *catur-yuga* (quadruple *yuga*)............	4,320,000

« *Asura* (un grand démon), nommé *Maya*, désira de con-
« naître, dans son entier, la science mystérieuse, suprême,
« pure, sublime, membre essentiel du Véda, (qui a pour
« objet) la cause du mouvement des corps lumineux.
« Pour se rendre *Vivasvat* (le dieu Soleil) favorable, il ac-
« complit une pénitence très-austère. Satisfait de cette pé-
« nitence, *Savitri* (autre nom divin du soleil), rendu pro-
« pice, accorda lui-même à *Maya*, sollicitant un don, (la
« connaissance) du système des planètes.

   « (Le divin Soleil parla ainsi :)

   « Ton désir m'est connu. Je suis satisfait de ta pénitence.
« Je te donnerai la science qui a rapport au temps : la
« grande pratique des planètes.

   « Nul ne peut soutenir mon éclat. Te détailler cette doc-
« trine, je n'en ai pas le loisir. Cette personne (ici pré-
« sente), qui est une partie de moi-même, te l'exposera
« tout entière.

   « Ayant ainsi parlé, le dieu disparut, après avoir donné
« ses instructions à l'individu, partie de lui-même.

   « Cet individu (littéralement ce mâle) adressa les pa-
« roles suivantes à *Maya*, qui se tenait courbé, ayant en
« avant les mains jointes (dans l'attitude d'un suppliant):

   « Écoute, en concentrant toute ta pensée, la science
« antique, sublime, que *Vivasvat* lui-même a dite aux
« grands *Richis* (aux grands sages) dans (le cours de) cha-
« que *yuga*.

   D'après la commission américaine, la dénomination de *Catur-yuga* est
seule employée dans le *Sûrya-Siddhânta*. Cela suppose que, dans cette manière de s'exprimer, il prend pour *yuga* simple, la période de 1,080,000
années, qui est le quart du *Mahâ-yuga*.

« Voici le texte primitif que *Bhâskara* (autre nom du so-
« leil) a anciennement promulgué. Seulement ici (dans ce
« que je vais te dire), il se trouve une séparation de temps
« (une différence d'époque?), causée par la révolution des
« *yugas* (des âges qui se sont succédé). »

L'époque assignée à cette scène mythologique, dans les
dernières années de l'âge d'or, est choisie à dessein pour
préparer une hypothèse mathématique de laquelle tous les
calculs des mouvements devront dériver. Mais, comme elle
n'est ouvertement déclarée, à titre de fait, que beaucoup
plus tard, au moment où son emploi matériel devient absolument indispensable, j'attendrai jusque-là pour découvrir à nos lecteurs le secret de cette concordance, s'ils
veulent bien avoir la patience d'écouter avec moi les révélations de *Sûrya*, autant qu'il le faut, pour s'en former une
juste idée.

Conformément à ce caractère de livre divin, le *Sûrya-
Siddhânta* ne s'attache pas, comme nos livres élémentaires, à conduire l'esprit de vérité en vérité, par une
chaîne continue de raisonnements, d'inductions et de
preuves, qui les lui fasse progressivement découvrir dans
l'ordre de leur dérivation naturelle. Il est divisé en sec-
tions, ou chapitres (*adhikâra*), embrassant chacun une
classe définie de problèmes, qu'il faut immédiatement résoudre, au moyen des données que le texte fournit et des
règles qu'il prescrit pour les mettre en œuvre. Ainsi le premier chapitre est intitulé : *Des (lieux) moyens;* le deuxième,
Des (lieux) visibles ou *apparents*, le mot *lieux* sous-en-
tendu. Ce sont là, en effet, les deux choses qu'il faut d'a-

bord connaître pour procéder aux applications. Le troisième chapitre, qui les ouvre, est intitulé : *Des trois questions*, lesquelles consistent à déterminer 1° la direction absolue de la ligne visuelle menée à un astre ; 2° la situation de cette ligne relativement aux points cardinaux de l'horizon, de l'équateur et de l'écliptique : 3° l'instant où elle obtient cette position. Les préparations précédentes étant faites, les chapitres IV et V expliquent la manière dont il faut s'en servir pour prévoir et calculer les éclipses ; le IVe, celles de lune ; le Ve, celles de soleil. Dans tout cela, les notions les plus distantes entre elles arrivent imprévues, sans définition précise, anticipant à chaque instant les unes sur les autres, contrairement à tout ordre logique. Comme exemple de ce monstrueux assemblage d'idées incohérentes, je donnerai ici une analyse succincte du chapitre Ier.

Il présente, comme autant de faits révélés, tous les éléments qui servent à la détermination pratique des lieux moyens. D'abord, çlokas 10 et 11, les subdivisions artificielles du temps et leur association pour composer le jour sidéral, dont la durée se trouve être ainsi, conventionnellement, non pas physiquement définie. Puis vient, çlokas 12 et 13, la composition en jours du mois solaire et du mois lunaire, tant sidéral que civil. Le premier limité par l'entrée successive du soleil dans les douze divisions égales, ou signes, du cercle écliptique, duquel la notion abstraite est ainsi prématurément introduite sans être définie ni annoncée, ces douze divisions étant caractérisées par les dénominations et les emblèmes grecs. La révolution entière du so-

leil à travers ces douze signes constitue l'année solaire
sidérale, dont le commencement et la fin sont marqués,
çloka 27, par l'arrivée de cet astre *à la fin de Révati*. Ainsi
le disciple est censé savoir que *Révati* est le nom d'une division stellaire, la dernière des vingt-huit qui composent
le cercle des *Nakshatras*, avant que le livre ait défini ces divisions et leurs limites, ce qui n'aura lieu que dans le chapitre VIII. Mais la durée en temps de cette année solaire
sidérale n'est physiquement définie que par une indication
détournée, au çloka 34, où il est dit que, dans le cours du
quadruple yuga (les quatre âges du monde), embrassant
4,320,000 années pareilles, les *bha*, c'est-à-dire les étoiles
en général, exécutent, en allant de l'est vers l'ouest,
1,582,237,828 révolutions complètes, chacune de 360°.
En effet, cet énoncé renferme implicitement la définition
voulue. Car le soleil, en vertu de son mouvement propre
vers l'est, accomplissant chaque année, vers l'ouest, une
révolution de moins que les étoiles, il s'ensuit, par différence, que, dans les 4,320,000 années, il en fait
1,577,917,828, ce qui donne, pour chaque année, un nom-
bre de jours solaires moyens, égal à $365^j, 15', 31'', 31''', 24^{iv}$,
en exprimant les fractions de jour par des subdivisions
sexagésimales, suivant la coutume des astronomes grecs,
que les Hindous ont seulement en partie adoptée[1]. Certes,

---

[1] Dans l'astronomie grecque, les subdivisions sexagésimales du jour désignées ici par les symboles $', '', '', ^{III}, ^{IV}, ^{V}$, etc. se déduisent uniformément et
indéfiniment les unes des autres par la condition que chacune d'elles est $\frac{1}{60}$
de la précédente. Les Hindous ont adopté la première qu'ils ont nommée
nâdî, et la deuxième qu'ils ont nommée *vinâdî*. Mais, au delà de cette
deuxième, le *Sûrya-Siddhânta* rompt la continuité de la dérivation, et il

pour la clarté de l'exposition, comme pour la rigueur logique, il aurait fallu énoncer d'abord cette donnée fondamentale, plutôt que de la présenter comme déduite d'immenses périodes de temps, qui sont en réalité numériquement fabriquées d'après elles, ainsi que je l'ai fait voir,
page 41, d'après ces mêmes nombres. Mais cette marche
à découvert aurait semblé trop naïve au génie hindou.

Les mouvements moyens de la lune et des planètes sont
également définis par le nombre des révolutions entières
que ces astres exécutent dans ces immenses périodes de
temps qui remontent à la création du monde. Plus loin,
aux çlokas 41 et 48, on énonce, sous la même forme, les
mouvements moyens des nœuds de leurs orbites, et des
points de ces orbites où les mouvements sont les plus
lents. Mais, à l'exception de la lune, dont les nœuds et l'a-

la limite à une dernière espèce d'unité appelée *prâna*, *respiration*, qui est $\frac{1}{6}$
du *vinâdi*, et par conséquent équivaut à $10'''$ de la division grecque, ou à 4
secondes sexagésimales d'heure. Peut-être l'auteur du livre a-t-il jugé qu'on
n'aurait jamais besoin, dans la pratique, de pousser la subdivision du temps
au delà de ce terme; mais il faut avoir bien peu le sentiment des analogies
mathématiques pour arrêter ainsi tout à coup celle-là dans le cours illimité
de son application. Cette interruption brusque est d'autant plus mal imaginée,
que, pour exprimer exactement la durée de l'année solaire, qui se conclut
des grandes périodes rapportées dans le texte, il faut pousser l'évaluation
plus loin que cette dernière unité le *prâna*. Car cette durée, exprimée en
jours et subdivisions sexagésimales de jours solaires, suivant la notation
grecque, a pour valeur

$$365^j, 15', 31'', 31''', 24^{iv},-$$

tandis qu'en y employant les *nâdis*, les *vinâdis*, et les *prânas*, il faudrait
l'écrire

$$365^j, 15^n, 31^v, 3^p. 124$$

les derniers chiffres, 124, indiquant des fractions décimales du *prâna*, désigné par la lettre *p*.

pogée se déplacent avec une rapidité qui ne peut échapper aux observations les moins attentives, tous les autres nombres sont de pure fantaisie, ayant dû être imaginés d'après la présomption que le phénomène de ces mouvements devait être général.

Pour conclure de ces données révolutives les longitudes moyennes absolues du soleil, de la lune et des planètes, à tout instant quelconque, il faut savoir quelles ont été les valeurs respectives de ces longitudes à un certain instant physique relativement connu. Le livre hindou nous en désigne un, bien loin dans le passé, où elles étaient toutes égales entre elles, ce qui rend leur dérivation ultérieure bien facile. Cela est arrivé, précisément à la fin *Krita-yuga* (l'âge d'or), 2,160,000 années avant le commencement de l'âge de fer, dans lequel nous sommes. A cette ancienne époque, tous ces astres se sont trouvés réunis dans une conjonction commune, au moment où l'on comptait minuit sous le méridien de la cité imaginaire *Lanká*, le soleil se trouvant alors au point zéro de l'écliptique, en coïncidence avec la petite étoile déterminatrice du *nakshara Révati*, ce qui répond à un renouvellement d'année solaire. Voilà sans doute pourquoi le grand démon *Maya* s'était préparé à présenter sa requête au dieu Soleil dans les dernières années de l'âge d'or, dont l'accomplissement allait fournir une origine nouvelle aux calculs astronomiques. Toutefois, si la faveur qu'il sollicitait ne lui avait pas été alors accordée, il aurait pu deux fois renouveler plus tard sa demande dans des circonstances non moins favorables. Car, d'après les durées des révolutions assignées dans le livre aux mouvements moyens, la même conjonction générale doit se reproduire après chaque intervalle de 1,080,000 années solaires; ce qui la ramène une première fois, puis une seconde : celle-ci, juste au commencement de l'âge fer, 3,101 ans avant l'ère chrétienne, comme on le reconnaît en identifiant aujourd'hui les dates courantes des calendriers hindous, avec celles du calendrier chrétien. Cette dernière époque, plus rapprochée de nous, peut donc être prise aussi légitimement que les précédentes pour point de départ de tous les calculs[1]. C'est ce qu'ont fait des astronomes hindous peu timorés. Mais un énoncé qui remontait à 2,160,000 années dans la nuit des temps était sans doute plus digne d'être révélé par *Sûrya*. Comme aussi l'indication d'un premier méridien passant par *Lankâ*, sur la ligne qui va du séjour des dieux au séjour des démons, convenait beaucoup mieux que si l'on eût dit, tout humainement, que ce méridien est celui d'Oujein.

J'ai eu l'occasion d'expliquer, dans la première de ces études[2], l'artifice de ces conjonctions fictives qui se concluent approximativement des positions et des mouvements actuels, par une computation rétrograde, afin de donner une origine commune aux calculs de dérivation que l'on veut effectuer pour des époques quelconques peu distantes de celle d'où on les a réellement déduites; les erreurs résultant de ces fictions étant alors d'autant moins sensibles qu'on reporte la conjonction imaginaire à des temps plus

---

[1] Voyez plus haut, p. 39 et suivantes.
[2] Voyez p. 53 et suivantes.

reculés. C'est ce que Bentley avait déjà parfaitement établi dans les *Asiatic Researches*[1], pour celle que le *Sûrya-Siddhânta* place à la fin de l'âge d'or, et je n'ai eu qu'à reproduire ses raisonnements. Mais, ce qu'il n'a pas su, c'est que, plusieurs siècles avant l'apparition du *Sûrya-Siddhânta* dans l'Inde, l'idée de prendre, pour origine des calculs astronomiques, une conjonction générale remontant à une très-haute antiquité, avait été conçue et mise à profit par les astronomes chinois, qui ont toujours continué depuis de l'employer dans leurs tables astronomiques, jusqu'en 1280 de notre ère, sous le nom de *chang-yuen, alta origo*, que plusieurs d'entre eux ont fait remonter à des millions d'années en arrière de leur temps. Si, comme on peut le croire, les traités d'astronomie qui s'imprimaient à la Chine n'étaient pas inconnus des brahmes de l'Inde, il serait très-naturel qu'ils se fussent approprié une idée qui allait si bien à leurs fables. Ils leur ont bien fait un autre emprunt que celui-là; mais ce sera un compte à régler plus tard. Pour le moment, je continue à suivre leur livre révélé.

Après avoir ainsi obtenu la longitude moyenne actuelle d'un astre sous le méridien imaginaire de *Lankâ*, il faut savoir ce qu'elle sera sous tout autre méridien au même instant physique. Le texte donne pour cela une règle qui est spéculativement exacte. Seulement, dans l'application, elle suppose : 1° que la terre est sphérique; 2° que sa circonférence contient 5,059 *yojanas* et $\frac{64}{100}$, le *yojana* étant

---

[1] Voyez plus haut, p. 101 et 144.

une mesure itinéraire dont la longueur n'est nulle part
pratiquement définie ; 3° que l'on connaît la latitude géographique du lieu pour lequel on veut opérer, et la distance de ce lieu au méridien de *Lankâ*, évaluée aussi en
yojanas sur le parallèle terrestre qui lui est propre ; ou, si
cette distance n'est pas connue, on la conclura des éclipses
totales de lune, d'après la différence qui se trouvera entre
les époques de l'immersion ou de l'émersion, calculées
pour le méridien de *Lankâ*, et celles que l'on aura observées. Mais comment assignera-t-on celles-ci, quand le texte
ne décrit nulle part un procédé physique par lequel on
puisse fixer et mesurer le temps ? Cette difficulté pratique, comme toutes celles du même genre qui touchent aux
observations réelles, passe absolument inaperçue.

Ayant ainsi exposé les opérations numériques par lesquelles on connaîtra les longitudes moyennes du soleil,
de la lune et des planètes, après un intervalle quelconque
d'années et de jours écoulé depuis la dernière conjonction
générale, le texte enseigne à trouver, pour cet instant final, quels seront ceux de ces astres qui régiront astrologiquement le jour et l'année courante. C'est l'application déguisée de la règle empirique imaginée, vers le commencement de l'ère chrétienne, par les astrologues alexandrins, pour le même objet[1].

Ici finit le chapitre 1er. L'extrait que je viens d'en donner
fait suffisamment connaître le caractère du livre sanscrit.
Il est tout entier composé sur ce modèle. Comme œuvre de

____

[1] Voyez plus haut, p. 101 et 144.

de science, c'est un assemblage incohérent de données astronomiques indifféremment vraies ou fausses, exactes ou
inexactes, combinées entre elles par des règles numériques
généralement peu précises, sans que l'art, ni même le besoin de l'observation, y entre pour rien. Quand on a la connaissance personnelle et pratique de l'astronomie véritable, le sentiment que fait éprouver cette lecture est celui
d'une longue et continuelle déception. Cela ne doit que
nous faire admirer davantage l'infatigable dévouement des
savants éditeurs, qui ont minutieusement étudié, discuté,
commenté chaque strophe du texte sanscrit; s'attachant
d'abord à en bien fixer le sens grammatical, puis justifiant
leur interprétation par des applications numériques effectuées d'après les règles qui s'y trouvent exprimées, et
enfin mettant les résultats ainsi obtenus en comparaison
avec ceux que fournissent les calculs modernes. Cet immense travail porte en soi des indices par lesquels on reconnaît que ses diverses parties ont été imprimées à mesure qu'on les rédigeait, sans attendre qu'il fût totalement
achevé. Or ceci, à mon avis, peut avoir eu occasionnellement deux bons effets. Le premier, c'est que chaque ligne
du texte se présente ainsi au lecteur européen, dans son
isolement naturel, sans que l'interprétation qu'on lui a
donnée ait été systématiquement influencée par les idées
postérieurement émises, lesquelles, dans un très-petit
nombre de cas seulement, ont paru nécessiter de légères
rectifications, que les traducteurs ont eux-mêmes indiquées
dans des notes supplémentaires. Le second avantage, qui,
pour moi du moins, aurait été très-réel, si je me fusse

trouvé à leur place, c'est que leur courage a pu être soutenu ainsi jusqu'au bout par l'espérance de découvrir à ce livre une valeur scientifique dont il me semble entièrement dépourvu. Mais, maintenant qu'ils ont accompli leur pénible travail, il serait à souhaiter qu'ils pussent en faire une édition séparée, où ils introduiraient les additions et les modifications de détail qu'ils ont eux-mêmes signalées et placées en *appendix*. Or, dans cette éventualité, que les amis des lettres indiennes appelleront sans doute de tous leurs vœux, j'oserais adresser aux savants éditeurs un petit nombre de demandes, que je serais heureux de leur voir accueillir.

. La première, ce serait que l'on rassemblât, à la fin de chaque chapitre, les notes et les commentaires relatifs aux diverses strophes qui le composent, et que l'on indiquerait par des chiffres de rappel. Cela ferait mieux saisir l'ensemble du texte, que l'on perd de vue à travers des interruptions trop fréquentes; et, après l'avoir étudié pas à pas, avec le secours des commentaires, on le relirait tout entier, sans difficulté, avec plus de profit. L'intercalation de ceux-ci dans le texte, quand ils se prolongent, rend cette étude d'ensemble extrêmement fatigante, parfois même à peu près impraticable. Je citerai, comme exemple, le chapitre viii, où la strophe 9 et la strophe 10, quoique se faisant suite l'une à l'autre comme complément d'une même doctrine, sont séparées par trente-six pages de commentaires, employées à donner des neuf premières une interprétation astronomique dont la justesse peut être contestée. Il aurait été, je crois, plus conforme à la saine critique de donner d'abord tout le texte, et l'explication systématique après.

Quand on se serait ainsi arrangé pour présenter successivement au lecteur le texte pur, puis l'explication raisonnée, du livre sanscrit, on pourrait laisser à chaque chapitre son titre original, quelque vague et détourné qu'il pût souvent paraître. Cela lui conserverait mieux sa physionomie propre, et l'on ne risquerait pas d'altérer quelquefois, involontairement, l'intention du texte, en le traduisant sous l'influence d'une idée préconçue. Par exemple, un des chapitres les plus importants de l'ouvrage au point de vue historique, le chapitre VIII, est intitulé : *De la jonction des planètes et des nakshatras.* Au lieu de cela, les traducteurs lui donnent pour titre : OF THE ASTERISMS, *Des constellations;* et ils rendent de même le mot *nakshatra* par *asterism, constellation,* dans tout le cours de l'ouvrage. C'est lui attribuer une signification beaucoup trop vague. Dans le langage astronomique à la fois et mythologique du *Sûrya-Siddhânta,* le mot *nakshatra* s'applique exclusivement à une certaine classe de groupes stellaires, au nombre de vingt-huit, ayant chacun sa dénomination particulière, lesquels partagent le contour du ciel en autant de divisions angulaires réparties autour du pôle de l'équateur actuel, et désignées individuellement par ces noms mêmes[1], divisions dont les limites sont fixées par les cercles de déclinaison d'une étoile de chaque groupe, appelée *yogatâra.* La description de ces caractères fait le sujet du chapitre VIII. Mais, en outre, mythologiquement considé-

---

[1] Chap. I, çloka 27.

rés, les *nakshatras*, ou les génies qui résident en eux, ont des vertus particulières. Par exemple, au chapitre i, çloka 25, ce sont les *Nakshatras* qui, repoussant les planètes en sens contraire du mouvement général du ciel, produisent leurs mouvements propres vers l'est; et dans l'*Atharvavéda*, XIX, vii, ces mêmes vingt-huit *Nakshatras*, à titre d'êtres divins, exercent individuellement une grande puissance sur les destinées humaines. Il aurait donc fallu, je crois, dans la traduction, leur conserver leur nom sanscrit, auquel se rattachent tant de traits distinctifs, et laisser au chapitre viii son titre véritable, qui en indique nettement l'objet spécial, au lieu de le remplacer par un autre qui ne l'indique pas.

On rencontre aussi dans le texte hindou le mot *bha*, que les traducteurs rendent également par *asterism*, le présentant ainsi comme synonyme de *nakshatra*, probablement sur la foi du commentaire sanscrit qu'ils ont eu dans les mains. Mais ici, comme dans l'interprétation des anciens livres chinois où il est occasionnellement question d'astronomie, le bon sens, éclairé par la connaissance pratique du sujet, doit être toujours écouté de préférence aux commentateurs, qui sont trop souvent de purs lettrés, auxquels les distinctions scientifiques échappent. En examinant divers passages du *Sûrya-Siddhânta* où le mot *bha* est employé, je trouve qu'il y sert à désigner, soit une étoile considérée isolément, soit les étoiles en général, et non pas les groupes particuliers qui constituent les *nakshatras*. Ainsi, au chapitre i, çloka 34, où l'on énonce le nombre des révolutions que les étoiles accomplissent dans le cours d'un *mahâ-yuga*, elles sont appelées *bha*, non pas *nakshatra*. Et la distinction est encore plus nettement marquée aux çlokas 25 et 26 de ce même chapitre. Car, dans le çloka 25, les forces qui repoussent les planètes vers l'est sont expressément attribuées aux *nakshatras*, et, dans le çloka 26, il est dit que cette impulsion produit le mouvement diurne des planètes parmi les étoiles, appelées *bha*. En traduisant *nakshatra* et *bha* par la dénomination commune *asterism*, on confond les deux idées. Le véritable équivalent du mot sanscrit *bha*, dans ces énoncés, serait, en français, *étoile fixe*, en anglais, *star*, plutôt que *asterism*, qui, dans la généralité d'application que les traducteurs américains lui ont donnée, semble entraîner la notion de groupement. De même, quand le texte sanscrit fait entrer dans les calculs cette période fabuleuse du *kalpa* hindou, qui remonte à la création du monde, et embrasse 1,000 fois 4,320,000 années solaires sidérales, il me semble qu'il aurait fallu lui conserver son nom, puisqu'elle n'a d'équivalent dans aucune langue. Car ce n'est pas en donner une idée exacte que de la traduire par le mot grec αἰών, qui n'a que le sens vague d'une longue durée, et qui, d'ailleurs, n'est pas plus anglais que *kalpa*. En général, tout ce qui peut conserver au livre hindou son caractère original, sans exiger un effort trop continu d'attention ou de mémoire, me paraît devoir être précieusement ménagé; et l'usage de quelques termes techniques, essentiels pour atteindre ce but, sera facilement accepté par ceux qui voudront l'approfondir.

Je mettrais à une trop forte épreuve la patience de nos

lecteurs si je m'étendais davantage sur les détails de cet immense travail. J'ai voulu seulement leur faire connaître, de mon mieux, en quoi il consiste, et leur donner une idée du livre mystérieux auquel il est consacré. Mais il me reste encore un devoir à remplir envers les savants éditeurs. C'est de rendre compte d'un appendice fort étendu, dans lequel ils ont exposé les considérations historiques et critiques auxquelles l'étude complète de cet ouvrage les a conduits, concernant les origines indiennes ou étrangères des doctrines astronomiques qu'on y trouve rassemblées. Ce sera là l'objet de mon troisième et dernier article.

III

L'appendice dont il me reste à rendre compte n'est pas la partie la moins importante du travail de la commission américaine. Des quatre-vingts pages qui le composent, les cinquante premières sont employées à faire une révision générale du texte et des commentaires, soit pour en rendre quelques passages plus sûrs ou plus précis, soit pour soumettre à un examen approfondi les détails qui offrent un intérêt particulier au point de vue de la critique historique, de la philologie ou de la science astronomique. Cette révision conduit à une appréciation raisonnée du livre hindou; après quoi viennent deux index, l'un sanscrit, l'autre anglais, par lesquels le lecteur est immédiatement ramené aux pages du texte où se trouve chaque détail qu'il veut faire revenir sous ses yeux. Rien ne manque donc pour pénétrer intimement toutes les parties de l'ouvrage.

Les premières pages de cet appendice contiennent un document fort curieux, qui a été communiqué à M. Burgess par le professeur indigène de mathématiques du *Sanscrit College* de Putna. C'est la liste, aussi complète que possible, des traités d'astronomie hindous qui portent la dénomination commune de *Siddhânta*, depuis ceux qui sont réputés les plus anciens, et dont, hormis le *Sûrya-Siddhânta*, on ne connaît guère que les titres, jusqu'aux plus modernes, qui ont été composés au onzième et au douzième siècle de notre ère, ou même plus tard encore. D'après ce que l'on peut savoir de ces ouvrages, ils sont tous fabriqués sur le même plan que le *Sûrya-Siddhânta*, dont ils ne diffèrent que par des modifications de détail dues au caprice des auteurs, ou à l'infiltration progressive, mais toujours soigneusement déguisée, des méthodes étrangères; n'étant comme lui que des recueils de préceptes dont l'application numérique doit s'effectuer de mémoire, sans aucun recours au raisonnement ou à l'observation du ciel. C'est là le trait caractéristique de l'astronomie proprement indienne, et il se conservait encore au onzième siècle de notre ère pour les emprunts qu'elle faisait aux étrangers. Le voyageur arabe Albirouni, qui séjourna pendant plusieurs années dans l'Inde à cette époque, vers 1031, raconte la surprise que lui causa cette sorte de pétrification de la science, si contraire à l'esprit investigateur des Arabes et des Grecs. Il s'était mis dans des rapports intimes avec les brahmes qui faisaient profession de posséder et d'enseigner l'astronomie, dans laquelle il était lui-même fort versé. Il avait, à leur intention, traduit en sanscrit plusieurs chapitres de l'*Almageste* de Ptolémée, et composé un *Traité de l'Astrolabe*, ce qui, par parenthèse, montre que le livre et l'instrument leur étaient nouveaux. Pour approprier ces écrits à leur usage, ils les mirent en vers techniques, auxquels lui-même n'entendait plus rien[1]. L'office de l'astronomie étant ainsi réduit à retenir par cœur des formules de mnémonique, et à exécuter aveuglément la série des opérations qu'elles prescrivent, la science raisonnée, perfectible, la seule véritable, doit bientôt se perdre comme inutile, et ne laisser pour résidu que la routine des mots. Cet effet était déjà très-marqué, chez la plupart des brahmes, au temps d'Albirouni. Il les trouvait peu instruits des choses du ciel, et il eut peine à tirer d'eux l'identification certaine des groupes d'étoiles qui composent les vingt-huit *nakshatras*, surtout de l'étoile principale ou déterminante de chaque groupe[2]. Effectivement, ils n'avaient aucun besoin de les connaître pour y rapporter les lieux actuels de la lune ou des planètes, puisque tout cela se faisait par un calcul convenu, sans les regarder. Huit siècles plus tard, Colebrooke eut encore plus de difficulté pour obtenir ce même genre d'indications des pandits de son temps; et c'est assurément

---

[1] Albirouni, *Chronique de l'Inde*, fol. 32 du manuscrit coté 984 dans le supplément au fonds arabe de la Bibliothèque impériale. Passage traduit par M. Reinaud, et inséré dans son Mémoire sur l'Inde, *Académie des inscriptions*, t. XVIII, 2ᵉ partie, p. 354, note.

[2] Extraits de la *Chronique d'Albirouni sur l'Inde* traduits par M. Munk, *Journal des Savants* de 1845, p. 59 et suiv.

une preuve merveilleuse de son discernement comme de la justesse de son esprit, que ses résultats soient généralement conformes à ceux d'Albirouni, qui lui étaient inconnus [1], pouvant même être acceptés comme plus précis et plus sûrs, quand ils en diffèrent dans quelques détails, ainsi que je le montrerai plus loin.

Après cette intéressante nomenclature des divers traités astronomiques, connus sous le nom de *Siddhântas*, les éditeurs reviennent en particulier sur celui qui a fait l'objet de leur travail, et ils soumettent à une révision minutieuse la traduction qu'ils ont donnée du texte, ainsi que les commentaires qu'ils y ont attachés. Sous ces deux rapports, ils ont poussé le scrupule à l'extrême; et, pour certains détails de nombres, au delà peut-être de ce que méritait la valeur scientifique de l'ouvrage. Mais qui pourrait leur reprocher un excès de soin? Parmi ces additions mathématiques, on en distingue deux, qui ont dû leur coûter beaucoup de temps et de peine, mais qui étaient essentielles pour compléter leur œuvre de patience. Elles contiennent le calcul de deux éclipses modernes effectuées d'après les données et les méthodes du *Sûrya-Siddhânta*. La première, de lune, arrivée le 6 février 1860, est calculée pour la longitude et la latitude de Washington; l'autre, de soleil, arrivée le 26 février 1854, est calculée pour la longitude et la latitude de *Williams College*, dans l'État de Massachusetts. Des applications analogues avaient déjà été faites par Davis et

---

[1] *Journal des Savants* de 1845, p. 47. Tableau comparatif des identifications données par Albirouni et par Colebrooke pour les étoiles déterminatrices des 28 nakshatras hindous.

par d'autres. Mais ici les commentateurs américains se sont
judicieusement astreints à suivre, pas à pas, la marche
prescrite par le *Sûrya-Siddhânta*, dans son originalité primitive, sans aucun mélange des modifications qui ont pu y
être introduites par les auteurs hindous des temps postérieurs. Les résultats ainsi obtenus pour l'une ou l'autre
éclipse s'écartent très-notablement de l'observation. Cela
n'a pas de quoi surprendre dans une application postérieure
de douze siècles à l'époque présumable où le *Sûrya-Siddhânta* fut composé, toutes lés erreurs possibles des éléments variables adoptés alors devant s'agrandir en proportion du temps pendant lequel on en prolonge l'usage.
C'est pourquoi l'épreuve, en conservant la même utilité,
aurait été plus équitable et plus instructive, si on l'avait
faite sur des éclipses moins récentes, par exemple, sur
celles que Ibn-Junis a observées au Caire vers l'an 1000,
en s'aidant, au besoin, de nos tables modernes, pour calculer ceux de leurs détails qu'il n'a pas mentionnés. Dans
un travail intitulé *Résumé de chronologie astronomique*[1],
j'ai eu l'occasion d'employer un assez grand nombre de ces
éclipses d'Ibn-Junis, dont j'ai transporté les dates courantes
dans le calendrier chrétien; de sorte que, cette identification se trouvant faite, on pourrait immédiatement les calculer par la méthode indienne, tout comme celles de 1854
et 1860, que les commissaires américains ont prises pour
exemple. Ils ont donné tant de preuves d'un zèle infatigable, que j'ose réclamer d'eux ce changement, quand ils
auront à faire une nouvelle édition de leur *Siddhânta*.

[1] *Mémoires de l'Académie des sciences,* t. XXII.

A la suite de ces calculs d'éclipses, vient une addition importante sur la nature et l'origine des *nakshatras*, questions déjà traitées avec beaucoup d'étendue dans les commentaires du chapitre VIII. Aux qualités qui distinguent ces deux écrits, où les ressources d'une érudition éminente et d'une science philologique profonde sont mises en œuvre pour rechercher sincèrement la vérité, avec une consciencieuse indépendance, je crois reconnaître la main de M. Whitney. Toutefois je dirai, avec la même liberté, que les tempéraments auxquels il arrive ne me semblent pas compatibles avec les conditions astronomiques du problème. Mais, comme l'institution des *nakshatras*, tels que le *Sûrya-Siddhânta* les décrit, est un hors-d'œuvre dans le système général de l'astronomie scientifique des Hindous, n'y intervenant que pour des applications à l'astrologie, et nullement dans les calculs proprement astronomiques, je puis très-bien, en réservant cette question pour une discussion ultérieure, mettre tout de suite sous les yeux de nos lecteurs un remarquable épilogue, dans lequel M. Whitney expose l'opinion définitive que l'étude approfondie du *Sûrya-Siddhânta*, jointe à la connaissance des monuments antérieurs de la littérature indienne, l'a conduit à se faire, touchant l'origine indigène ou étrangère de la science astronomique dans l'Inde. Je mets ces conclusions sous le nom de M. Whitney, en toute assurance, parce que son collaborateur, M. Burgess, les lui attribue nominalement, dans une note additionnelle, où il déclare qu'il les trouve beaucoup trop défavorables aux Hindous; en quoi il me semble aussi peu autorisé à exalter leur savoir qu'il l'était, au début de l'ouvrage, à déprécier les travaux des savants modernes qui les avaient étudiés avant lui. Mais nous entendrons ses raisons plus tard. Écoutons d'abord M. Whitney.

Pour réduire les éléments de la discussion à ce qu'ils ont de certain et de nécessaire, M. Whitney part de ce fait, que, suivant la croyance unanime des Hindous, le *Sûrya-Siddhânta* est un des plus anciens livres originaux qui offrent l'exposé de leur science astronomique actuelle. Il n'entreprend point de décider s'il n'a pas existé un texte primitif, aujourd'hui perdu, dont les divers manuscrits que nous possédons seraient des copies plus ou moins modifiées dans leurs détails, par des interpolations et des suppressions, intentionnellement dissimulées. Il constate seulement que, malgré leurs variantes, la doctrine exposée dans tous ces manuscrits est au fond identiquement la même; « qu'ainsi elle est émanée d'un centre unique ; qu'elle est « l'œuvre d'une époque et d'une école, sinon d'un seul « maître, dont l'autorité aurait été assez puissante pour « imposer le sceau de sa personnalité à la science de toute « une nation. L'ancienneté relative de ces divers manu- « scrits, conclut M. Whitney, est donc une particularité sans « importance, comparativement à la question de savoir en « quel temps, dans quel lieu, et sous quelle influence, est « né le système d'astronomie qu'ils s'accordent tous à re- « produire. » A cette triple question, voici sa réponse :

« Pour toute personne qui aura lu avec attention les « pages précédentes (le texte et les commentaires), notre « opinion, sur ces trois points, ne peut pas faire l'objet

« d'un doute, quoique nous ne l'ayons nulle part explici-
« tement exprimée. Nous considérons la science indienne
« comme un rejeton de la grecque ; rejeton qui a surgi vers
« le commencement de l'ère chrétienne, et qui est parvenu
« à son entier développement dans le ve et le vi^e siècle de
« cette ère. Nous allons succinctement exposer les fonde-
« ments de cette opinion.

« En abordant une question pareille, il convient de
« prendre en considération les probabilités qui s'y ratta-
« chent. D'après ce que nous connaissons, sous d'autres
« rapports, du caractère et des tendances de l'esprit des
« Hindous, nous ne pouvons évidemment pas nous attendre
« à les trouver, par eux-mêmes, en possession d'une science
« astronomique contenant une si grande somme de vérités.
« Depuis que nous les étudions, nous avons pu constater en
« eux un manque singulier d'inclination et d'aptitude pour
« observer des faits, les recueillir, en fixer la mémoire, les
« employer comme éléments d'induction pour rechercher
« et développer leurs conséquences. L'ancienne croyance
« sous l'influence de laquelle Bailly a composé ses étranges
« théories, la croyance à l'immense antiquité du peuple
« indien, à l'existence d'une civilisation extrêmement
« avancée dont il aurait été en possession depuis un temps
« immémorial ; la croyance que l'Inde a été le berceau pri-
« mitif des langues, de la mythologie, des arts, des scien-
« ces, des religions, tout cela a été depuis longtemps re-
« connu n'être qu'une erreur. Il est maintenant bien con-
« staté que la culture intellectuelle de l'Inde ne peut pas
« prétendre à remonter au delà de deux mille ans avant

« l'ère chrétienne ; et qu'en offrant des traits remarquables
« d'intelligence, comme aussi d'originalité, les Hindous se
« sont toujours montrés faibles en science positive ; la mé-
« taphysique et la grammaire, peut-être avec l'algèbre et
« l'arithmétique, celles-ci comme parties mécaniques de la
« science mathématique, ayant été les seules branches de
« connaissances dans lesquelles ils ont acquis une distinc-
« tion propre. Que l'astronomie vînt faire, en leur faveur,
« une exception à cette règle générale, il n'y a pas d'anté-
« cédents qui autorisent à le supposer. La rareté des cas
« où il est parlé des étoiles, dans l'ancienne littérature
« sanscrite, l'époque relativement tardive à laquelle les
« planètes commencent à s'y trouver mentionnées, prou-
« vent qu'il n'existait alors dans la nation aucune tendance
« qui la fît spécialement s'appliquer à étudier les mouve-
« ments des corps célestes. Tout montre avec évidence
« qu'après avoir emprunté de l'étranger une division systé-
« matique de l'écliptique[1], les Hindous ont borné leur

---

[1] Ici, d'après la page des commentaires à laquelle M. Whitney renvoie, on
voit qu'il fait allusion à l'institution des *nakshatras*. Mais le partage du contour du ciel en vingt-huit segments d'amplitudes inégales, qui est la forme
sous laquelle le *Sûrya-Siddhânta* la décrit, a été établi autour du pôle de l'é-
quateur, non de l'*écliptique* comme le croit M. Whitney. Cela se reconnaît
avec évidence, quand on se reporte à l'origine réellement astronomique de
cette institution, chez les Chinois, d'où les Hindous l'ont tirée, pour la dé-
tourner à un autre usage, auquel elle est impropre, de sorte qu'ils n'ont
pu l'y adapter qu'en la mutilant. Et cela se voit aussi chez eux-mêmes, par
la construction toute particulière que le *Sûrya-Siddhânta*, au chapitre VIII,
emploie pour définir les étoiles déterminatrices, *yogatâras*, de chacun des
vingt-huit *nakshatras;* les plaçant sur des grands cercles de la sphère céleste, menés à partir du pôle boréal de l'équateur, et non pas, comme l'universalité des autres astres, sur les cercles analogues menés à partir du pôle
de l'écliptique. De là résulte, pour ces *yogatâras*, un système spécial de coordonnées astronomiques, appelées par Colebrocke longitudes et latitudes *ap-*

« attention aux deux principaux luminaires, le soleil et la
« lune, se contentant d'établir une méthode qui maintint
« la suite des mois lunaires en concordance avec l'année
« solaire. Conséquemment, lorsque, plus tard, nous les
« trouvons en possession d'une astronomie qui comprend
« la totalité du système solaire, notre premier mouvement
« est de demander comment ils se la sont procurée. Une
« inspection plus détaillée nous porte peu à croire qu'elle
« soit d'origine indienne. Elle est indienne, il est vrai,
« quant à sa forme; offrant une foule de traits étranges et
« fantastiques, évidemment propres à l'Inde. Mais nous y
« découvrons aussi une somme considérable de véritable
« science, qui peut seulement avoir été obtenue par une
« longue et profonde étude des faits naturels. En résumé,
« le système total se présente comme composé de deux par-
« ties : l'une contenant des vérités si heureusement éta-
« blies, que les Grecs seuls, parmi les nations anciennes,
« peuvent montrer rien de comparable; l'autre, constituant
« la monture dans laquelle ces vérités sont enchâssées, celle-
« ci formée d'assomptions arbitraires et d'imaginations
« absurdes, qui se montrent en rapport intime avec les
« fictions de cosmogonie et de géographie, propres à la
« littérature philosophique et pouranique de l'Inde. En
« sorte que la question capitale qui se présente à nous est

parentes, et que les savants américains ont appelées longitudes et latitudes
polaires, sans apercevoir plus que lui le motif de ce choix exceptionnel; en
quoi il me semble tout à fait excusable, parce que le système chinois, d'où
l'Hindou dérive, lui était entièrement inconnu. Même, l'ignorance où il était
de cette origine devient aujourd'hui une circonstance dont nous devons nous
féliciter, par l'autorité qu'elle donne aux identifications qu'il a obtenues sur
le ciel, sans la connaître.

« de savoir si ces deux portions de l'œuvre peuvent avoir
« une même origine, et si les habitudes scientifiques d'es-
« prit qui ont dû conduire à découvrir l'une, sont compa-
« tibles avec le déréglement d'idées qui a permis d'y mêler
« l'autre. Comment un système pareil, qui a dû nécessai-
« rement avoir pour base des observations intelligentes,
« précises et prolongées des corps célestes, peut-il, s'il
« est réellement indigène, mettre dans un complet oubli
« le principe d'investigation qui lui a donné naissance?
« jusqu'à refuser et nier toute possibilité de perfectionne-
« ment ultérieur par les mêmes procédés, comme le fait
« le système hindou, dont les livres classiques ne rappor-
« tent aucune observation, et ne présentent rien qu'ils
« avouent être déduit de faits observés; dans lesquels
« l'astronome, pour source unique et suffisante de savoir,
« est renvoyé au livre même, sans que l'étude du ciel lui
« soit jamais prescrite ou conseillée pour autre chose que
« pour déterminer sa longitude, sa latitude et le temps
« local. De là nous avons tout droit de conclure que ce
« système, dans sa forme actuelle, doit provenir originaire-
« ment d'un autre peuple ou d'une génération différente
« de celle qui lui a donné cette forme; qu'il doit être l'œu-
« vre d'une race qui n'avait jamais eu, ou qui avait oublié
« les habitudes d'observation et d'induction propres à
« celles qui l'avaient inventé. Mais, supposer que, dans
« l'Inde, une génération antérieure aurait accompli les
« travaux dont les fruits auraient été recueillis plus tard
« par celle qui a fabriqué ce système astronomique, c'est
« une hypothèse rendue inadmissible par l'absence de toute

« investigation astronomique profonde, dans l'ancienne
« littérature indienne. L'autre alternative, la dérivation
« d'une source étrangère, reste donc, sinon la seule pos-
« sible, du moins la seule vraisemblable ; et ceci nous con-
« duit à examiner les indices d'une origine grecque, qui
« s'y présentent avec une entière évidence. »

Ici M. Whitney rappelle les traits qui sont communs
aux deux systèmes : la notion abstraite et géométrique du
cercle écliptique ; sa division en 360 parties égales ; sa subdivision en 12 contenant chacune 30 des premières, ces 12
individuellement désignées par des noms et des emblèmes
équivalents à ceux des dodécatémories grecques ; puis, un
certain nombre de mots techniques, inhérents au fond de
la science, ὥρα, κέντρον, λέπτον, etc., transportés directement
du grec au sanscrit, où ils n'ont pas de racine, et devenus
horâ, *kendra*, *liptâ*, tous indices décelant avec évidence une
origine commune. Alors M. Whitney se demande si la transmission de cette science a eu lieu des Hindous aux Grecs ou
des Grecs aux Hindous ; et il résout péremptoirement la
question dans ce dernier sens, en s'appuyant sur cette raison décisive : que, chez les Grecs, on la voit naître, se
perfectionner, s'étendre par des efforts continus, depuis
ses premiers pas jusqu'à son entier développement ; tandis
que les Hindous vous la présentent toute faite, et divinement révélée ; sans rapporter aucun fait, aucune observation, aucune induction, qui les ait conduits à la découvrir,
ou à perfectionner, par leurs efforts personnels, les éléments qui la constituent. Cet argument paraîtra surtout ir-
résistible aux personnes versées dans la pratique de l'astro-

nomie, qui pourront seules en sentir toute la force. Pour les autres, si elles n'y voient qu'une probabilité, c'est que, dans les matières scientifiques, les traits distinctifs de la vérité ne sont complétement saisissables qu'à ceux qui ont une connaissance intime du sujet.

L'absence totale, chez les Hindous, des perfectionnements introduits par Ptolémée dans l'astronomie grecque, semble à M. Whitney prouver manifestement que le fonds principal de leur science leur a été transmis antérieurement à l'époque de ce grand astronome. Cette preuve négative n'est peut-être pas à l'abri de toute objection. Sans doute, les règles hypothétiques et inexactes que le *Sûrya-Siddhânta* prescrit, pour calculer l'inégalité principale du soleil, de la lune et des planètes, n'ont pas été empruntées à Ptolémée. Mais ne pourraient-elles pas avoir été prises dans les écrits des astrologues de ce temps, qui s'appropriaient la science grecque en la défigurant par les conceptions les plus bizarres? Ils étaient si nombreux, et en si grand crédit, que Ptolémée a composé pour leur usage un abrégé de sa syntaxe mathématique, intitulé *Tables manuelles*. Théon d'Alexandrie, son commentateur, nous apprend qu'ils avaient imaginé d'attribuer aux points équinoxiaux un mouvement de libration périodique autour d'une certaine position moyenne, laquelle, d'après les indications que Théon en rapporte, se trouve répondre à une très-petite étoile de la constellation des Poissons, qui est désignée par la lettre μ dans nos catalogues modernes; et plusieurs astronomes arabes du moyen âge ont reproduit cette hypothèse comme de leur invention, en y attachant seulement

206 ÉTUDES

d'autres éléments numériques[1]. Or on la voit admise et
présentée, à titre de fait, avec des modifications de ce genre,
au ch. III, çl. 11, 12 du *Sûrya-Siddhânta*, où l'oscillation
est censée s'opérer autour du point de l'écliptique marqué
par la petite étoile ζ de la même constellation des Poissons,
ce qui offre un bien singulier accord entre des conceptions
de pure fantaisie, s'il faut les croire séparément imaginées.
Autre rencontre : Le mot λέπτον, devenu en sanscrit *liptâ*,
liptikâ, qui est presque exclusivement employé, dans le
Sûrya-Siddhânta, pour désigner des minutes sexagésimales
d'arc[2], ne paraît, avec cette acception, que dans des ouvrages grecs d'une basse époque ; particulièrement dans le
traité *des Nativités*, qu'un certain astrologue alexandrin,
nommé ΠΑΥΛΟΣ (Paulus Alexandrinus), a écrit vers l'an
278 de l'ère chrétienne, et duquel ont été dérivés beaucoup

---

[1] Voyez la discussion de cette doctrine, dans la première de ces études,
p. 85 et suiv.

[2] Le mot sanscrit qui signifie, au propre, une minute sexagésimale d'arc
est *kalâ*. Il est employé avec cette acception spéciale dans le *Sûrya-Siddhânta*
au ch. I, 28, où son application géométrique est expressément définie. Il
l'est encore ainsi au ch. II, 49. Mais, en examinant avec M. Ad. Regnier, les
passages du texte où il est question de minutes d'arc, il ne l'a retrouvé que
dans ces deux-là, ce qui prouve au moins qu'il en a été fait bien rarement
usage. Dans la généralité des autres cas, les mots *liptâ*, *liptikâ*, sont employés comme équivalents de *kalâ;* et M. Regnier m'a désigné comme
exemples les passages suivants :

Liptâ, I, 68; II, 34, 39, 46, 64, 65, 66; III, 15; IV, 5, 8, 14, 15, 19, 23; VI,
15; VII, 3, 5, 6.

Liptikâ, I, 70; III, 15, 16; IV, 3, 18, 22; VII, 7, 10, 14.

J'ai cherché à découvrir si les passages où l'un des trois mots *kalâ. liptâ.
liptikâ* est employé pour désigner des minutes d'arc, offraient quelque particularité géométrique par laquelle on pût se rendre compte de la préférence
qu'on lui a donnée. Mais je n'ai pu en apercevoir aucune; et, d'après cela,
M. Regnier est persuadé que l'unique motif du choix a été l'appropriation
du mot à la mesure du vers technique où on le voit employé.

de mots sanscrits, spécialement relatifs aux spéculations astrologiques, comme M. Weber l'a le premier remarqué. La règle astrologique imaginée par les Alexandrins, vers le commencement de l'ère chrétienne, pour établir l'ordre dans lequel les planètes se succèdent comme régents des jours, des mois et des années, est admise en principe dans le ch. I du *Sûrya-Siddhânta*, et elle continue d'être appliquée dans tout le reste du livre. Les calculs que son emploi exige sont exposés fort en détail dans le traité *des Nativités* de Paulus. Tout cela semble montrer que le *Sûrya-Siddhânta* a été rédigé avec la connaissance des ouvrages astrologiques, qui étaient en vogue chez les Alexandrins vers le temps de Ptolémée. Or il serait fort possible que les spéculations et les méthodes de calcul qui s'y trouvent exposées eussent paru suffisantes à l'auteur hindou pour composer son livre, auquel cas il serait tout naturel qu'il n'ait rien emprunté à Ptolémée. Je suis loin de présenter cette possibilité comme ayant le caractère de la certitude; mais elle me paraît suffire pour que l'absence des théories de Ptolémée, dans le *Sûrya-Siddhanta*, n'offre pas la preuve certaine que le fonds de la science astronomique des Hindous leur est venu des Grecs, antérieurement à l'époque de cet astronome, comme le veut M. Whitney.

Au reste, cette seule idée de transmission qui se serait opérée des Grecs aux Hindous, à une époque quelconque, est un sujet de scandale pour le révérend M. Burgess, et il la repousse expressément dans une note de plusieurs pages placée à la fin de l'ouvrage. *D'après les lumières qu'il dit avoir maintenant acquises sur cette question,* les Hindous ont découvert par eux-mêmes le plus grand nombre des faits et des principes dont se composent leurs systèmes astronomiques. Ils se montrent, à ses yeux, également originaux en ce qui concerne la pratique de l'astronomie. Cette science a été empruntée par les Grecs, soit directement à eux, soit à une source intermédiaire provenue originairement de l'Inde. La transmission s'est ainsi opérée des Hindous aux Grecs, non pas des Grecs aux Hindous ; et, dans cette branche des connaissances humaines, ceux-ci ont été maîtres, les autres disciples. Telle est l'opinion décidée de M. Burgess. Comme toutes les personnes qui entreprennent de traiter des questions scientifiques sans y être pratiquement initiées, il ne fonde pas sa décision sur des arguments tirés du fond même de la matière. Ce genre de considérations n'est pas à son usage, et il ne tient aucun compte de celles qui le contredisent. Il ne les mentionne même pas. Mais il allègue des traditions douteuses, qu'il interprète inexactement ; de vagues ressemblances, qu'il prend pour des traits distinctifs ; enfin tout cet arsenal d'assertions sans preuves et de conjectures arbitraires, qui fournit des armes si commodes, mais si vaines, pour discuter les questions d'astronomie ancienne, quand on n'a pas les connaissances positives qui sont indispensables pour les aborder par leur côté réel. Si les collaborateurs de M. Burgess publiaient une nouvelle édition de leur travail, ils pourraient utilement, à mon avis, supprimer ce lieu commun, ainsi que le préambule du même auteur.

L'ouvrage est terminé par deux index, l'un sanscrit, l'autre anglais, indiquant les pages du texte et des commentaires où chaque mot est employé avec une signification spéciale. J'oserais demander aux savants éditeurs de donner au premier un peu plus d'étendue et de précision dans les détails techniques, en faveur des mathématiciens et des astronomes, qui, sans avoir une connaissance personnelle du sanscrit, voudraient rechercher, dans la traduction, les circonstances auxquelles s'appliquent les termes techniques de cette langue qui sont considérés comme synonymes les uns des autres. Par exemple, le mot propre qui désigne en sanscrit une minute sexagésimale d'arc est *kalâ*, auquel le *Sûrya-Siddhânta* substitue habituellement les mots *liptâ*, *liptikâ*, dérivés du grec. Si vous cherchez *kalâ* dans l'index sanscrit, il vous indique les deux passages I, 10, note, et 28, dans le premier desquels ce mot n'est pas employé ; et il l'est, en outre, au chap. II, 49, où l'index ne l'indique pas. De même, pour *liptâ* et *liptikâ*, l'index vous renvoie à I, 28, note, où il ne se trouve pas dans le texte, tandis qu'il se trouve dans une foule d'autres passages que l'index n'indique point. Cela rend impossible de rechercher des spécialités d'application qui offriraient une étude très-intéressante ; et les éditeurs accroîtront beaucoup l'utilité de l'index sanscrit, en facilitant cette étude.

Je voudrais pouvoir terminer ici l'examen scientifique de leur œuvre. Mais je me trouve, à mon grand déplaisir, en dissentiment complet avec eux sur une question des plus controversées, et demeurée des plus obscures, celle de savoir précisément en quoi consistent les vingt-huit *nakshatras* décrits au ch. VIII du *Sûrya-Siddhânta*, à quel usage ils peuvent astronomiquement servir, et s'ils sont

originairement propres ou étrangers à l'Inde. J'ai été conduit, il y a déjà vingt ans, à reconnaître et à montrer par
des indices palpables, que cette singulière institution, qui
entre comme un hors-d'œuvre dans le système général de
l'astronomie indienne, a sa racine et sa raison d'être dans
les procédés pratiques de l'ancienne astronomie chinoise,
d'où les Hindous l'ont tirée en la dénaturant, pour l'employer
à des spéculations astrologiques. Toutes les études que j'ai
pu faire depuis, sur ce sujet, se sont accordées à me rendre cette conclusion plus manifeste ; et, l'année dernière
encore, M. Stanislas Julien m'a donné connaissance d'un
document sanscrit-chinois, fort ancien, qui en offre la confirmation la plus frappante, contenant un tableau bilingue,
où les vingt-huit *sieou* chinois et les vingt-huit *nakshatras*
hindous sont énumérés consécutivement avec leurs noms
propres, et mis en regard les uns des autres, précisément
dans l'ordre de correspondance que je leur avais attribué,
De sorte que les résultats auxquels j'étais arrivé en 1840
se trouvent ainsi avoir été reconnus et admis, depuis des
siècles, à la Chine, à titre d'opinion courante. Mais rien de
tout cela n'a touché ceux des indianistes de notre temps
qui s'étaient formé, par avance, des systèmes généraux sur
la nature et l'origine des *nakshatras* hindous. Érudits fort
savants, et philologues subtils, le manque de connaissances
positives les a égarés. Étant étrangers aux pratiques de
l'astronomie observatrice, ne sachant pas discerner par
eux-mêmes ce qui était matériellement possible ou impossible aux observateurs anciens, ils leur ont gratuitement attribué des idées qu'ils n'ont pas eues, et qui ne pouvaient

pas même leur venir à l'esprit, parce que, pour eux, l'utilité en aurait été absolument nulle, et la réalisation impraticable. Ils n'ont pas vu que la formation et l'application
astronomique, à une époque très-ancienne, des vingt-huit
nakshatras d'amplitudes inégales que le *Sûrya-Siddhânta*
décrit, supposent implicitement un mode d'observation par
différences d'ascension droite, fondé sur la mesure mécanique des intervalles de temps, dont on ne trouve aucune
trace dans les nations de l'antiquité, qui avaient été l'objet
exclusif de leurs études. Puis, quand on est venu leur dire
que ces conditions d'origine se trouvaient pratiquement
réalisées, tout proche de l'Inde, dans l'ancienne astronomie
chinoise, qu'ils ne connaissaient pas, ils ont repoussé cette
idée comme une sorte d'injure à la science occulte qu'ils
avaient rêvée. Je ne reproduirai pas ici les preuves de fait
sur lesquelles je l'ai établie. Il serait inutile de les présenter de nouveau sous la même forme. Mais, m'adressant directement aux indianistes qui les ont rejetées sans discussion, parce qu'elles étaient incompatibles avec leurs
systèmes, je vais tâcher de leur montrer clairement en quoi
consistent les illusions qu'ils se sont faites sur le sujet
même de notre débat, illusions qui n'ont pu les conduire
qu'à embrasser des fantômes. Ce sera l'objet d'un article
spécial, après lequel j'espère n'avoir plus jamais à revenir
sur ce sujet.

P. S. Pour qu'on ne vienne pas m'appliquer cette leçon
de l'Arioste :

Frate, tu vai
L'altrui mostrando, e non vedi il tuo fatto,

je répéterai encore ici que tous les passages du *Sùrya-Siddhânta* dont j'ai eu besoin de connaître le sens précis, m'ont été interprétés, sous la forme la plus scrupuleusement littérale, par notre habile indianiste, M. Ad. Regnier, et je n'en ai jamais fait usage qu'après avoir soumis à son jugement les conséquences scientifiques qui me semblaient en résulter; non pas, sans doute, dans l'intention déraisonnable de l'en rendre garant, mais uniquement pour m'assurer de n'avoir pas mal compris les explications grammaticales qu'il m'avait données. Malgré la confiance que devait inspirer la traduction publiée par la commission américaine, je n'aurais pas osé entreprendre d'en rendre compte, si l'assistance bienveillante, continue, infatigable, de M. Ad. Regnier ne m'avait fourni les moyens de pénétrer, par moi-même, dans les énoncés mystérieux du texte sanscrit, toutes les fois que j'en reconnaissais la nécessité.

ADDITION

SUR LES NAKSHATRAS ANCIENS ET MODERNES DES HINDOUS.

Comme la première condition qu'il faut remplir pour traiter avec utilité une question philologique, c'est de la circonscrire nettement, je commence par déclarer que j'emploie ici les épithètes, *anciens et modernes*, dans un sens purement relatif. J'appelle *nakshatras anciens* les vingt-

huit d'amplitudes inégales, qui sont décrits au chapitre VIII
du *Sùrya-Siddhânta*, et dans les autres traités classiques
d'astronomie indienne dérivés du même type, comme étant
en usage de leur temps, sans faire aucune mention de
nakshatras antérieurs, qui auraient été constitués différemment.

J'appelle par opposition, *modernes*, les vingt-sept d'amplitudes égales qu'on a postérieurement substitués à ceux-
là, et qui ont été ceux, qui sont aujourd'hui encore les
seuls pratiquement employés dans l'Inde.

Ceci bien entendu, la thèse que j'ai avancée il y a vingt
ans, et que je viens aujourd'hui confirmer par une nouvelle
discussion critique, se compose des deux propositions suivantes:

1° Les vingt-huit nakshatras que j'appelle anciens sont
astronomiquement identiques aux vingt-huit sieou, employés de tout temps par les astronomes chinois, dans leurs
observations journalières.

2° Ils ont été empruntés par les Hindous aux Chinois, non
par les Chinois aux Hindous.

Je dois d'abord écarter de ces deux propositions l'application trop étendue qu'une similitude de mots pourrait leur
faire attribuer, malgré ma pensée.

Cet homme, depuis lui les philologues qui ont continué
d'explorer le champ qu'il avait ouvert, ont constaté que,
dans les plus anciens monuments de la littérature indienne,
le mot *nakshatra* fréquemment employé pour désigner,
à titre individuel et à titre collectif, des portions du ciel
situées sur la route mensuelle de la lune. Cela est surtout

rendu manifeste dans un passage du *Rig-Véda*, viii, 3, 20,
cité par M. Max Müller, où il est dit :

Sôma (*la lune*) est placé dans le sein de ces nakshatras.

Comment ces nakshatras étaient-ils constitués? par quel
procédé d'observation ou de calcul déterminait-on leurs
places dans le ciel, et les amplitudes angulaires qu'ils embrassaient? Leur nombre total était-il déjà fixé à vingt-
sept, vingt-huit, ou tout autre? Était-il de vingt-sept comme
le prétend M. Weber; en sorte que, selon lui, les vingt-sept,
aujourd'hui seuls employés dans l'Inde, ne seraient qu'un
retour à un système plus ancien que les vingt-huit du *Sûrya-Siddhânta?* Ce sont là des questions de faits et de nombres, qui ne doivent pas se décider d'après les seules indications de la philologie. Il faut, pour les résoudre, soumettre à une discussion approfondie les données positives,
astronomiques et numériques, contenues dans les énoncés
qui s'y rapportent; fixer exactement leur signification et
leur portée; apprécier ainsi la nature des procédés pratiques et des notions abstraites qui ont été nécessaires pour
les obtenir; puis voir si tout cela est compatible avec le
degré d'antiquité que leur attribueraient les dates, présu-
mées ou certaines, des textes où on les trouve consignées.
Je n'ai pas ici le dessein d'aborder ces questions difficiles;
je ne les rappelle qu'afin de montrer que je ne les ignore
pas, et pour les séparer nettement des deux propositions
que j'ai tout à l'heure énoncées. Revenant donc à celles-ci,
je vais d'abord donner la définition précise des deux systèmes de nakshatras auxquels j'entends les appliquer.

Les vingt-sept nakshatras modernes sont constitués astronomiquement suivant des conditions tout autres que les vingt-huit anciens. Néanmoins, on leur attribue individuellement les mêmes noms, dans le même rang d'ordre, sauf que celui qu'on appelait précédemment *Abhidjit* a été supprimé, parce que, d'après sa constitution astronomique, son amplitude propre était devenue déjà presque insensible du temps de Brahmagupta, et a dû complétement s'évanouir, vers l'an 972 de notre ère [1]. Avec cette modification, les nakshatras anciens et modernes sont présentés en correspondance nominale dans les deux listes suivantes :

[1] *Journal des Savants*, année 1845, p. 45 et 50.

	NAKSHATRAS ANCIENS (INÉGAUX.)		NAKSHATRAS MODERNES. (ÉGAUX.)
1	Âçvinî.	1	Âçvinî.
2	Bharanî.	2	Bharanî.
3	Krittikâ.	3	Krittikâ.
4	Rohinî.	4	Rohinî.
5	Mrigasiras.	5	Mrigâçiras.
6	Ârdrâ.	6	Ârdrâ.
7	Punarvasu.	7	Punarvasu.
8	Pushya.	8	Pushya.
9	Âsçleshâ.	9	Àsçleshâ.
1	Maghâ.	10	Maghà.
11	Pûrva-Phâlgunî.	11	Pûrva-Phâlgunî.
12	Uttara-Phâlgunî.	12	Uttara-Phâlgunî.
13	Hasta.	13	Hasta.
14	Tchitrâ.	14	Tchitrâ.
15	Svâtî.	15	Svâtî.
16	Viçâkhâ.	16	Viçâkhâ.
17	Anurâdhâ.	17	Anurâdhâ.
18	Djyeshthâ.	18	Djyeshthâ.
19	Mûla.	19	Mûla.
20	Pûrva-Ahsâdhâ.	20	Pûrva-Ashâdhâ.
21	Uttara-Ashâdhà.	21	Uttara-Ashâdhâ.
22	Abhidjit.		. . . .
23	Çravana.	22	Çravana.
24	Dhanishthâ.	23	Dhanishthâ.
25	Çatabhishadj.	24	Çatabhishadj.
26	Pûrva-Bhâdrapadâ.	25	Pûrva-Bhâdrapadâ.
27	Uttara-Bhâdrapadâ.	26	Uttara-Bhâdrapadâ.
28	Revatî.	27	Revatî.

Il faut maintenant définir la constitution astronomique propre aux nakshatras de ces deux séries.

Les *nakshatras modernes* sont des arcs du cercle écliptique tous égaux entre eux, dont l'amplitude embrasse 13° 20, ce qui est la 27ᵉ partie de 360°. Le commencement d'*Âçvinî* et la fin de *Revatî* sont mis conventionnellement en coïncidence physique dans les deux listes. L'un et l'autre se rejoignent au point de l'écliptique où s'opère l'équinoxe vernal actuel, marquant ainsi les deux limites extrêmes de l'année solaire. Tous les autres, quoique de mêmes noms, et occupant des rangs pareils dans leur liste propre, diffèrent entre eux dans l'application au ciel.

La conception d'un tel système suppose seulement la connaissance abstraite du cercle écliptique, et l'intention de le diviser idéalement en vingt-sept parties égales. Si l'on veut l'appliquer pratiquement à la lune, ce qui est son emploi actuel chez les Hindous, il faudra, de plus, savoir que le mouvement propre de cet astre en longitude lui fait décrire chaque jour parallèlement à l'écliptique un arc dont l'amplitude est, *en moyenne*, 13° 10′ 35″; conséquemment de 9′ 25″ moindre que l'amplitude d'un nakshatra. Alors, si on l'a observée une fois, en concordance écliptique avec le commencement ou la fin d'un nakshatra connu, par exemple à la fin de Revatî, qui marque sur l'écliptique le point où se renouvelle l'année solaire indienne, on pourra, par une simple proportion, assigner le nakshatra dans lequel son mouvement moyen l'aura portée spéculativement, à tout autre jour quelconque. Mais, si l'on veut prévoir quelle sera, au même instant, sa place *réelle* parmi les nakshatras, il faudra tenir compte des inégalités qui affectent son mouvement moyen, ce qui exigera une science beaucoup plus avancée. C'est d'après un tel calcul que les positions de la lune parmi les vingt-sept nakshatras sont aujourd'hui annoncées à l'avance, dans les almanachs populaires de l'Inde, comme on le voit dans l'*Oriental Astronomer* de M. Hoisington, en ne tenant compte toutefois que de l'inégalité principale, l'équation du centre, la seule que les Hindous aient connue. Le même système de divisions écliptiques, et d'application aux mouvements de la lune, a-t-il été anciennement imaginé et mis en pratique par eux, ou par d'autres nations de l'Orient, c'est une question de fait qui ne peut se décider par des conjectures.

Le système des vingt-huit nakshatras *anciens* est établi sur des conditions toutes différentes, dont la bizarrerie semble, au premier abord, inexplicable. Soit qu'on les considère dans leur emploi astronomique, ou dans le rôle d'êtres divins que les Hindous y associent, on leur attribue pour domaine vingt-huit groupes d'étoiles distincts, répartis à des distances inégales sur le contour du ciel. Une des étoiles de chaque groupe est particulièrement désignée comme principale, ou déterminatrice, sous le nom de *yogatâra*, et elle est la seule dont la position dans le ciel soit définie par des coordonnées astronomiques. Ce titre n'est pas spécialement affecté à la plus brillante du groupe, et le motif qui l'a fait choisir entre toutes n'est nulle part indiqué dans les livres hindous.

Ce sont donc ces vingt-huit étoiles principales, ou *yogatâras*, qui caractérisent chaque nakshatra comme division stellaire. Colebrooke a pris tous les soins imaginables pour les reconnaître dans le ciel, et les identifier avec nos catalogues européens. Il s'est aidé des renseignements que

pouvaient lui fournir les traités sanscrits d'astronomie les
plus accrédités. Il a consulté tous les pandits les plus
instruits avec lesquels il a pu se mettre en rapport ; discutant, confrontant leurs indications, souvent discordantes,
comme de gens pour qui la connaissance du ciel est une
affaire de luxe, parce qu'ils procèdent toujours par des
règles de calcul prescrites, sans avoir besoin de le regarder. Sur toute cette masse de renseignements, soigneusement appréciés, et comparés entre eux avec une sage critique, Colebrooke a construit un tableau dans lequel les
étoiles déterminatrices, ou *yogatâras*, des vingt-huit nakshatras, sont désignées par leurs noms européens. Ce tableau s'est trouvé confirmé, dans son ensemble et ses plus
importants détails, par un document qui lui est antérieur
de huit siècles, et que Colebrooke n'a pas connu. Le voyageur arabe Albirouni, pendant son séjour dans l'Inde, vers
l'an 1030 de notre ère, s'étant mis en rapport avec les
brahmes qui faisaient profession d'astronomie, leur demanda de lui désigner les étoiles qui composent les vingt-
huit nakshatras, en lui indiquant celle de chaque groupe
qui le caractérise comme division stellaire. Ils les lui mon-
trèrent dans le ciel, sans être en état de les lui définir par
leurs coordonnées astronomiques, dont ils n'avaient jamais
eu besoin, tous leurs calculs se faisant d'après les règles
mathématiques, invariablement fixées. La liste dressée par
Albirouni sur ces indications s'accorde avec celle de Colebrooke, non-seulement pour l'ensemble des étoiles désignées, mais encore dans certaines particularités de choix,
tellement singulières et inattendues, qu'en les voyant at-

testées par deux enquêtes si complétement indépendantes, leur bizarrerie même rend leur réalité indubitable. Le *Sûrya-Siddhânta*, et les autres traités d'astronomie postérieurs, définissent les vingt-huit *yogatâras* par un système particulier de coordonnées astronomiques, qu'il est facile de convertir en longitudes et latitudes grecques, par les formules de la trigonométrie sphérique. Colebrooke a rapporté ces indications numériques, qui sont, à peu de chose près, les mêmes dans les listes des différents auteurs. Mais, quand on examine, avec un sens pratique, les descriptions qu'ils donnent des instruments et des procédés au moyen desquels ils prescrivent de déterminer ces nombres par des observations faites sur le ciel, il est presque impossible de croire qu'ils les aient obtenus ainsi ; ou, s'ils l'avaient tenté, ils n'auraient pu en tirer que des évaluations extrêmement grossières. C'est pourquoi, prenant d'abord comme base générale de raisonnement les identifications de Colebrooke, confirmées par celles d'Albirouni, j'emploierai seulement les indications numériques des auteurs hindous pour montrer qu'elles s'y accordent dans certaines particularités fort importantes, et je reviendrai plus tard sur ces indications elles-mêmes, pour chercher quel a pu être le motif du choix tout spécial de coordonnées astronomiques qu'on y voit employées.

Quand les savants européens connurent, pour la première fois, les vingt-huit nakshatras anciens des Hindous, ils s'accordèrent à les considérer comme constituant un *zodiaque lunaire propre à l'Inde*. Indépendamment de son application trop particulière, l'idée de similitude que cette expression implique n'est pas exacte. Le zodiaque grec, proprement dit, se compose de douze constellations distinctes, réparties sur la zone du ciel qui embrasse le cours du soleil et des cinq planètes principales. Aucune idée de division angulaire n'y est originairement attachée; et, à ce simple titre de zone limite, il a pu être reconnu dans le ciel avec le seul secours des yeux, sans nulle science. Dans le système des nakshatras hindous, au contraire, les étoiles *yogatâras* des vingt-huit constellations qui le composent, sont prises comme autant de points fixes d'une division angulaire embrassant le contour entier du ciel, aux parties de laquelle on rapporte les positions variables du soleil, de la lune et des planètes. Les auteurs hindous l'emploient comme constituant une division particulière du cercle écliptique en vingt-huit parties inégales, sur lesquelles on projette orthogonalement les astres doués de mouvements propres, au moyen de la trigonométrie sphérique. Les savants européens ont généralement adopté d'après eux cette idée, à quoi ils se trouvaient naturellement disposés par l'analogie de dénominations et d'emploi qui leur semblait assimiler les vingt-huit nakshatras anciens aux vingt-sept nakshatras modernes, sauf la différence d'une unité sur le nombre total; et, en outre, parce que leurs études littéraires ne leur avaient fait connaître aucune nation de l'antiquité qui eût imaginé, et employé à des usages pratiques, un mode de division du ciel qui ne s'appliquât pas intentionnellement au cercle écliptique. Toutefois, quand on examine la question en elle même, on ne tarde pas à reconnaître que ces vingt-huit nakshatras n'ont pas pu être originairement établis pour l'usage que les astronomes hindous en ont fait, ni dans l'intention qu'ils leur ont supposée, de constituer une division de l'écliptique dont les intervalles angulaires seraient marqués par les vingt-huit étoiles *yogatâras*.

Quel que soit le peuple chez lequel cette institution a pris naissance, elle remonte à une très-haute antiquité. Car, dans un hymne de l'*Atharva-Véda*, XIX, vii, cité par Colebrooke, nous voyons les vingt-huit nakshatras mentionnés sous les mêmes noms et dans le même ordre relatif que le *Sûrya-Siddhânta* et les autres traités astronomiques des Hindous leur assignent, avec un déplacement absolu de rang, qui semble en reporter l'application à plus de vingt siècles avant l'ère chrétienne[1]. Pour que les Hindous, ou toute autre nation, eussent dès lors formé le projet de diviser pratiquement l'écliptique en un certain nombre quelconque de parties, il aurait fallu, en premier lieu, qu'ils eussent déjà la notion abstraite et géométrique de ce cercle, dont la trace dans le ciel est invisible. Puis, s'ils avaient voulu y marquer les limites physiques de ces divisions par vingt-huit étoiles spécialement désignées, comme le sont les *yogatâras*, il aurait fallu qu'ils les trouvassent et les prissent sur le contour même de ce cercle. Car, s'ils les avaient choisies hors de son contour, les intervalles de longitude qu'elles y auraient interceptés, n'auraient pu être évalués qu'au moyen des formules de la trigonométrie

---

[1] Voyez plus haut (p. 133 et suivantes) la traduction de cet hymne et du commencement de l'hymne viii. Le texte a été inséré dans le *Journal des Savants*, année 1859, p. 492 et 493.

sphérique, dont probablement on ne voudra pas leur sup·
poser la connaissance à une telle époque ; et pourtant, sans
cette connaissance, s'ils avaient pris seulement quelques-
unes de leurs étoiles *yogatâras* hors de l'écliptique, le système entier n'aurait pu leur servir à rien. Or, non-seulement ils l'ont fait, mais ils paraissent n'avoir eu aucune
répugnance à le faire ; car, parmi celles qui sont dans ce
cas, il y en a, comme Arcturus et α de la Lyre, déterminatrices des nakshatras *Svâtî* et *Abhidjit*, dont les distances à
l'écliptique surpassent 40° et 60°. Malgré cela, on les a pré-
férées à d'autres beaucoup plus proches de ce cercle, qui
se trouvent presque aux mêmes longitudes. Cette particularité d'éloignement n'est pas seulement fondée sur les
identifications de Colebrooke ; elle est également attestée
par les grandeurs des latitudes unanimement assignées,
par les auteurs hindous, aux étoiles déterminatrices de ces
deux nakshatras. Ces deux étoiles et les constellations qui
les contiennent, se trouvent ainsi occuper des régions du
ciel que la lune n'atteint jamais. Elles sont donc·fort éloignées de satisfaire à l'énoncé du *Rig-Véda*, viii, 3, 20, que
la *lune est placée au sein des nakshatras* ; et, parmi les
vingt-huit étoiles *yogatâras*, beaucoup d'autres, de même
que celles-là, sont placées hors de la zone céleste que la
lune parcourt. Conséquemment, de deux choses l'une : ou
le système des vingt-huit nakshatras, tel que le *Sûrya-
Siddhânta* le décrit, n'a pas été originairement imaginé
dans l'intention de l'employer comme division angulaire
de l'écliptique, ainsi que l'ont cru les savants européens,
ou bien il aura dû être établi avec la connaissance de la

trigonométrie sphérique, sans laquelle il aurait été impossible de l'appliquer pratiquement à l'usage auquel on le destinait. Si l'on considère que cet élément fondamental de l'astronomie mathématique n'a pas été connu des Grecs avant Hipparque, dont il a été une des plus importantes découvertes, l'idée que les savants européens s'étaient faite sur la destination primitive des vingt-huit nakshatras paraîtra, je crois, inacceptable, puisque sa réalisation n'aurait pu s'accomplir qu'en admettant le second membre de l'alternative ci-dessus posée.

Mais cette idée offre encore d'autres caractères d'invraisemblance. Si, en établissant les vingt-huit nakshatras, on avait eu la pensée d'obtenir une division angulaire de l'écliptique en rapport continu avec le moyen mouvement de la lune, qui, de sa nature, est égal, ce qui est l'application spéciale que les astronomes hindous postérieurs au *Sûrya-Siddhânta* ont voulu en faire [1], on se serait naturellement attaché à choisir des étoiles *yogatâras* dont les intervalles de longitude approchassent, autant que possible, de l'égalité. Bien loin de là, toute la série de ces intervalles est irrégulièrement affectée d'inégalités, souvent fort considérables, qu'il eût été facile d'éviter ; et les plus grandes se montrent parfois dans des intervalles consécutifs. Ainsi, d'après les nombres donnés par le *Siddhânta-Sârvabhauma*, le nakshatra *Mṛigaçiras*, limité par λ d'Orion et α d'Orion, occupe en longitude 4° 7' sex.; tandis que le suivant, *Ârdrâ*,

---

[1] En cela ils la restreignent plus que ne le fait le *Sûrya-Siddhânta*, qui l'étend aussi aux planètes. Le chapitre VIII est intitulé : *De la jonction des planètes avec les nakshatras.*

limité par α d'Orion et β des Gémeaux, embrasse 29° 45'. Cela exclut toute intention d'égalité. Aussi, pour adapter mathématiquement au moyen mouvement de la lune ces vingt-huit nakshatras inégaux, les astronomes hindous ont-ils bien senti qu'il fallait se débarrasser de leurs inégalités d'amplitude; soit en distinguant, dans les applications astrologiques, la présence réelle de l'astre et sa présence calculée, comme Varâhamihira le conseille; soit en faisant une classe des nakshatras les plus longs, une autre des plus courts, une troisième des moyens, et attribuant à chaque classe la moyenne arithmétique de leurs amplitudes réelles, comme le propose Brahmagupta; en permettant même de négliger tout à fait *Abhidjit*, dont l'amplitude propre avait progressivement diminué jusqu'à être devenue, de son temps, insensible aux yeux. Mais on s'est enfin sagement épargné l'embarras de ces modifications arbitraires, en abandonnant tout à fait les vingt-huit nakshatras anciens, et les remplaçant par vingt-sept autres d'amplitudes égales, distribués sur le contour même du cercle écliptique, auxquels on a donné les mêmes noms, dans le même rang d'ordre, sauf *Abhidjit*, que l'on a tout à fait supprimé. Ces vingt-sept nouveaux n'ont plus d'étoiles *yogatâras* qui les limitent; et l'on y rapporte successivement les positions moyennes de la lune, par un simple calcul arithmétique qui tantôt s'y accorde, tantôt ne s'y accorde pas. Tel est le système de nakshatras exclusivement adopté aujourd'hui dans l'Inde. Pour les applications astrologiques, on les trouve aussi bons que les vingt-huit anciens. Néanmoins, leur constitution astronomique

15

est évidemment tout autre; et l'on a lieu de s'étonner que les indianistes de notre temps, trompés par la ressemblance des mots, se soient généralement obstinés, s'obstinent encore, à les considérer comme étant de la même famille. *Pace illorum dixerim :* La fable de La Fontaine, intitulée *Le Renard et le Buste*, pourrait se voir ici mise en action.

J'omets d'autres particularités. Celles que je viens d'exposer et de discuter en détail me paraissent suffire pour prouver démonstrativement que les vingt-huit nakshatras, décrits dans les livres des Hindous, n'ont pas été primitivement destinés à l'usage que leurs astronomes en ont fait, puisqu'ils n'ont pu les y adapter qu'en les mutilant. Il faut donc en chercher ailleurs l'origine et la raison d'être. Or, le *Sûrya-Siddhânta*, et les autres traités classiques d'astronomie indienne, offrent pour cela un indice dont la signification n'a pas été jusqu'ici assez remarquée, et qui va directement nous conduire à mettre ce double secret dans une pleine lumière.

Dans tous ces ouvrages, les positions des astres sont généralement définies par leurs longitudes et leurs latitudes grecques; mais une exception spéciale est faite à cette règle pour les vingt-huit étoiles *yogatâras*. Les positions de ces vingt-huit sont exclusivement définies par un système de coordonnées astronomiques, d'une nature toute particulière, dont la description se voit dans la figure 1, ci-jointe.

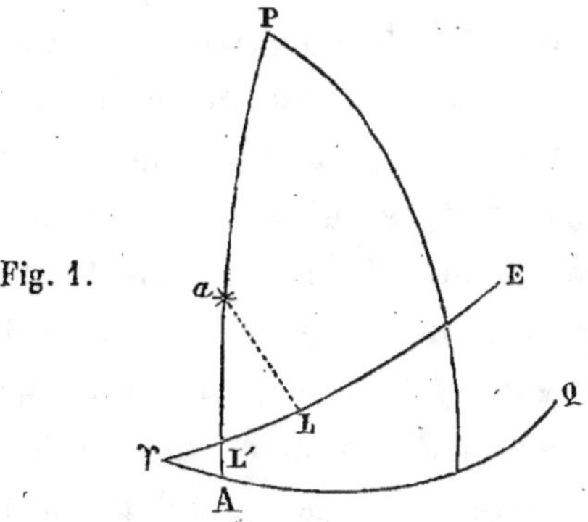

Υ Q représente le grand cercle de l'équateur céleste ayant son pôle boréal en P. ΥE est le grand cercle de l'é-cliptique. Υ désigne celui de leurs points d'intersection où s'opère l'équinoxe vernal. Soit α une étoile *yogatâra* dont on veut définir la position sur la sphère céleste. Du pôle P menez le cercle de déclinaison P α, qui passe par cette étoile, et qui prolongé va couper le cercle de l'équateur en A. L'arc P α sera ce qu'on appelle en astronomie la *distance polaire* de l'étoile α, et l'arc Υ A sera son *ascension droite*. La position de l'étoile sera complétement définie, si l'on assigne le nombre de divisions de la circonférence que chacun de ces arcs occupe sur son cercle propre. Ou bien encore : par l'étoile α menez le *cercle de latitude* α L perpendiculaire à l'écliptique, qu'il ira couper en L. Dans le langage astronomique, l'arc α L sera la *latitude* de l'étoile, ΥL sa *longitude;* et les grandeurs de ces deux arcs, expri-mées par le nombre de divisions qu'ils occupent sur leurs cercles propres, définiront également la position de l'étoile α sur la voûte du ciel. L'astronome européen emploie à volonté le premier ou le second système de coordonnées selon sa convenance; et, au besoin, il conclut les unes des autres, par les formules de la trigonométrie sphérique. Mais il ne les mêle point, ce qui serait confondre ensemble des éléments géométriques de nature distincte. Or, par une exception que rien ne nécessite, et dont ils ne disent pas le motif, c'est au moyen d'un mélange pareil, des plus bizarres, que le *Sûrya-Siddhânta* et les autres traités hindous définissent les vingt-huit étoiles *yogatâras*. Le cercle de déclinaison mené par l'étoile α va couper l'écliptique en un certain point L′. L'arc α L′, pris sur le cercle de déclinaison, et l'arc ϒ L′, pris sur l'écliptique, sont les deux coordonnées astronomiques par lesquelles ils définissent la place de l'étoile α dans le ciel. Colebrooke appelle les arcs α L′ et ϒ L′ la latitude et la longitude *apparentes*. Les traducteurs américains du *Sùrya-Siddhânta* les ont appelés latitude et longitude *polaires*. Mais ni eux, ni lui, n'ont cherché à deviner le motif de ce choix de coordonnées tout à fait insolites, exclusivement appliqué aux vingt-huit étoiles *yogatâras*[1].

Parmi les ouvrages dont Colebrooke rapporte les indications numériques aus son mémoire sur les Nakshatras (*Essays*, t. II, p. 322), le *Siddhânta-Sârvabhauma* est le seul dans lequel les vingt-huit *yogatâras* soient astronomiquement définis par leurs longitudes et latitudes grecques, sans aucune mention de leurs coordonnées *apparentes* ou *polaires*. Cet ouvrage est d'une date très-moderne. Il a été composé dans le dix-septième siècle de notre ère. (Colebrooke, *Essays*, t. II, p. 396, note.) L'auteur, Muniçvara, aura probablement cru faire preuve de science, en abandonnant tout à fait ce système bizarre de coordonnées mixtes, exclusivement appliqué par ses prédécesseurs aux étoiles *yogatâras*. Mais, en cela, à son insu, il supprimait le trait caractéristique de l'origine d'où ce système de nakshatras dérive. Et, par l'imperfection

Le *Sûrya-Siddhânta* et ses commentateurs décrivent des
instruments et des procédés, au moyen desquels on devra
déterminer ces deux éléments *par l'observation*. Mais, aux
yeux de tout astronome pratique, les opérations ainsi effectuées seraient complétement dépourvues de précision, ou
même absolument inexécutables. Ils ont donc tiré ces éléments d'une source étrangère, et la forme bizarrement
compliquée sous laquelle ils les présentent, n'est vraisemblablement qu'un artifice qu'ils ont employé pour déguiser
cet emprunt.

Dans cette singulière association de coordonnées de deux
sortes, qu'ils appliquent exceptionnellement aux *yogatâras*,
on remarque une particularité, tout à fait en dehors de
leurs habitudes astronomiques : c'est de définir l'étoile par
la place qu'elle occupe sur son cercle de déclinaison parti
du pôle boréal de l'équateur. Suivons cet indice. Traçons
dans le ciel ces vingt-huit cercles, appartenant aux diverses
étoiles *yogatâras*, que nous nommerons individuellement
$\alpha_1, \alpha_2, \alpha_3$... etc. Cela nous donnera la figure 2, où ΥQ désigne le cercle de l'équateur, et sur laquelle on n'a pas
marqué celui de l'écliptique, parce qu'il y serait absolument inutile. La sphère céleste se trouvera ainsi partagée en vingt-huit tranches, dont les amplitudes angulaires
seront mesurées par les arcs $\Upsilon A_1, A_1 A_2, A_2 A_3, \ldots$ de
l'équateur, compris entre les deux cercles de déclinaison
qui les limitent. Imaginez maintenant une nation qui,

des instruments qui étaient, de son temps, en usage dans l'Inde, les déterminations numériques qu'il substitue aux données anciennes, ne peuvent
être acceptées qu'à titre d'approximations fort incertaines.

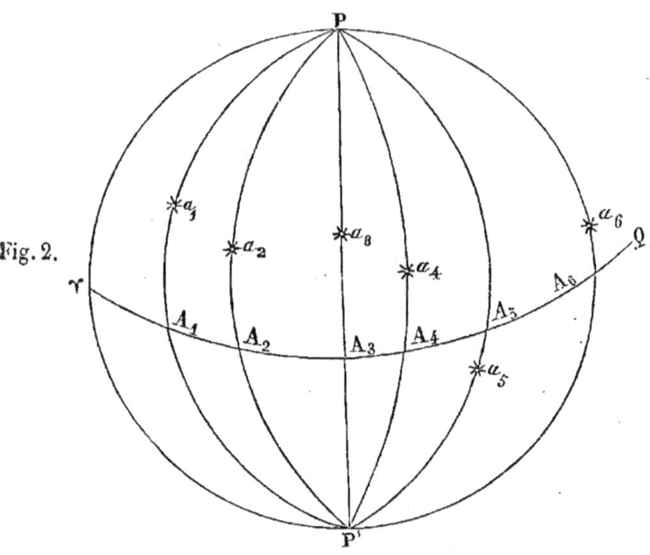

Fig. 2.

étrangère au reste du monde par son langage, ses lois, ses
mœurs, se soit, dans son isolement, fait de bonne heure un
principe de gouvernement et un rite, d'observer assidûment les astres quand ils passent au méridien, en notant
les instants où ils y arrivent, pour tirer de là les éléments
de son calendrier public, et des pronostics astrologiques,
ce besoin primitif et universel de l'esprit humain. Un tel
système d'observation pourra être mis en pratique sans
aucune science. Il nécessitera seulement un plan de métal,
de bois ou de pierre, érigé verticalement suivant la direction de la ligne méridienne, et ayant ses deux faces polies ;
plus des horloges d'eau ou de sable, pour mesurer les
intervalles de temps. Ainsi outillé, l'observateur officiel
pourra aisément connaître les amplitudes des arcs A_1A_2,

A_2A_3, ... compris sur le contour de l'équateur céleste, entre les cercles de déclinaison des vingt-huit étoiles *yoga-târas*, ou de toutes autres, en nombre quelconque, aux-quelles il lui aura été prescrit de s'attacher. Car, ayant d'abord évalué, d'après l'expérience, la quantité totale de liquide que son horloge aura laissé écouler, entre deux retours consécutifs d'une même étoile au méridien, les écoulements partiels qui s'opéreront, dans les mêmes conditions physiques, entre les passages successifs des étoiles $\alpha_1, \alpha_2, \alpha_3$. . . ., lui donneront proportionnellement les fractions de la circonférence occupées sur l'équateur par les arcs $A_1 A_2$, $A_2 A_3$. . . . Il n'importera nullement que les étoiles choisies soient proches ou distantes du cercle écliptique, dont on pourra même n'avoir pas encore la notion abstraite; ni que leurs intervalles équatoriaux soient égaux ou inégaux, grands ou petits. Les mesures de ces intervalles s'obtiendront toujours par le même procédé. Ayant alors choisi un certain nombre convenu de ces di-visions, qui se succéderont consécutivement sur le con-tour entier de l'équateur, on pourra leur donner des noms particuliers qui les distinguent. Puis, quand un astre quelconque arrivera au méridien, soit de nuit, soit de jour, l'instant de son arrivée, marqué par l'horloge, ap-prendra dans quelle division équatoriale il se trouve, et quelle portion de son amplitude il y occupe, à partir de l'une ou de l'autre de ses deux limites. C'est précisément ainsi qu'aujourd'hui, dans nos observatoires, nous rappor-tons les astres aux cercles de déclinaison, menés des pôles de l'équateur à un certain nombre d'étoiles choisies, que nous appelons *fondamentales* ; ce qui nous procure l'avantage de n'avoir besoin de nous confier aux indications de nos horloges, que pour de courts intervalles de temps. Les observations de passages méridiens, effectuées comme je viens de le dire, ne font pas connaître la place que les astres observés occupent sur leur cercle de déclinaison. La détermination de ce second élément exige que le plan dans lequel les passages s'observent, porte une division circulaire, munie d'une alidade, ou d'un tube, mobile au tour de son centre, que l'on puisse successivement diriger vers l'astre α, et vers l'étoile ou le point du ciel qui marque le pôle céleste, pour mesurer l'arc $P\alpha$, $P\alpha_1$, $P\alpha_2$, que l'on appelle la distance polaire de l'astre. C'est encore ainsi que nous opérons. Mais cette seconde opération est indépendante de l'autre ; et l'idée peut n'en venir que beaucoup plus tard, outre qu'elle est pratiquement beaucoup plus difficile à réaliser avec précision. Au reste, elle n'est nullement nécessaire pour obtenir les résultats les plus importants aux usages publics, par les procédés ci-dessus décrits, lesquels n'exigent aucune science, et sont de la dernière simplicité.

Voilà justement le système d'observations stellaires qui était déjà pratiqué en Chine plus de vingt siècles avant l'ère chrétienne, et qui depuis s'y est invariablement perpétué, jusqu'à l'entrée des jésuites au tribunal des mathématiques, sorte de conseil impérial préposé à la direction des travaux d'astronomie. Car, dans ce singulier pays, l'étude constante du ciel fut toujours considérée comme un rouage du gouvernement, et un office de l'administration. Dès le temps des Tcheou, onze cents ans avant notre ère, ce service est complétement organisé[1]. Un astronome en titre appelé le *Foung-siang-chi*, ayant un nombre prescrit d'employés sous ses ordres, était officiellement chargé d'observer les astres au moment de leur passage par le méridien, et de noter la place qu'ils occupaient dans les divisions équatoriales, comprises entre les cercles des déclinaisons de certaines étoiles choisies comme fondamentales; divisions qui étaient dès lors fixées au nombre de vingt-huit, et qui depuis ont continué d'être exclusivement employées au même usage sous le nom collectif de *sieou*, avec les mêmes dénominations individuelles, et les mêmes étoiles déterminatrices, sans qu'on y ait jamais apporté aucun changement. Concurremment avec l'astronome officiel, un astrologue en titre appelé le *Pao-tchang-chi*, ayant, comme lui, ses employés propres, était chargé d'interpréter les observations, de noter les changements survenus dans le ciel, d'étudier les aspects du soleil, de la lune, et des planètes, principalement de Jupiter, pour en tirer des pronostics favorables ou défavorables, sur les événements futurs[2]. Mais déjà, bien des siècles avant la dynastie des Tcheou, par cette simple pratique des observations méridiennes, sans avoir eu besoin de mesurer les distances polaires des étoiles choisies comme fondamentales, qu'il leur suffisait de connaître par la vue, les Chinois avaient déterminé les durées des révolutions, tant absolues que

---

[1] *Tcheou-li* ou *Rites des Tcheou*, traduction d'Édouard Biot, kiv. xvii, 29; xxvi, 13, 16.

[2] *Tcheou-li*, kiv. xvii, 29; xxvi, 18.

relatives, du soleil, de la lune, et des cinq planètes principales; reconnu les époques périodiques de leurs conjonctions, de leurs oppositions, d'où ils avaient tiré les éléments d'un calendrier luni-solaire, ayant pour base l'année
solaire de $365^{d}\frac{1}{4}$ intercalée, et le *Tchang*, ou cycle lunaire
de dix-neuf ans, qui ne fut connu des Grecs que beaucoup
plus tard[1]. Depuis lors, la confection annuelle de ce calendrier devint, à la Chine, une affaire d'État; et il fut officiellement distribué à tous les grands fonctionnaires de
l'empire, pour assurer la simultanéité de marche des
rouages administratifs qu'ils étaient chargés de diriger.
Mais le long usage fit reconnaître que la période de dix-
neuf ans ne maintenait pas les phases de la lune en concordance invariablement exacte avec les phases solaires;
et les astronomes qui se succédèrent sous les diverses dynasties s'appliquèrent à découvrir, dans les observations
tant anciennes que nouvelles, les corrections qu'il fallait
occasionnellement y faire pour rétablir l'accord désiré. La
nécessité de ces continuelles études pour maintenir en ordre le calendrier luni-solaire, fut le motif principal de la
grande importance que les empereurs chinois attachèrent
toujours à l'astronomie d'observation. Lorsque les jésuites
furent installés à la Chine, et que l'empereur Khang-hi leur
eut confié la direction des travaux astronomiques, il leur
ordonna de dresser un catalogue des vingt-huit *sieou*, en y
marquant les positions de leurs étoiles déterminatrices,

---

[1] *Journal des Savants*, année 1840, p. 73 et suiv. *Résumé de chronologie
astronomique; Mémoires de l'Académie des sciences*, t. XXII, p. 380, § 48
et suiv.

par longitude et latitude. Pour s'acquitter de ce devoir, ils se firent désigner ces étoiles fondamentales par les astronomes chinois, de qui elles étaient parfaitement connues, puisqu'ils en faisaient un continuel usage ; ils fixèrent ensuite leurs places dans le ciel, par des observations précises, notèrent les constellations européennes dont elles faisaient partie, et les désignèrent individuellement par les noms qu'on leur donne dans nos catalogues modernes. Or, par une rencontre qu'il n'était pas alors possible de prévoir, et encore moins de préparer, ces vingt-huit étoiles chinoises sont, à un très-petit nombre d'exceptions près, les mêmes que les vingt-huit *yogatâras* des Hindous ; et elles leur correspondent également par leur rang d'ordre, dans la liste des sieou et des nakshatras. En sorte que les amplitudes grandes ou petites des divers *sieou* sont exactement reproduites dans les nakshatras de rang pareil. Mais ces inégalités d'amplitude n'avaient aucun inconvénient dans le mode d'observation adopté par les Chinois, où elles sont même naturellement amenées par des raisons de convenance que nous pouvons facilement découvrir ; au lieu qu'elles sont devenues fort embarrassantes, et même tout à fait intolérables, pour les astronomes hindous, quand ils ont voulu employer leurs vingt-huit nakshatras, non pas comme des divisions équatoriales, applicables aux passages méridiens, mais comme des divisions angulaires du cercle écliptique, en rapport avec le moyen mouvement de la lune ; ce qui les a finalement décidés à les abandonner, et à leur substituer un système tout différent sous des noms pareils, dont l'identité lui conserverait la même valeur dans les superstitions populaires, comme cela est effectivement arrivé. Telle est l'histoire toute simple, et je puis dire la généalogie évidente, de ces vingt-huit nakshatras. Car vouloir les faire originairement établir par les Hindous, dans des conditions artificielles qui les leur rendaient inapplicables, pour passer de là à la Chine, où ils se trouvent complétement adaptés au mode d'observation pratiqué de tout temps, non-seulement on n'a de cela aucune preuve, aucune indication même éloignée, mais, en outre, ce serait un renversement d'idées dépourvu de toute vraisemblance logique, et en contradiction manifeste avec les tendances naturelles de l'esprit humain.

Ici je signalerai, à l'honneur de Colebrooke, un trait de courage critique, dont le mérite n'a pas été assez remarqué. Lorsqu'il entreprit son travail sur les nakshatras, il partageait les préjugés des indianistes de son temps. Il croyait, comme eux, que les vingt-huit nakshatras constituaient une division particulière de l'écliptique, un véritable zodiaque lunaire propre à l'Inde. D'après cette idée, quand il demanda aux pandits de lui montrer les étoiles appelées *yogatâras*, qui marquent dans le ciel les limites des vingt-huit segments dont cette division se compose, il devait naturellement s'attendre qu'en général ces étoiles seraient peu distantes de l'écliptique et remarquables par leur éclat. Or, parmi celles que les pandits lui ont désignées, quelques-unes réunissent en effet ces deux caractères. Mais les autres, en bien plus grand nombre, se trouvent être indifféremment éloignées ou proches de l'écliptique; et, pour l'éclat, les unes, comme γ du Corbeau, ε du Scorpion,

δ du Sagittaire, se classent dans nos catalogues comme étant seulement de troisième grandeur; tandis que d'autres, comme α de la Mouche, λ d'Orion, ν du Scorpion, τ du Sagittaire, λ du Verseau, sont de toutes petites étoiles de quatrième grandeur, difficilement perceptibles à la vue simple. Quel motif aurait pu les faire adopter pour marquer dans le ciel des intervalles angulaires? et de tels choix sont-ils supposables? Voilà ce que Colebrooke a dû se dire; et des esprits moins fermes que le sien, choqués de cette invraisemblance inexplicable, auraient rejeté bien loin de pareilles indications. Mais lui, soumettant son jugement particulier à la concordance des témoignages qui les attestaient, il les rapporte avec une fidélité scrupuleuse; et le tableau qu'il en forme se trouve reproduire, à son insu, la liste des vingt-huit étoiles déterminatrices des *sieou* chinois, qui lui étaient absolument inconnus. De là résultent pour nous deux conséquences également satisfaisantes à déduire : la première, c'est qu'une rencontre si éloignée, si peu prévue, donne aux identifications de Colebrooke une autorité incontestable; la seconde, c'est qu'on ne peut trop admirer la force d'esprit dont il a fait preuve en les signalant.

Nous n'avons pas de données positives qui nous indiquent à quelle époque les vingt-huit *sieou* chinois ont été admis dans l'Inde sous le nom de nakshatras. Toutefois, nous pouvons reconnaître dans cette transmission deux phases distinctes: l'astrologique et l'astronomique. Dès que les *sieou*, définitivement fixés au nombre de vingt-huit, furent devenus, à la Chine, l'élément fondamental, et désormais invariable, de l'astronomie officielle, l'astrologie qui, chez les Chinois, fut toujours une annexe inséparable de l'astronomie, dut naturellement attribuer une importance particulière et des influences spéciales, aux constellations qui contenaient ces vingt-huit divisions du ciel [1]. A ce titre, les astrologues hindous ont pu, de très-bonne heure, les transporter dans leurs conceptions mythologiques, sans aucune science, en y rattachant vaguement les positions successives de la lune, sujet universel de superstitions populaires, et leur donnant des noms qui parussent les faire appartenir à l'Inde. C'est ainsi que les hymnes de l'*Atharva-Véda*, XIX, vii et viii, cités par Colebrooke et par M. Ad. Regnier [2], les mentionnent et les invoquent comme des êtres divins, au nombre de vingt-huit, habitant l'air, les eaux, la terre, les montagnes; brillant dans le ciel ; que la lune parcourt dans sa marche mensuelle; puissants génies, dont la faveur apporte aux mortels la fortune, la richesse, la prospérité, la force, et tous les éléments du bonheur matériel. Mais, ce qu'il importe beaucoup de remarquer, comme indication d'origine, l'ordre dans lequel cet hymne vii les énumère, est exactement celui que les *sieou* correspondants occupaient, ou étaient supposés avoir occupé dans le ciel, au temps de l'empereur Yao, deux mille trois cent cinquante-sept ans avant l'ère chrétienne,

---

[1] D'après le *Tcheou-li*, kiv. xxvi, fol. 20, les diverses régions de l'empire étaient placées sous l'influence d'astérismes spéciaux; et toutes les principautés d'investiture avaient des astérismes distincts pour reconnaître les pronostics qui les concernaient.

[2] Voyez plus haut, p. 133 et suiv., note de M. Ad. Regnier.

en commençant l'énumération par le sieou *Mao*, ou son correspondant hindou *Kṛittikâ*, dont l'étoile détermina-trice, η Pléiade, coïncidait alors avec le point équinoxial de printemps. C'est en effet la répartition que je leur avais trouvée moi-même *par le calcul*, pour cette époque reculée; et la liste que j'en avais ainsi dressée, qui est imprimée dans le *Journal des Savants* de 1840, p. 244 et 274, est absolument identique à celle que rapporte l'ancien document sanscrit-chinois, qui m'a été communiqué depuis par M. Stanislas Julien[1]. Cet antique arrangement ordinal a donc été traditionnel à la Chine; et, si le poëte hindou l'a connu, ce que l'exacte reproduction qu'il en donne rend fort probable, il n'a eu qu'à le copier pour en faire le sujet de ses chants. A quelle époque cet emprunt a-t-il été effec-tué? Nous l'ignorons. La date présumable que les indianistes attribuent approximativement aux hymnes de l'*Atharva-Véda*, le reporterait à plusieurs siècles avant l'ère chré-tienne; et l'immense antériorité du phénomène céleste qui a donné lieu à la tradition chinoise, donnerait toute facilité de le reculer beaucoup plus loin. Mais cette facilité même rend impossible de lui assigner une date précise.

Colebrooke, dans son grand travail sur les écrits sacrés des Hindous (*Essays*, t. I, p. 106 et suiv.), nous apprend qu'à chaque *Véda* est annexé un traité particulier, intitulé *Jyotisha*, ou *Astronomie*, lequel a pour objet d'exposer les notions de l'année lunaire et de l'année solaire, qui sont nécessaires pour régler les jours et les heures des cérémo-nies védiques. Il dit avoir eu dans les mains un de ces ca-

---

[1] Voyez plus haut, p. 140 et suiv.

lendriers sacrés, attaché au *Rig-Véda*, le plus ancien des quatre, et il en a donné un court extrait, dans lequel il a malheureusement omis beaucoup de détails dont nous aurions besoin, pour apprécier complétement les connaissances d'astronomie pratique que ce document suppose. Voici toutefois les résultats principaux que Colebrooke y a signalés.

L'année est lunaire, et paraît être en rapport avec une année solaire, dont la durée n'est pas définie. Chaque lunaison est supposée alternativement de 29 et de 30 jours, en moyenne $29^j,5$, ce que l'on peut aisément reconnaître par le retour des phases, observées pendant un court intervalle de temps. Douze lunaisons pareilles contiennent donc en somme 354 jours ; lesquels, comparés à une année solaire évaluée approximativement à $365^j\frac{1}{4}$, amènent, sur chacune, un retard de $11^j\frac{1}{4}$; et ce retard, répété cinq fois, produit en somme $56^j\frac{1}{4}$, ou un peu moins de deux lunaisons complètes de 30 jours chacune. Ajoutant donc ces deux lunaisons aux 60 qui composent la période, les phases lunaires se retrouveront en concordance avec l'année solaire, à $3^j\frac{3}{4}$ près. Le nombre exact est $4^j\frac{2}{3}$. Cette condition de raccordement approximatif se présente d'elle-même aux yeux, après quelques années d'attention.

Mais voici qui annonce une science plus avancée. Le contour du ciel est partagé en divisions stellaires, appelées nakshatras, dont les noms et le rang d'ordre sont les mêmes que dans l'hymne de l'*Atharva-Véda*, et, par conséquent, dans le document sanscrit-chinois de M. Stanislas Julien. Seulement, leur nombre total est réduit à 27 au lieu de 28, et malheureusement Colebrooke n'indique pas lequel a été supprimé. Du reste, la liste commence de même par *Krittikâ*, dont l'étoile déterminatrice est η Pléiade. A cette occasion, Colebrooke rapporte la traduction littérale de deux passages du texte, où il est dit que le solstice d'été est placé au commencement du nakshatra *Âçleshâ* (dont la déterminatrice est α^1 ou α^2 de notre constellation du Cancer), et le solstice d'hiver au milieu du nakshatra *Dhanishthâ* (dont la déterminatrice est α du Dauphin). Or ceci mérite une grande attention ; car il est pratiquement impossible de déterminer directement, à la simple vue, la position des points solsticiaux relativement aux étoiles dont ils sont proches, puisque l'éclat du soleil empêche de les voir. Il faut nécessairement employer l'intermédiaire d'étoiles distantes, dont la position est connue relativement à celles-là, et auxquelles on rapporte le soleil en mesurant l'intervalle de temps qui s'écoule entre son passage au méridien et le leur. C'est ce que nous faisons, et ce que faisaient les astronomes chinois. Mais il n'y a aucune trace d'opérations de ce genre dans les traités d'astronomie sanscrits, même les plus savants ; et il y a encore moins lieu de les supposer, par anticipation, dans les livres védiques. Ce peut donc être, là encore, un emprunt fait aux Chinois. Suivons ce fil. D'après le tableau de concordance des vingt-huit nakshatras hindous et des vingt-huit *sieou* chinois que j'ai inséré dans la première de ces études, p. 141 et suiv., le nakshatra *Âçleshâ* correspond au sieou *Lieou*. Existait-il donc à la Chine quelque tradition d'une époque à laquelle le solstice d'été était placé dans cette division

stellaire? Il y avait bien mieux qu'une tradition! Les astronomes des Han nous ont transmis les positions des points
équinoxiaux et solsticiaux dans les divisions stellaires chinoises, qui avaient été déterminées par le prince astronome
Tcheou-kong, 1100 ans environ avant l'ère chrétienne ; et
Laplace, moi aussi après lui, si je l'ose dire, avons constaté qu'elles s'appliquent à cette date avec une exactitude
surprenante. J'ai rapporté ces quatre déterminations, avec
les résultats calculés qui les confirment, dans le *Journal des
Savants* de 1840, p. 147 [1]. Or, justement, ces déterminations placent le solstice d'été dans la division *Lieou*, équivalente d'*Âçleshâ*, où le met le texte sanscrit. Et l'identité
des deux indications se constate encore par une autre
épreuve, dont l'issue est tout à l'honneur de Colebrooke.
D'après ses identifications, la déterminatrice du nakshatra
Âçleshâ est α^1 ou α^2 du Cancer, deux toutes petites étoiles
très-voisines l'une de l'autre, entre lesquelles il n'a pas
osé se décider. Imitant sa réserve, je prends pour donnée
la moyenne arithmétique des longitudes qu'elles avaient au
1er janvier 1800 ; et, partant de là, je trouve, par un calcul
rigoureux, qu'elles étaient dans le colure solsticial d'été,
entre les années 1123 et 1124 avant l'ère chrétienne [2].

---

[1] *Additions à la connaissance des temps* de 1811, p. 434 et suiv. *Journal des Savants* de 1840, p. 147.

[2] Voici la marche de ce petit calcul. D'après les tables de positions contenues dans les *Additions à la connaissance des temps* de 1804, p. 430 et suiv., la moyenne des longitudes des étoiles α^1 et α^2 du Cancer, au 1er janvier 1800, était 130° 34' 49", d'où retranchant 90° il reste 40° 34' 49" pour l'excès actuel de longitude de ces étoiles sur celle du colure solsticial d'été ; excès qu'elles ont parcouru par l'effet du mouvement de précession depuis qu'elles ont quitté ce colure. Appliquant donc ici les formules que j'ai données dans le tome IV de la troisième édition de mon *Astronomie*, p. 337,

Ceci prouve donc à la fois la justesse de notre tableau de concordance, et la justesse des indications que Colebrooke avait reçues de ses pandits.

Quant au nakshatra *Dhanishthâ* de la liste générale, il est astronomiquement impossible qu'il se soit trouvé au solstice d'hiver en même temps qu'*Âçleshâ* au solstice d'été. Car, d'après ces mêmes déterminations très-exactes de Tcheou-kong, ce solstice se trouve placé dans le sieou *Nü*, lequel correspond au nakshatra *Çravana* de la liste complète; et celui-ci y est seulement supérieur d'un rang à *Dhanishthâ*. Or, comme Colebrooke a omis de nous dire lequel des vingt-huit manque dans la liste qu'il avait sous les yeux; si c'était *Abhidjit*, ce qui est très-vraisemblable, *Dhanishthâ* s'y trouverait remonté d'un rang, et le rédacteur hindou aurait bien pu croire que ce déplacement le reportait dans le colure solsticial que *Çravana* occupait avant qu'*Abhidjit* fût supprimé. Quoi qu'il en puisse être, l'auteur du *Jyôtisha* cité par Colebrooke a évidemment emprunté ces anciens solstices aux traditions chinoises, pour donner à son œuvre un vernis d'antiquité que la suppression d'*Abhidjit* semblerait démentir, puisque ce nakshatra est encore nommé dans la liste du *Sûrya-Siddhânta*, quoique son amplitude fût devenue alors presque insensible aux yeux. Toutefois on commençait à le négliger déjà dès cette

pour exprimer la quantité annuelle de ce mouvement sur l'écliptique mobile, laquelle y est désignée par la lettre Ψ', on y substituera l'arc tout à l'heure évalué. en lui donnant le signe négatif, et l'on trouvera que le nombre d'années juliennes, compté en avant de 1800, qui a été employé au parcours spécifié, est — 2923 $\frac{47}{100}$, d'où retranchant 1800, il restera 1123 $\frac{47}{100}$ antérieurement à l'ère chrétienne, comme je l'ai dit dans le texte.

époque ; car, d'après un passage cité par Albirouni, l'astronome Varâhamihira, qui écrivait dans le vi^e siècle de notre
ère, n'en compte que vingt-sept d'*amplitudes inégales ;* et,
transportant aussi l'antique position des colures dans cette
liste réduite, il ajoute : « Dans les livres des anciens, on rap-
« porte que le solstice d'été est à la *moitié d'Âçleshâ,* et le
« solstice d'hiver *au commencement de Dhanishṭhâ,* » c'est-à-
dire du *Dhanishṭhâ* de la liste tronquée. Il ne voyait pas
sans doute que ce déplacement rompt tous les rapports de
la portion ultérieure de cette liste avec le ciel.

M. Max Müller mentionne aussi un *Jyôtisha,* tiré des
manuscrits de Colebrooke et dont il a eu le texte sous les
yeux. Mais il n'en donne qu'une idée sommaire, sans entrer dans aucun détail astronomique précis. Il reconnaît
toutefois, par le caractère du style, que sa date est postérieure à celle du Véda auquel il est annexé. Il serait bien
désirable que ces petits traités, que les Hindous présentent
comme contenant leur astronomie primitive, fussent textuellement traduits ; car, d'après l'échantillon que nous
en a offert Colebrooke, il pourrait bien, dans le nombre,
se trouver de *fausses antiques,* qu'il serait bon de soumettre à l'examen des connaisseurs, avant de les accepter
comme vraies.

Le transport des vingt-huit nakshatras, de l'astrologie
dans l'astronomie indienne, a exigé la possession de connaissances mathématiques, dont les astrologues n'avaient
aucun besoin ; et, par conséquent, ce transport a pu n'avoir
lieu que longtemps après leur admission dans la poésie.
L'auteur du *Sûrya-Siddhânta* leur conserve le même nom-

bre total, les mêmes noms, les mêmes rangs relatifs, et le rôle d'êtres divins que l'hymne de l'*Atharva-Véda* leur assigne. Le seul changement qu'il fait à l'ancienne liste, c'est de placer en tête, non plus le nakshatra *Krittikâ*, mais le nakshatra *Âçvinî*, dont l'étoile déterminatrice ζ des Poissons était venue coïncider avec le point équinoxial de printemps, à l'époque où il composait son livre. Mais, en outre, il attache à leur ensemble des caractères réellement astronomiques, dont l'application bizarre suppose la notion abstraite du cercle écliptique, l'usage des longitudes et latitudes grecques, et l'emploi de la trigonométrie sphérique : le tout subtilement mis en œuvre, pour déguiser et indianiser le système primitif des *sieou* chinois, de manière à dérober complètement sa trace aux yeux du vulgaire. Si l'on veut admettre, comme cela est très-vraisemblable, que la transmission de la science grecque dans l'Inde ne remonte guère au delà de l'ère chrétienne, ou même a été encore plus tardive, ce serait *en deçà* de cette date qu'il faudrait placer l'adoption par les Hindous de leurs vingt-huit nakshatras *à titre d'institution astronomique ;* et il ne serait pas impossible qu'ils n'aient été introduits sous cette forme qu'à l'époque beaucoup plus récente où l'astronomie indienne fut définitivement rassemblée en corps de doctrine, dans le *Sûrya-Siddhânta.*

Le choix tout particulier de coordonnées polaires, que les astronomes hindous ont exceptionnellement appliquées à leurs vingt-huit étoiles *yôgatâras*, montre qu'ils connaissaient bien le mode de construction géométrique par lequel on les désignait originairement à la Chine, en les plaçant sur leurs cercles de déclinaison propres, menés à partir du pôle boréal de l'équateur. Cela explique aussi les changements de choix qu'ils se sont permis, çà et là, d'y apporter, en remplaçant de très-petites étoiles par d'autres beaucoup plus brillantes, qui se trouvaient situées sur le même cercle de déclinaison, ou sur un autre peu éloigné. Mais ces modifications du système primitif, qu'ils devaient croire très-permises et très-avantageuses, ont entraîné des conséquences qu'ils n'avaient pas prévues, par suite desquelles un de leurs nakshatras, *Abhidjit*, s'est graduellement rétréci, et a dû finalement s'anéantir dans le ciel, au huitième mois de l'an 972 de notre ère, par la superposition des deux cercles de déclinaison qui le limitaient. J'ai exposé en détail les causes mécaniques de ce phénomène dans le *Journal des Savants*, et je ne pourrais que reproduire les démonstrations que j'en ai données[1].

Ici je termine cette étude rétrospective. J'ai tâché de la rendre aussi claire que possible, en montrant à nu les chaînons qui rattachent logiquement ses diverses parties les unes aux autres. Elle suffira, je crois, pour porter la conviction dans les esprits non prévenus, qui voudront prendre la peine d'en suivre avec attention les détails. Quant aux personnes qui ont pris le parti de décider ces questions par les seules lumières de la philologie, sans y faire intervenir les connaissances de mathématiques et d'astronomie qui sont indispensables pour les aborder, se faisant même un titre d'y être étrangères, pour rejeter comme nulles

[1] Année 1840, p. 276 et 277; année 1845, p. 45.

les conséquences qui s'en déduisent, je n'entreprendrai pas de leur persuader qu'elles ne peuvent prétendre à les résoudre. Il y a là une fin de non-recevoir, contre laquelle le raisonnement n'a pas de prise.

Toutefois, ceci m'impose encore une tâche à laquelle je ne m'étais pas attendu. Lorsque je me suis appuyé sur des documents tirés de l'ancienne astronomie chinoise, j'avais cru que les études approfondies dont elle a été l'objet de la part de Gaubil et des savants, sinologues, mathématiciens, ou astronomes, qui ont suivi ses traces, l'avaient fait assez connaître, pour qu'on n'élevât aucun doute sur l'originalité, la simplicité, le long exercice, et le caractère purement pratique, des procédés qui la distinguent de toute autre. Mais j'ai eu lieu de m'apercevoir qu'il n'en est pas ainsi. Dans le résumé, d'ailleurs très-bienveillant, que les traducteurs du *Sûrya-Siddhânta* ont donné de mes recherches sur l'origine chinoise des nakshatras hindous, à la page 346 de leur ouvrage, tout en voulant bien reconnaître qu'elles ne sont pas indignes d'attention, ils *regrettent que je n'aie pas rapporté, sous leur forme originale, les passages des textes chinois qui servent de base à mes conclusions;* ce qu'ils n'auraient pas supposé nécessaire, si l'ensemble de l'astronomie chinoise leur était connu. Un autre indianiste célèbre, moins réservé dans ses doutes, a entrepris de nier l'antiquité de cette astronomie, et d'établir que tous les textes, antérieurs à l'incendie des livres, dont on a prétendu l'étayer, ne peuvent fournir que des données philologiquement inacceptables. Voulant donc débarrasser la discussion de ces incidents étrangers, pour la ramener

et la fixer sur le terrain des faits positifs, je me suis proposé de compléter ces études par un *Précis de l'histoire de
l'astronomie chinoise*, où l'on verra clairement ce qu'elle
est, et ce qu'elle n'est pas.

PRÉCIS DE L'HISTOIRE

DE

L'ASTRONOMIE

CHINOISE

I

INTRODUCTION.

Le sujet dont nous allons nous occuper n'a que peu d'importance, si on l'envisage à un point de vue exclusivement scientifique. Il nous fournit seulement quelques résultats d'observation très-anciens, qui confirment la justesse de nos théories astronomiques, comme eux-mêmes s'en trouvent réciproquement confirmés. Mais il acquiert un haut degré d'intérêt, quand on le considère comme offrant la matière d'une étude d'histoire et de mœurs. Sous ce double rapport, l'astronomie chinoise a des caractères propres, qu'on ne rencontre chez aucune autre nation de l'antiquité. Elle n'a pas été formée, comme celle des Grecs, par les méditations solitaires d'un petit nombre d'hommes de génie, s'appliquant d'abord à enchaîner les observations particulières dans les lois numériques qui embrassent leur ensemble, puis traduisant ces lois par des constructions géométriques, images fidèles des mouvements observés, d'où nous tirons des indices certains pour découvrir la nature des forces mécaniques par lesquelles ces mouvements sont produits. L'astronomie des Chinois ne cherche pas le pourquoi des phénomènes. Elle n'a rien de théorique, rien même qui soit rationnellement démontré, ou que l'on suppose avoir besoin de l'être. C'est un assemblage de procédés d'observation d'une simplicité primitive, appliqués suivant des conventions invariablement fixes, pour en déduire des résultats universellement acceptés. Tout cela, établi depuis les plus anciens temps de l'empire chinois, et transmis d'âge en âge à titre de rites, devant servir de règles, non-seulement au peuple, mais aussi aux souverains, conservateurs suprêmes des lois du ciel dont ils sont les représentants sur la terre. L'existence séculaire d'un état de choses si curieux, si étrange, ne peut être prouvée, même rendue croyable, que si on la trouve attestée par et des documents historiques d'une incontestable authenticité, liés entre eux par une chronologie certaine. Personne ne s'est livré à cette recherche avec plus de succès et de persévérance que le P. Gaubil; et ses écrits, au besoin contrôlés, complétés, par les textes originaux dont l'intelligence nous est maintenant accessible, vont nous servir de guide dans l'étude que nous abordons. Mais avant d'en faire un tel usage, il faut apprécier le degré de confiance que nous devons leur accorder.

Pour cela il devient nécessaire de se rappeler les circonstances spécialement favorables dans lesquelles ce savant missionnaire les a composés; l'abondance des matériaux historiques, astronomiques, de toutes les époques, qu'elles mettaient dans ses mains; et les goûts, comme les qualités d'esprit, qui le rendaient éminemment propre à en extraire, avec une fidélité intelligente, les faits séculaires qui s'y trouvaient enfouis. Tout cela est exposé en détail, avec une parfaite exactitude, dans l'article de la *Biographie universelle* qu'Abel Rémusat lui a consacré. Ici, les traits principaux de sa vie vont nous suffire. Entré à Paris dans la Société des jésuites, en 1704, à l'âge de quinze ans, il est envoyé en 1723 à la Chine, après avoir reçu l'éducation forte et variée, littéraire, mathématique, astronomique, dont cette célèbre compagnie armait ceux de ses membres qu'elle destinait aux missions de l'Orient. Il avait trente-quatre ans alors. Arrivé à Pékin, il y résida sans aucune interruption jusqu'à sa mort, arrivée en 1759. Pendant ces trente-six années de séjour et d'études infatigables, il avait acquis une telle possession des langues chinoise et tartare, que la cour de Pékin le choisit pour interprète officiel dans sa correspondance diplomatique avec le gouvernement russe, correspondance à laquelle le latin servait d'intermédiaire. Cela exigeait que Gaubil se tînt toujours prêt à traduire couramment, d'une langue dans l'autre, les dépêches échangées; et cela sans préparation, en présence des ministres chinois, parfois de l'empereur lui-même, sans donner lieu à des malentendus entre les deux cours, tâche dont il s'acquitta constamment à leur mutuelle satisfaction, avec une aisance et une facilité surprenantes. Cette épreuve suffirait pour nous assurer qu'il a dû avoir une complète intelligence des documents historiques ou astronomiques qu'il nous a traduits. Mais, d'après la connaissance aujourd'hui acquise en France de la langue chinoise écrite, on peut ajouter que, parmi les citations qu'il en a faites, toutes celles que l'on a eu l'occasion de vérifier sur les textes originaux ont été trouvées, sans aucune exception, d'une fidélité scrupuleuse, ce qui nous assure des autres.

Ceci reconnu, les ouvrages de Gaubil auxquels j'aurai spécialement recours, pour nous guider dans l'étude que nous allons faire, sont les suivants :

1° *Histoire abrégée de l'astronomie chinoise*, et *Traité de l'astronomie chinoise*, insérés au recueil du P. Souciet, tomes II et III, Paris, 1729 et 1732, in-4°. Ce sont les deux premiers écrits de Gaubil sur l'astronomie des Chinois. Il les avait envoyés en manuscrit à Paris, au P. Souciet, lequel les a fait imprimer avec beaucoup d'incorrections. D'après des renseignements tirés de la correspondance manuscrite du P. Gaubil, et qui m'ont été communiqués par M. l'abbé Tailhan, la date d'envoi remonte à l'année 1727, en sorte qu'il les avait composés pendant les quatre premières années de son séjour à Pékin, tant il s'était promptement familiarisé avec la langue et la littérature chinoises.

2° *Histoire de l'astronomie chinoise*, insérée d'abord au

recueil des Lettres édifiantes, tome XXVI, édition de 1783, et postérieurement, au tome XIV du même recueil, imprimé à Lyon en 1819. C'est, en grande partie, la reproduction, plus régulièrement arrangée, des deux écrits mentionnés ci-dessus. Mais ces deux premiers contiennent plusieurs documents originaux d'un grand intérêt, qui manquent dans la nouvelle rédaction. Celle-ci nous offre le dernier travail d'ensemble que Gaubil ait fait sur l'astronomie chinoise proprement dite. L'envoi du manuscrit doit avoir été postérieur à l'année 1749; car l'auteur y mentionne l'envoi de l'ouvrage suivant comme l'ayant précédé.

3° *Traité de la chronologie chinoise.* — Le manuscrit de cet ouvrage, le plus important de tous ceux que Gaubil a composés, avait été expédié par lui de Pékin à Paris, le 23 septembre 1749. Pendant soixante-cinq ans, il resta ignoré sous le sceau de plomb d'une déplorable indifférence. Il ne fut tiré de l'oubli qu'en 1814, par Laplace, qui en découvrit une copie dans la bibliothèque du bureau des longitudes, parmi des papiers ayant appartenu à Fréret; et, sur ses vives instances, Silvestre de Sacy en effectua immédiatement la publication, avec l'assistance d'Abel Rémusat. Cet ouvrage est un trésor d'érudition et de critique. Il contient le dépouillement et l'analyse conscieusement fidèle de tous les ouvrages que, depuis l'avénement des Han, 206 ans avant notre ère, les historiens officiels, les lettrés les plus savants et les astronomes les plus habiles, ont successivement composés, sur l'histoire générale de la Chine et la chronologie de l'empire chinois. Aucune nation ancienne et moderne n'a fait et ne possède autant de travaux relatifs à sa propre histoire. Gaubil ne se borne pas à exposer les systèmes chronologiques des différents auteurs. Il rapporte les documents écrits ou traditionnels sur lesquels ils se sont appuyés. Il les discute, les apprécie, fixe leur valeur; les confirme ou les infirme par des calculs d'éclipses qui fournissent des dates certaines; et, de tout cela, après vingt-six années d'études suivies avec une constance infatigable, il recompose une chronologie continue, embrassant tous les temps de l'empire chinois que l'on peut regarder comme historiques, laquelle, dans son indé-pendance, se trouve presque entièrement concorder avec la chronologie officiellement admise à la Chine, par suite des immenses travaux littéraires exécutés d'après les ordres et sous l'inspection immédiate du savant empereur Khang-hi. Je la suivrai donc, en toute assurance, dans les détails d'histoire que j'aurai à raconter; et, chemin faisant, je trouverai l'occasion de montrer comment elle peut s'étendre si loin.

D'après une note tracée sur l'enveloppe du manuscrit, une autre copie du même ouvrage, écrite de la main même de Gaubil, avait été adressée par lui au P. Berthier, qui n'en fit aucune mention ni aucun usage. Depuis, elle était tombée, sans plus de fruit, entre les mains du P. Brotier; et de là, enfin, toujours ignorée du public, elle était allée s'ensevelir dans les cartons de la Bibliothèque royale destinés aux livres orientaux. Dès que le manuscrit découvert par Laplace fut publié, Langlès, le conservateur en titre de ces trésors littéraires, mû d'un zèle tardif, y chercha l'autre copie, la trouva, et y signala triomphalement

d'assez nombreuses variantes qu'il transcrivit sur un des
exemplaires imprimés, dont il fit don à la bibliothèque de
l'Institut. Heureusement, ce sont, en général, de simples
transpositions, qui modifient quelque peu l'arrangement,
mais non pas la nature ou les époques absolues des faits
exposés. Cela tient à ce que Gaubil, quand il envoyait ses
ouvrages aux savants d'Europe, ne s'assujettissait pas à en
faire des copies strictement identiques. Il modifiait volontiers, non pas le fond, mais la forme, selon les personnes
auxquelles il s'adressait; ajoutant parfois de nouveaux détails, promettant d'en envoyer d'autres du même genre si
on le désire, prenant enfin tous les moyens imaginables
pour éveiller leur indifférence, et ne parvenant à attirer
leur attention qu'autant qu'elle profitait à leur intérêt
littéraire ou aux systèmes qu'ils s'étaient formés. On lui
a reproché, non sans cause, son habitude presque constante de citer seulement par extrait, et non pas en original, les passages qu'il emprunte aux livres chinois, fort
souvent même sans dire où il les a pris. Mais, en quoi des
citations plus précises auraient-elles servi à des gens qui
ne mettaient aucun intérêt à les vérifier, et qui se bor-
naient à les accepter en simples curieux, pour ce qu'elles
avaient d'étrange? La vie de l'âme manquait à ces rapports.
Combien de fois n'ai-je pas entendu Laplace regretter qu'il
ne se soit rencontré personne, à l'Académie des inscriptions ou des sciences, qui fût réellement capable de consulter Gaubil avec assez d'intelligence, et de zèle désin-
téressé, pour tirer de lui tant de documents précieux
d'astronomie ancienne dont il indiquait seulement l'exis-

tence, et que nous serions aujourd'hui si heureux de posséder [1]!

On doit encore à Laplace la découverte d'un autre manuscrit de Gaubil intitulé : *Recherches sur les constellations et les catalogues des étoiles fixes, sur le cycle des jours, sur les solstices et sur les ombres méridiennes du gnomon observées à la Chine.* Gaubil avait envoyé cet écrit en 1734 à l'astronome français Delisle, qui résidait alors à Saint-Pétersbourg. Celui-ci le rapporta à Paris en 1747, avec d'autres papiers scientifiques qu'il avait recueillis pendant son séjour en Russie. Il n'en parla point et n'en donna connaissance à personne. Mais, le considérant apparemment comme sa propriété particulière, il le céda, ainsi que ses autres papiers, au dépôt de la marine, en échange d'une pension de 3,000 francs. Toute cette collection ayant été transférée depuis à la bibliothèque de l'Observatoire, pendant nos troubles révolutionnaires, Laplace y découvrit le manuscrit de Gaubil, qui en était de beaucoup la pièce la plus précieuse. Sur sa demande, les observations astronomiques qui s'y trouvaient rapportées furent imprimées en entier dans les additions à la connaissance des temps pour

---

[1] Je citerai comme exemples les traités d'astronomie intitulés *San-tong* et *Sse-fen*, les premiers qui furent composés sous la dynastie des Han après l'incendie des livres, comme aussi les ouvrages du grand astronome chinois Ko-cheou-king, auquel l'empereur tartare Cobilay confia la présidence du tribunal des mathématiques, et qui, en 1280, observait les hauteurs méridiennes du soleil, aux équinoxes et aux solstices, par des procédés beaucoup plus précis que ceux dont Tycho fit usage trois siècles plus tard. Gaubil s'était procuré tous ces livres, et il en a donné des extraits; mais on ne lui témoigna de Paris aucun désir de les avoir en original; et depuis, malgré toutes les démarches que nous avons tentées et toutes les promesses qu'on nous a faites, nous n'avons pas réussi à les obtenir.

les années 1809 et 1810. La partie uranographique, plus
spécialement applicable à des recherches d'érudition dont
personne ne s'occupait alors, resta inédite. Mais mon fils
en avait tiré une copie que j'ai retrouvée dans ses papiers ;
et je la déposerai prochainement dans la bibliothèque de
l'Institut, où l'on pourra librement la consulter.

Les écrits de Gaubil que je viens de mentionner contiennent, en substance, tous les documents nécessaires pour
reconstruire, avec une entière certitude, l'ancienne astronomie chinoise, dans sa simplicité et son originalité primitives. Mais il y a des réserves à faire et des précautions
à prendre pour les employer avec sûreté, comme instruments de travail. C'est une mine qu'il faut savoir exploiter.
Prenez d'abord, par exemple, ceux de ses ouvrages où il a
voulu exposer l'astronomie des anciens Chinois, et faire
connaître les résultats pratiques auxquels ils étaient parvenus. Une première lecture ne vous y fera apercevoir
aucune suite, ni saisir aucun ensemble. A force de vivre
parmi des Chinois, il avait pris leurs habitudes d'esprit ;
et, devenu indifférent au sentiment de rectitude logique,
qui est un attribut spécial de la langue française, il pensait
et il écrivait *à la chinoise*. Sa rédaction offre habituellement
un texte ou argument principal, qu'il développe d'abord
dans un commentaire, auquel il ajoute ensuite des notes
explicatives. Au lieu de tout dire en une fois sur chaque
sujet, il le quitte à moitié, passe à un autre, y revient
plus tard, et vous laisse le soin de remettre ensemble ces
membres épars. Je n'insiste pas sur les conjectures qu'il
imagine, pour faire venir des patriarches, ou de Noé même,

les connaissances que les Chinois ont eues très-anciennement sur l'astronomie. Ce sont là des conséquences naturelles de sa profession. Mais elle a eu encore d'autres influences plus regrettables sur les appréciations qu'il avait à faire. Il était, comme tous ses confrères, exercé au maniement des calculs et des instruments de l'astronomie européenne, dont la supériorité sur les pratiques chinoises avait puissamment servi pour accréditer les jésuites à la cour de Pékin. Aussi, à ses yeux, celle-là seule existe. Il ne se figure pas des mesures d'intervalles équatoriaux prises autrement qu'avec des cercles divisés; et, quand il en rapporte qu'il trouve mentionnées dans des textes chinois de diverses époques, il ne s'inquiète nullement de chercher comment on a pu les obtenir, de sorte qu'il nous faut conclure la nature du procédé de sa nécessité même. Cette disposition de son esprit a dû lui faire plus d'une fois négliger des détails d'observation qui auraient aujourd'hui, pour nous, un grand intérêt. Par exemple, en analysant un texte chinois fort ancien, le *Tcheou-pey*, dont heureusement nous possédons un exemplaire à la Bibliothèque impériale, il n'y mentionne pas, sans doute il n'y aperçoit point, deux inventions pratiques très-simples, mais d'une précision surprenante, dont nous ignorions l'origine, et qui s'y trouvent distinctement énoncées comme étant d'une application usuelle, ainsi qu'on le voit dans la traduction complète que mon fils a publiée de ce curieux document[1]. Il ne s'est donné non plus aucune peine pour

---

[1] *Journal de la Société asiatique de Paris.* troisième série, t. II, p. 593.

savoir précisément quel était, dans les anciens temps et aux époques les plus récentes, le mode de construction et le degré d'exactitude des horloges d'eau, universellement employées à la Chine pour les usages publics et dans les opérations de l'astronomie. C'était cependant là un élément pratique bien important à connaître. Mais Gaubil ne s'intéressait qu'aux résultats obtenus, et nullement aux procédés à l'aide desquels on était parvenu à les obtenir.

Un autre genre d'omission, fort regrettable dans les ouvrages de Gaubil, provient également de cette disposition trop exclusive à n'apprécier les pratiques et les doctrines chinoises que du point de vue européen. Chez les Chinois, l'astronomie a toujours été intimement liée à l'astrologie. C'est même pour servir aux spéculations astrologiques qu'ils ont été, dans tous les temps, si assidus à observer et enregistrer les phénomènes, tant ordinaires qu'extraordinaires, qui s'opéraient dans le ciel; et aucun peuple n'a plus complétement justifié le mot de Képler, que l'astrologie est la mère de l'astronomie. Les empereurs n'y trouvaient pas seulement des prédictions favorables ou défavorables à leurs entreprises; eux-mêmes, leurs ministres et les populations tout entières voyaient, dans ce qu'ils croyaient être des désordres célestes, les signes indicateurs des fautes du gouvernement. De là une foule d'usages publics, de cérémonies passées à l'état de rites, qui se sont perpétuées invariablement sous toutes les dynasties, attestant, par

et suiv. Paris, 1841. Voyez aussi l'analyse que j'ai donnée de cette traduction, et de l'ouvrage chinois, dans le *Journal des Savants*, cahier d'août 1842.

leur existence, la continuité des observations célestes qui
en fournissaient l'occasion et le motif. C'était là une source
de renseignements historiques très-précieux, que Gaubil
aurait pu nous fournir. Mais, comme Européen et missionnaire catholique, il méprisait ces superstitions. Aussi n'en
parle-t-il qu'occasionnellement, pour témoigner le dédain
qu'elles lui inspirent. C'est un vide dans le tableau qu'il
nous a tracé.

Heureusement nous pouvons remplir celui-là et bien
d'autres à l'aide des ouvrages originaux que nous possédons. L'enseignement de la langue chinoise écrite, inau-
guré en France par Abel Rémusat en 1815, il y a moins
d'un demi-siècle, a été élevé depuis, par le génie philologique de M. Stanislas Julien, à un degré d'étendue qui n'a
pas d'égal en Europe. Les textes, même anciens, les plus
difficiles, ont été méthodiquement exposés et interprétés
par lui dans ses cours publics, avec une sûreté de principes
telle, que ses disciples ont été mis en état de les aborder
et d'en publier des traductions fidèles. Ce profond sinologue, m'ayant accordé le secours de son immense érudition,
rechercha pour moi, et retrouva la plupart des textes astronomiques dont Gaubil n'avait donné que des extraits,
prit la peine de me les traduire complétement lui-même,
en découvrit d'autres non moins importants qu'il n'avait
pas signalés, et les remit à mon fils, qui, s'étant instruit à
ses leçons, se dévoua tout entier à me les interpréter, avec
l'intelligence du sujet que son éducation mathématique,
non moins que littéraire, lui avait acquise. Muni de tous
ces documents, je pus, en les faisant servir de complément

aux travaux de Gaubil, rédiger et publier dans le *Journal des Savants*, en 1840, un exposé méthodique de l'astronomie chinoise, où je m'attachais à mettre en évidence son caractère purement pratique, l'extrême simplicité des procédés d'observation qu'on y voit mis en œuvre, et qu'on ne retrouve chez aucune nation de l'antiquité, leur usage exclusif maintenu comme un rite durant plus de vingt siècles, et les données confirmatives de nos théories modernes que nous retirons de cette haute antiquité. Cet exposé suffisait aux astronomes, mais il surprit désagréablement la plupart des indianistes. Car il en résultait, avec évidence, qu'une grande institution astronomique, mentionnée, comme d'origine divine, dans le *Sûrya-Siddhânta*, et dans tous les traités sanscrits dérivés du même type sacré, n'était littéralement qu'un emprunt fait à l'astronomie chinoise, dont, jusqu'alors, personne n'avait soupçonné l'influence sur la science indienne. Toutefois, ils n'attachèrent pas d'abord assez d'importance à cette idée pour prendre la peine de la combattre[1]. Mais l'ayant reproduite, dans ces derniers temps, avec une nouvelle insistance, en l'appuyant sur de nouveaux documents qui montrent l'identité

[1] Ici l'équité, d'accord avec mon intérêt, m'oblige à réparer un tort que mon ignorance de la langue allemande m'a fait insciemment commettre envers l'illustre indianiste M. Lassen, en ne l'exceptant pas nominalement de ce reproche d'indifférence. Non-seulement cet esprit éclairé et indépendant ne s'est pas refusé à examiner les preuves que j'apportais de l'identité des vingt-huit Sieou chinois, avec les vingt-huit Nakshatras hindous décrits dans le *Sûrya-Siddhânta* et dans les autres traités classiques d'astronomie indienne, mais il a formellement témoigné qu'elles lui paraissaient convaincantes, en les mentionnant comme telles dans son ouvrage intitulé : *Indische Alterthumskunde* (Antiquités indiennes), t. I, l. II, p. 742 et suiv. Bonn, 1847.

des deux institutions, reconnue et admise depuis des siècles
par les Chinois à titre d'opinion courante, un des plus célèbres indianistes de notre époque, M. Weber, a entrepris
et commencé de publier un grand travail d'érudition, où
il se fait fort de réfuter cette hérésie par une argumentation qui se résume dans les deux propositions suivantes :
1° L'incendie général des livres chinois d'astronomie, de
philosophie et d'histoire, ayant été ordonné sous peine de
mort, 213 ans avant l'ère chrétienne, par l'empereur
Thsin-chi-hoang-ti, tous les textes que l'on a voulu présenter comme antérieurs à cette époque doivent être réputés
apocryphes. 2° Quant aux anciennes observations astronomiques, attribuées au prince Tcheou-kong, que l'on prétend
avoir été reconnues véritables par des calculs rétrospectifs,
M. Weber déclare n'en pouvoir juger par lui-même. Mais,
comme les mathématiciens se sont plus d'une fois contre-
dits dans de pareilles appréciations, il se croit suffisamment autorisé à n'en tenir aucun compte. Ces deux points
réglés, l'immense antiquité que l'on attribuait à l'astronomie chinoise n'est fondée sur rien.

Je pourrais représenter au savant philologue de Berlin,
qu'en bonne logique, se déclarer incompétent ne donne
pas de droits à se rendre juge. Mais, au lieu de m'engager
avec lui dans une polémique personnelle, dont le moindre
inconvénient serait d'être ennuyeuse et probablement inutile, j'aborderai directement cette question d'antiquité par
une voie nouvelle, qui, remontant du présent au passé,
nous ramènera, sans contestation possible, aux résultats
que j'avais d'abord énoncés. Peut-être les lecteurs de ces

articles ne me sauront pas mauvais gré de chercher ainsi à éveiller leur curiosité pour soutenir leur patience. Mais, afin de ne leur en demander que ce qui me sera indispensablement nécessaire, je vais leur signaler à l'avance le but unique vers lequel nous allons marcher.

Il est tout entier compris dans la proposition suivante, que je me borne à reproduire d'après les énoncés que j'en ai plusieurs fois donnés [1].

« Le trait distinctif de l'astronomie des Chinois, c'est
« l'observation assidue des astres quand ils passent au
« méridien, en notant, au moyen des horloges d'eau, les
« instants où ils se trouvent dans ce plan. Vingt-huit étoiles,
« réparties sur le contour du ciel, et toujours les mêmes,
« leur servent comme autant de signaux fixes, auxquels
« ils rapportent les positions relatives des astres ainsi ob-
« servés. De cette seule pratique, invariablement suivie
« depuis un temps immémorial, ils ont su déduire par
« eux-mêmes les durées moyennes des révolutions du so-
« leil, de la lune et des planètes ; les périodes de temps
« qui ramènent ces astres en conjonction ou en opposition
« entre eux ; les éléments d'un calendrier luni-solaire suffi-
« sant à tous les besoins publics ; et aussi une ample pro-
« vision, incessamment renouvelée, de pronostics astro-
« logiques, ce besoin primitif et universel de l'esprit
« humain. »

Pour établir toutes les parties de cette proposition, sans fatiguer inutilement l'attention des lecteurs qui voudront

---

[1] Voyez ci-dessus, p. 250 et suiv.

bien s'y intéresser, je remets sous leurs yeux, à la suite de cet article, un tableau de nombres que j'avais déjà inséré dans le *Journal des Savants* en 1840. Il représente, dans le court espace de deux pages, toute l'ordonnance ancienne et moderne du ciel chinois et de ses vingt-huit étoiles déterminatrices, depuis vingt-quatre siècles avant l'ère chrétienne jusqu'à nos jours. Un seul regard jeté au besoin sur ce tableau leur rendra immédiatement sensible une foule de faits et de détails astronomiques, dont j'essayerais vainement de leur donner, par des paroles, une idée précise. On ne saurait trouver une application plus juste, quoique imprévue, du précepte d'Horace :

> Segnius irritant animos demissa per aurem,
> Quam quæ sunt oculis subjecta fidelibus...

Ainsi préparé, j'entre dans ma narration; car, sur la route que je vais suivre, j'aurai plutôt une simple narration à faire que des démonstrations mathématiques à exposer.

Tableau des divisions équatoriales selon le systèm

NUMÉROS D'ORDRE en commençant par la division qui contenait l'équinoxe vernal en — 2357.	NOMS CHINOIS DES DIVISIONS dans l'ordre de leurs passages successifs au méridien en—2357.	DÉSIGNATION DES ÉTOILES qui déterminent leur origine en ascension droite, avec l'indication du degré d'éclat propre à chaque étoile.	ASCENSION DROITE DE L'ÉTOILE déterminatrice en 1800	DÉCLINAISON DE L'ÉTOILE déterminatrice en 1800	LONGITUDE DE L'ÉTOILE déterminatrice en 1800
1	MAO	η Pléiade 3e gr	57° 54' 16"	+23° 28' 38" b	57° 12' 1"
2	PI	ε Taureau 3e-4e	64 14 15	+18 43 33 b	65 39 58
3	TSE	λ Orion 4e	81 4 50	+ 9 47 23 b	80 54 47
4	TSAN	δ Orion 2e	80 26 51	— 0 27 29 a	79 54 6
5	TSING	μ Gémeaux 3e	92 42 51	+22 56 13 b	92 30 21
6	KOUEY	θ Cancer 5e-6e	125 2 40	+18 45 40 b	122 56 24
7	LIEOU	δ Hydre 4e	126 45 46	+ 6 23 31 b	127 31 4
8	SING	α Hydre 2e	139 26 17	— 7 47 47 a	144 29 44
9	TCHANG	59 ν_1 Hydre 5e	145 27 58	—13 54 49 a	152 54 37
10	Y	α Hydre et Coupe 4e	162 50 29	—17 14 7 a	170 56 9
11	TCHIN	γ Corbeau 3e	181 22 59	—16 25 43 a	187 56 52
12	KIO	α Vierge 1re	198 40 2	—10 6 43 a	201 3 0
13	KANG	$\varkappa$ Vierge 4e	210 33 34	— 9 20 2 a	211 42 1
14	TI	α_2 Balance austr. 2e-3e	219 57 52	—15 11 58 a	222 17 35
15	FANG	π Scorpion 4e	236 41 37	—25 31 20 a	240 8 48
16	SIN	ς Scorpion 3e-4e	242 15 47	—25 5 47 a	245 0 25
17	OUEY	μ_2 Scorpion 4e	249 42 9	—37 39 20 a	255 27 15
18.	KI	γ_2 Sagittaire 3e-4e	268 14 24	—30 24 37 a	268 28 15
19	TEOU	φ Sagittaire 3e-4e	278 17 18	—27 10 54 a	277 23 6
20	NIEOU	δ Capricorne 5e	302 26 19	—15 23 58 a	301 15 11
21	NU	ε Verseau 4e	309 12 30	—10 13 0 a	308 55 54
22	HIU	δ Verseau 5e	320 15 13	— 6 26 28 a	320 56 16
23	GOEY	α Verseau 3e	328 52 30	— 1 16 58 a	330 33 45
24	TCHE	α Pégase 2e	343 42 0	+14 8 3 b	350 41 59
25	PY	γ Pégase 2e	0 44 11	+14 4 25 b	6 22 9
26	KOEY	ζ Andromède 4e	9 11 23	+23 10 43 b	17 48 12
27	LEOU	δ Bélier 5e	25 54 11	+19 49 35 b	31 10 39
28	OEY	α Mouche et Lis 4e (35e Bélier.)	37 56 13	+26 50 58 b	44 8 47

NOTA. La division n° 26 se prononce exactement comme le n° 6, mais elle s'écrit par un caractère différent; je les ai di signifie *la cuisse*. De même PY n° 25 se prononce comme PI n° 2, mais il s'écrit différemment; le caractère chinois du PI n° pour le distinguer du premier.

nois, pour les années de l'ère chrétienne + 1800 et — 2357.

LATITUDE de l'étoile déterminatrice en 1800	ASCENSION DROITE de l'étoile déterminatrice en—2357	DÉCLINAISON de l'étoile déterminatrice en—2357	ÉTENDUE ÉQUATORIALE DE LA DIVISION	en — 2357	en + 1800
— 4° 1′ 4″ b	358° 30′ 16″	+ 3° 10′ 26″ b	MAO	10° 24′ 28″	10° 19′ 59″
— 2 35 17 a	+8 54 44	+ 0 29 53 b	PI	18 5 45	16 47 35
—13 23 37 a	27 0 29	— 3 37 33 a	TSE	2 42 21	— 0 34 59
—23 54 43 a	29 42 53	—13 32 6 a	TSAN	3 36 21	12 16 0
— 0 50 20 a	33 19 14	+12 11 9 b	TSING	30 34 32	32 19 49
— 0 47 16 a	63 53 46	+20 27 38 b	KOUEY	6 38 9	1 43 6
—12 24 56 a	70 31 55	+ 9 44 24 b	LIEOU	17 4 45	12 40 31
—22 23 41 a	87 36 40	+ 1 13 11 b	SING	7 59 43	6 1 41
—26 5 18 a	95 16 23	— 2 29 2 a	TCHANG	16 39 29	17 2 31
—22 42 42 a	111 55 52	— 0 39 19 a	Y	17 27 36	18 52 50
—14 29 23 a	129 23 28	+ 4 3 50 b	TCHIN	16 11 13	17 17 3
— 2 2 20 a	145 54 41	+12 11 49 b	KIO	12 0 6	11 53 52
+ 2 55 25 b	157 34 47	+13 8 58 b	KANG	8 58 5	9 23 58
+ 0 21 39 b	166 32 52	+ 6 45 41 b	TI	14 4 54	16 44 5
— 5 26 45 a	180 37 46	— 5 39 1 a	FANG	5 2 25	5 34 10
— 4 0 27 a	185 40 11	— 6 16 58 a	SIN	3 5 7	7 26 22
—15 20 58 a	188 45 18	—20 1 18 a	OUEY	17 48 46	18 32 15
— 6 57 5 a	206 34 4	—18 3 16 a	KY	9 51 49	10 2 54
— 3 55 41 a	216 25 53	—18 18 34 a	TEOU	26 28 44	24 9 1
+ 4 36 46 b	242 54 37	—16 22 53 a	NIEOU	8 24 13	6 46 11
+ 8 6 12 b	251 18 50	—14 12 12 a	NU	11 55 32	11 2 43
+ 8 57 57 b	263 14 22	—14 48 30 a	HIU	10 9 18	8 57 17
+10 40 34 b	273 23 40	—12 58 21 a	GOEY	18 48 14	14 49 30
+19 24 47 b	292 11 54	— 2 38 34 a	TCHE	16 10 48	17 2 11
+12 35 47 b	308 22 42	— 6 16 59 a	PY	9 13 42	8 27 12
+17 36 45 b	317 36 24	+ 1 35 21 b	KOEY	15 18 50	16 42 48
+ 8 28 50 b	332 55 14	— 2 41 57 a	LEOU	10 47 53	12 2 2
+11 17 44 b	343 43 7	+ 4 41 47 b	OEY	14 47 9	15 58 3

ignées ici par une orthographe française différente. Le KOUEY n° 6 signifie en chinois *les mauvais esprits*, et le KOEY n° 26 gnifie *le filet*, ce qui est la désignation figurative des Hyades. Le PY n° 25 signifie *le mur*; j'ai écrit ce dernier avec un Y.

II

On s'est plu souvent à remarquer que les Chinois, dans leurs idées, dans leurs usages, leurs préjugés même, offrent un singulier et perpétuel contraste avec les peuples européens, et même avec les autres peuples de l'Orient. Leur astronomie ne fait pas exception à cette règle. Elle n'a jamais constitué, chez eux, une science spéculative, apanage spécial d'un petit nombre d'esprits. Dans tous les siècles, elle a été une œuvre de gouvernement. Son principal office consiste à préparer chaque année, plusieurs mois à l'avance, le calendrier impérial, qui, transmis par le *Ta-sse*, le *grand historien*, à tous les grands fonctionnaires de l'État, leur fournit les indications qu'ils doivent suivre pour régler avec uniformité, dans tout l'empire, les travaux administratifs; et le soin de les en instruire est un droit, en même temps qu'un devoir, du souverain. Elle est chargée, en outre, de l'avertir personnellement des phénomènes extraordinaires qui arrivent dans le ciel, pour en tirer les présages, favorables ou défavorables, qui concernent son gouvernement. Aussi, mus par ces deux intérêts purement pratiques, a-t-on vu, de tout temps, les empereurs chinois établir des observatoires particuliers dans leur résidence, y attacher des astronomes officiels, souvent prendre part eux-mêmes à leurs travaux, s'en faire rendre périodiquement compte, et célébrer les principales phases de l'année légale par des cérémonies publiques dont l'usage s'est religieusement conservé, tant qu'elles n'ont pas rencontré un obstacle invincible dans les désastres de l'empire ou la conduite désordonnée de quelques empereurs. Par suite de cet assujettissement de l'astronomie au service exclusif de l'État et des princes, son histoire, chez les Chinois, se trouve intimement liée à celle du pays, et ses époques de prospérité ou de décadence ont nécessairement coïncidé avec les époques de paix ou de troubles, de bon ou de mauvais gouvernement, amenées par des événements politiques. La succession générale de ces événements est donc indispensable à connaître pour suivre l'étude qui nous occupe, et je vais rapidement la retracer. D'après les documents écrits ou traditionnels, dont les historiens chinois admettent universellement l'authenticité [1], les premiers habitants de la Chine étaient des peuples sauvages et chasseurs, au milieu desquels s'avança, entre le trentième et le vingt-septième siècle avant notre ère, une colonie d'étrangers venant du nord-ouest. Cette colonie est généralement désignée dans les textes sous le nom de *peuple aux cheveux noirs;* sans doute par opposition à la couleur différente ou mêlée des cheveux de la race indigène, dont quelques débris occupent encore les montagnes centrales de la Chine. Elle est aussi appelée *les cent familles,* le mot *cent* étant alors employé dans une acception indéfinie; et ses premières occupations ont beaucoup d'analogie avec celles des pionniers qui vont défricher les forêts de l'Amérique

---

[1] Ce qui suit, jusqu'à l'avénement des Tcheou inclusivement, est presque entièrement tiré de l'introduction rédigée par mon fils pour sa traduction du *Tcheou-li,* publiée en 1851.

septentrionale. D'abord le chef souverain, ou empereur de cette association, fut choisi par l'élection générale, et cela se continua jusqu'au vingt-deuxième siècle avant notre ère. A cette époque, un calendrier luni-solaire était depuis longtemps établi. L'observation régulière du soleil et de la lune avait été officiellement instituée; et l'avant-dernier souverain de cette première période élective, appelé Yao, avait attaché à leurs phases cardinales des cérémonies qui se sont perpétuées depuis comme autant de rites. Son successeur immédiat transmit la souveraineté à un des principaux personnages de sa cour appelé Yu, qui s'était distingué en dirigeant avec habileté de grands travaux de dessèchement, et cette dignité devint ensuite héréditaire dans la famille des *Hia*, dont il était le chef. Alors commencèrent les premiers essais de culture régulière substitués au pacage des bestiaux. Peu à peu, chaque famille s'augmenta et devint une tribu distincte, comme celle des Hébreux, comme les clans de l'Écosse. La famille des Hia régna près cinq cents ans, et fut détrônée par une autre, celle des Chang, qui continua l'occupation progressive du territoire. Sous cette seconde dynastie, la famille ou tribu des Tcheou forma un nouveau centre de civilisation à l'ouest, dans la vallée de la grande rivière Wéï, qui rejoint le fleuve Jaune vers le 34e parallèle de l'hémisphère nord. Elle y fonda un nouveau royaume, qui devint puissant par les conquêtes qu'elle fit sur les peuples barbares, et par ses alliances avec eux. Au treizième siècle avant notre ère, des querelles commencèrent à s'élever entre la famille des Tcheou et la famille souveraine, celle des Chang. Elles se prolongèrent jusqu'à la moitié du douzième siècle. Alors le chef des Tcheou, Wou-wang, secondé par d'autres chefs des tribus chinoises ou barbares, vainquit Cheou-sin, le chef des Chang, et fut investi du pouvoir souverain. L'empire chinois s'étendait alors sur une longueur de trois à quatre cents lieues, de l'ouest à l'est, et sur une largeur de cent cinquante environ, du nord au sud [1]. Lorsque Wou-wang eut soumis à ses armes toutes les tribus chinoises réparties sur ce territoire, et réduit leurs chefs à n'être plus que ses vassaux, il pensa que, pour rendre cet état de dépendance durable, et assurer ainsi à la famille des Tcheou la supériorité de rang où il l'avait élevée, il fallait donner à cet assemblage de parties disjointes une organisation commune, immuable, qui, en maintenant tous les ressorts du pouvoir dans leurs mains, fût, ou parût être, la fixation légale et régulière des institutions déjà existantes. L'accomplissement de ce grand acte politique lui fut rendue facile par l'assistance généreuse de son frère Tcheou-kong, prince vertueux, sans ambition, éclairé, qu'une tradition universellement acceptée présente comme le principal, sinon l'unique auteur du remarquable ouvrage intitulé *Tcheou-li*, c'est-à-dire *Rites des Tcheou*, dans lequel on voit décrits, avec une généralité de vues et une abondance de détails à peine croyable, tout le mécanisme intérieur de leur gouvernement, les rouages nombreux dont il se compose; leur mode d'association entre eux; et la marche de l'ensemble assurée par des règlements ayant force de rites, qui définissent et fixent toutes

---

[1] Mon fils en a inséré la carte, tracée d'après les indications mêmes du *Tcheou-li*, dans le tome II de sa traduction, p. 262.

les fonctions, tous les devoirs des gouvernants et des gouvernés, depuis l'empereur jusqu'au dernier homme du peuple [1]. On ne trouve une œuvre pareille à celle-là dans la littérature d'aucun peuple ancien ou moderne. L'observation des phénomènes célestes, et l'étude assidue du ciel, y tiennent une place importante, comme c'était alors l'usage chez les Chinois. C'est de ce même prince Tcheou-kong qu'il nous reste quelques déterminations astronomiques d'une précision singulière, que leur antiquité rend précieuses; et une ode du Chi-king, Part. III, c. II, od. 8, nous apprend que son frère, l'empereur Wou-wang, se créa aussi un observatoire qui fut appelé la *Tour des esprits*, parce que la tribu entière des Tcheou s'était portée avec tant d'empressement à sa construction, qu'il semblait avoir été élevé par enchantement. La mémoire de ces deux hommes, Tcheou-kong et Wou-wang, s'est perpétuée dans les annales de la Chine, entourée d'une immense vénération. Longtemps après que les liens politiques et sociaux qu'ils avaient établis furent brisés par l'ambition des chefs des autres tribus, qui profitèrent de la faiblesse et des fautes de leurs descendants pour se rendre indépendants du pouvoir central, Confucius, Meng-tseu, tous les historiens, tous les philosophes, les ont représentés comme les modèles des princes, et ils ont constamment rappelé le souvenir de leurs institutions aux souverains postérieurs, comme ayant donné la plus grande somme possible d'or-

---

[1] On peut voir le tableau complet de cette organisation politique, tracé d'après le *Tcheou-li* même, dans l'avertissement que j'ai placé en tête de la traduction de cet ouvrage par mon fils.

dre, de paix et de bien-être aux populations qui vivaient sous
leur gouvernement. Aujourd'hui, après trois mille ans, la
plupart des offices établis dans le *Tcheou-li* subsistent encore, avec les seuls changements de dénominations et
d'attributions devenues nécessaires pour continuer de les
rendre applicables à un empire beaucoup plus vaste, ainsi
qu'à une société dans laquelle les conditions de la propriété et l'état des personnes ont été modifiés par le temps.
La dynastie des Tcheou subsista pendant près de neuf siècles, depuis l'an 1111 jusqu'à l'an 249 avant l'ère chrétienne; et dans cet intervalle de temps, elle subit les phases
ordinaires de décadence graduelle, attachées partout au
système des grandes féodalités. Après plusieurs siècles
d'union et de prospérité, les liens que son fondateur avait
établis se relâchèrent. Dès lors, la faiblesse et le mauvais
gouvernement des empereurs, les révoltes incessantes des
princes feudataires, et leurs rivalités entre eux, livrèrent
la Chine en proie à une suite perpétuelle de guerres san-
glantes, qui la couvrirent de ruines, et interrompirent
l'exercice régulier de toutes les anciennes institutions. Ces
convulsions se terminèrent par la chute des Tcheou. Le
chef de la famille des Thsin, ayant soumis à son pouvoir
presque tous les princes feudataires, s'empara de l'empire
en l'an 249 avant notre ère [1], et sa mort, survenue deux
ans après, le fit passer aux mains de son fils Thsin-chi-
hoang-ti. Celui-ci, tyran superstitieux, violent et cruel, se
fatigua de l'opposition que lui faisaient les lettrés, en rap-

---

[1] Gaubil, *Chronologie*, III, p. 251, note.

pelant sans cesse à leurs disciples et à lui-même la sagesse
du gouvernement des anciens empereurs et le souvenir de
leurs vertus. Il résolut donc d'anéantir tout ce passé qui faisait obstacle à sa puissance, et de créer pour l'avenir une
Chine nouvelle qui commençât avec lui. A cet effet, en l'an
213 avant l'ère chrétienne, le 34e de son règne, il ordonna,
sous peine de mort, que, dans l'espace de quarante jours,
on brûlât tous les livres classiques, de morale, de philosophie, d'astronomie et d'histoire, n'exceptant de cette proscription que les livres des sorts, de médecine et d'agri-
culture, et *les annales de sa maison* [1]. Cet arrêt fut exécuté

[1] Gaubil, *Chron.*, I, p. 57, 58, 64, et II, p. 72-74. La conservation de ces
annales, que Gaubil a eues dans les mains et dont il nous a donné des extraits, fournit un jalon très-ancien et très-assuré dans la chronologie de
l'empire chinois. Depuis l'avénement des Tcheou, les princes feudataires, à
l'exemple des empereurs, avaient établi chez eux des historiens en titre,
chargés d'écrire les annales de leur maison. Or, l'empereur Hiao-vang, le
7e des Tcheou, dont le règne commence à l'année 909 avant l'ère chrétienne,
ayant érigé en royaume tributaire le pays de Thsin, dans la province de
Chen-si, en accorda l'investiture à un grand de sa cour, appelé *Fey-tse*,
auquel il donna le surnom de *yng*, de sorte qu'on l'appela depuis Thsin-yng; et
il fut ainsi le premier des *princes de Thsin*. En 753, un de ses successeurs,
appelé de son propre nom Ouen-kong, qui se trouvait alors dans la 13e année de son règne, établit à sa cour un tribunal particulier d'histoire, chargé
d'écrire les annales des princes de Thsin, à partir de Thsin-yng, ce qui se
continua depuis régulièrement jusqu'à leur extinction, en 206. Donc, en remontant de cette dernière date, qui est certaine, dans la série des règnes
antérieurs, dont les durées sont marquées en années solaires, on a une
suite de points chronologiquement fixes jusqu'à l'an 857 avant l'ère chrétienne. Or, remarque très-judicieusement Gaubil (*Chron.*, II, p. 74), « quand
« on n'aurait que ces annales des Thsin, on connaîtrait les époques de la plu-
« part des empereurs et des principaux princes tributaires, depuis l'empe-
« reur des Tcheou, Siouen-vang, dont le règne s'ouvre en 827, jusqu'à l'an
« 206, où les Han commencent, parce que, dans tout cet intervalle de
« temps, les princes de Thsin eurent toujours des affaires à traiter avec
« les empereurs et les princes tributaires, et que les historiens de Thsin,
« contemporains, tenaient registre de ces événements, et les marquaient à

dans tout l'empire, avec une extrême rigueur, et dans la seule ville impériale, plus de quatre cent cinquante lettrés furent mis à mort comme révoltés [1]. Thsin-chi-hoang-ti ne survécut que trois ans à cet édit fatal, et, à sa mort, qui eut lieu en 210, un grand nombre de victimes humaines furent enterrées vivantes avec lui dans son tombeau, coutume barbare, dont il n'y avait jamais eu d'exemple sous les précédents empereurs [2]. Une intrigue de cour conduite par un eunuque du palais, lui donna pour successeur son second fils, prince débauché, cruel, sans talent, lequel, déclaré empereur sous le nom de Eul-chi, abandonna tout l'exercice de la puissance suprême à l'eunuque qui l'y avait élevé. Mais bientôt les généraux et les grands des provinces se révoltèrent contre ce joug honteux; et, s'étant déclarés indépendants, formèrent une ligue formidable, qui, après sept années de guerres furieuses, amena la destruction complète de la dynastie des Thsin. Alors, dans la 203e année avant l'ère chrétienne, un des généraux

« l'année courante du règne de leur prince. » Beaucoup d'autres documents historiques, retrouvés après l'incendie des livres, et qui remontent bien plus haut que les annales des Thsin, se montrent en concordance parfaite avec elles, dans les parties qui leur sont communes, et reçoivent de cet accord une juste présomption de fidélité pour les plus anciens. Joignez à cela de nombreuses observations d'éclipses solaires, mentionnées dans ces annales à des dates précises de jours, et vous aurez l'ensemble des matériaux sur lesquels Gaubil a pu reconstruire la chronologie chinoise dans toute l'étendue des temps historiques, c'est-à-dire jusqu'à vingt-quatre siècles avant l'ère chrétienne. Le résumé que je viens de faire des titres dont il s'est appuyé, montre, je crois, avec une suffisante évidence, la confiance que mérite cet immense travail.

[1] Gaubil, *Chronologie*, I, p. 65.

[2] Suivant les rites de Tcheou, aux funérailles de l'empereur, on enterrait un cheval dans sa tombe. (*Tcheou-li*, liv. XXXII, fol. 50.)

vainqueurs, nommé Lieou-pang, devint seul maître de l'empire, y étant appelé par le suffrage de l'armée et des populations, que ses qualités morales, autant que sa valeur, lui avaient également attachées. Il prit le nom de Han-kao-tsou, et fut le fondateur de la dynastie des Han [1]. Ce prince éclairé s'efforça de réparer les désastres qu'avait causés l'édit de Thsin-chi-hoang-ti. Il remit en honneur les études historiques, astronomiques, littéraires, accorda sa faveur aux lettrés, fit rechercher dans tout l'empire les livres qui avaient pu échapper à la proscription; et, tant sous son règne que sous celui de ses successeurs immédiats, on en retrouva un grand nombre dont Gaubil a donné l'analyse dans son traité de chronologie, d'après les textes mêmes, en rapportant, pour chacun d'eux, les occasions qui les ont fait découvrir, et discutant, avec une sage critique, les preuves de l'authenticité, plus ou moins absolue, que l'on doit leur accorder. Depuis cette époque de rénovation, la Chine n'est pas toujours restée en paix. Elle a été plusieurs fois agitée par des guerres intérieures, à la suite desquelles Gengiskan, l'ayant conquise, y fonda, en 1281, la dynastie mongole, qui, sous la dénomination

---

[1] Il établit sa cour à Si-'ngan-fou, capitale du Chen-si. En l'an 23 de l'ère chrétienne, Han-wou-ti, son 10e successeur, la transporta dans la ville de Lo-yang, qui est à l'est de Si-'ngan-fou. Voilà pourquoi on distingue les Han en occidentaux et orientaux (Souciet, II, p. 5 et 27). Cette dynastie commença l'an 206 avant notre ère, et finit en l'an 225 après. Elle conserva donc l'empire pendant 431 années. Les Chinois lui doivent une reconnaissance infinie pour avoir remis en honneur les études historiques, astronomiques, littéraires, et pour avoir préservé de l'oubli les documents qui permettent de reconstruire tout le passé de leur nation, jusque dans les dernières profondeurs de son antiquité.

de *Youen*, posséda l'empire jusqu'en 1368. Alors une famille chinoise, celle des *Ming*, chassa les Mongols, et donna son nom à une dynastie nouvelle qui se maintint au pouvoir jusqu'en 1644. Mais, à cette époque, les Tartares Mandchous, s'étant rendus maîtres de la Chine, y établirent à sa place la dynastie mandchoue, qui, après avoir été longtemps florissante, se débat aujourd'hui dans ses dernières convulsions. Or, sur cela, il y a deux observations importantes à faire. La première, c'est que les deux dynasties étrangères, mongole et mandchoue, qui ont ainsi, tour à tour, occupé la Chine, bien loin de détruire les institutions anciennes, se sont attachées par politique à les maintenir et à les remettre en honneur. La seconde, qui en est une conséquence, c'est que toute la portion relativement moderne de l'histoire chinoise qui a précédé et suivi ces événements, est demeurée invariablement fixée par une série continue de documents authentiques, religieusement conservés, qui permettent d'en suivre sans interruption tous les détails. M'autorisant donc de cette continuité avérée, je vais me reporter tout de suite à l'avénement des Han, où l'on s'efforça de reconstruire l'astronomie, tant par des observations nouvelles qu'en s'aidant des souvenirs du passé. Quand nous aurons ainsi reconnu ce qu'elle a été, à cette date certaine, mais relativement récente, cela nous fournira un point de départ assuré pour remonter à ses états antérieurs.

Dès que Lieou-pang, le fondateur de la nouvelle dynastie, eut pris possession de l'empire, il rétablit le tribunal des mathématiques, qui eut, comme autrefois, dans ses attributions, la direction officielle des observations astronomiques, et la confection annuelle du calendrier impérial. Quoique, dans la suite non interrompue de guerres intérieures qui venaient de désoler la Chine durant près de cinq siècles, les études régulières d'astronomie eussent été presque entièrement abandonnées, l'œuvre de restauration entreprise par les Han, considérée dans ce qu'elle avait d'urgent et de nécessaire, n'était pas, à beaucoup près, aussi difficile que Gaubil semble le croire. On n'avait pas à faire revivre des théories abstraites, exigeant des méditations profondes pour être comprises et appliquées. Le but principal et presque le seul qu'on avait d'abord en vue, c'était de rétablir le calendrier luni-solaire dans sa forme usuelle et légale, forme assujettie à des règles très-simples et faciles à retenir dans la mémoire, d'autant plus qu'elles s'y trouvaient sans cesse rappelées par les cérémonies publiques attachées de tout temps à leur application. Or, sept années seulement s'étant écoulées depuis l'édit de proscription rendu par Thsin-chi-hoang-ti, tout ce passé ne pouvait être déjà entièrement oublié. Lui-même avait eu son calendrier impérial, établi suivant les formes habituelles. Il y avait encore dans les provinces, des lettrés qui avaient vécu sous son règne, et aussi des particuliers curieux de l'antiquité, qui avaient rédigé des mémoires, lesquels, n'ayant aucun rang comme ouvrages classiques, avaient échappé à la proscription. Voilà l'ensemble des matériaux dont les premiers astronomes des Han ont pu s'aider pour reconstituer les études d'astronomie, et ils les ont mis en œuvre comme étant de

notoriété publique, sans distinguer ce qu'ils y ont pris de
ce qu'ils ont pu occasionnellement y ajouter. Laissant donc
cette question de partage provisoirement indécise, je vais
rapporter les renseignements que Gaubil a recueillis dans
leurs ouvrages, sur les procédés d'observation qu'ils employaient, et sur les données conventionnelles qui servaient
de base à leurs calculs[1].

Ils admettent, en fait, que l'année solaire, comprise
entre deux retours consécutifs du soleil à un même solstice, contient trois cent soixante-cinq jours complets, plus
la quatrième partie d'un jour; et ils divisent pareillement
la circonférence en trois cent soixante-cinq parties, ou
degrés, plus, la quatrième partie d'un degré. Comme ils
supposent, d'ailleurs, que le mouvement propre du soleil
d'occident en orient est exactement uniforme, cet astre, à
leur compte, décrit chaque jour, parallèlement à l'équateur, 1 degré chinois, ou, dans nos énoncés européens,
$0° 59' 8''\frac{1}{4}$, à très-peu de chose près.

L'idée de mettre ainsi la division de la circonférence en
rapport avec le nombre des jours et fractions de jours contenus entre deux retours consécutifs du soleil à un même
solstice, est tout à fait particulière aux Chinois. On n'en
trouve d'exemple chez aucune nation. Et ce n'a pas été une
nouveauté imaginée par les astronomes des Han. Ils n'auraient pas eu assez de crédit pour la faire admettre, si elle
n'avait pas été autorisée par l'antiquité. Aussi la voit-on
déjà prescrite et pratiquée dans un recueil appelé le *Tcheou-*

---

[1] *Recueil de Souciet*, t. I, partie II, page 1 et suivantes.

pey, qui leur est fort antérieur, car elle y entre dans
l'énoncé d'un phénomène céleste qui n'a pu se réaliser
qu'entre les années 450 et 572 avant l'ère chrétienne,
comme je le prouverai plus loin. Or, non-seulement le
rapport ainsi établi a été admis et employé sans difficulté
par tous les astronomes chinois postérieurs aux Han, mais
ils ont encore persisté dans l'application du même principe,
quand ils eurent reconnu la durée de l'année solaire un
peu moindre que $365^j \frac{1}{4}$, ce qui faisait varier la longueur
de leur degré dans la même proportion; et ils ne renon-
cèrent à cet usage qu'au milieu du xviie siècle de notre
ère, lorsque l'astronomie européenne eut été définitivement admise dans l'usage officiel. Ce fait s'ajoute à bien
d'autres pour attester que les Chinois, dans leur isolement,
ont inventé, par eux-mêmes, les pratiques et les règles
toutes particulières dont leur astronomie se compose, sans
avoir rien reçu du dehors.

Une de ces pratiques, dont l'application, aussi simple
que féconde, a pu, dès les temps les plus reculés, leur
fournir toutes les données nécessaires pour la confection
d'un calendrier public, c'est l'observation constante des
astres, quand ils passent au méridien, et la fixation des
époques de ces passages au moyen des horloges d'eau. Les
astronomes des Han rapportent ainsi les mouvements angulaires du soleil, de la lune et des planètes à vingt-huit
divisions équatoriales limitées par autant d'étoiles distinctes, qu'ils supposent généralement connues[1]; et ils attri-

---

[1] Gaubil a retrouvé et traduit quelques anciens catalogues d'étoiles, les
uns rédigés sous les Han, les autres un peu plus récents. Les étoiles y

buent à ces divisions des amplitudes propres, qu'ils disent
avoir déterminées par l'observation, pour l'époque actuelle.
Or, par les valeurs qu'ils leur assignent, par les noms in-
dividuels qu'ils leur donnent, et par l'ordre relatif dans
lequel ils les rangent, on voit qu'elles ont dû être dès lors
identiques aux vingt-huit *sieou*, que tous les astronomes
postérieurs ont constamment employés aux mêmes usages,
en admettant eux-mêmes cette identité à titre de fait dans
leurs calculs rétrospectifs. D'après cela, les vingt-huit étoiles
déterminatrices de ces *sieou*, que les jésuites nous ont indubitablement désignées, sont aussi les mêmes que les
astronomes des Han ont employées comme limites de leurs
vingt-huit divisions équatoriales. Quand nous remonterons
au delà de leur époque, nous verrons qu'elles avaient été
spécialement choisies, et appliquées à des usages pareils,
bien des siècles avant eux. Mais déjà je puis dire qu'elles
sont mentionnées en somme, au nombre de vingt-huit
dans le *Tcheou-pey*, le *Tcheou-li* et d'autres textes anciens.

Dans l'article qui précède, page 251, j'ai expliqué
comment on pouvait reconnaître la division équatoriale
et le degré précis de cette division où se trouvait un
astre qui traversait actuellement le méridien, soit de nuit,
soit de jour. Je rapporterai plus tard des exemples d'opé-

sont désignées par leurs noms, leurs situations relatives et les alignements
qui les joignent, sans aucune indication de coordonnées astronomiques.
Celles-ci n'étaient donc pas en usage alors. D'après cela, il n'est pas sur-
prenant que, dans les ouvrages de ce temps, les étoiles déterminatrices
des vingt-huit divisions équatoriales soient désignées seulement par le nom
de la division à laquelle elles appartiennent, étant d'ailleurs bien connues des astronomes, qui en faisaient l'objet continuel de leurs observations.

rations de ce genre effectuées par les Chinois, fort antérieurement aux Han. Mais, pour le moment, je continue de rassembler les renseignements que Gaubil nous donne, sur les procédés d'observation qu'on employait, à cette époque de renaissance de l'astronomie.

Dans son histoire intitulée *Histoire abrégée de l'astronomie chinoise*, qui paraît avoir été le premier fruit de ses études sur ce sujet, je trouve la page suivante, que je rapporte en entier, jugeant nécessaire d'y faire distinguer les détails qu'il a pu recueillir par lui-même dans les textes originaux, de ceux qu'il a pu seulement conclure de suppléments postérieurement rédigés, ou d'assertions hasardées, dont les Chinois ne sont pas avares. Voici d'abord le texte de Gaubil (*Recueil de Souciet*, t. II, p. 5.).

« L'an 104 avant l'ère chrétienne, Sse-ma-thsien, par « l'ordre de son père Sse-ma-than, rédigea plusieurs pré-« ceptes pour supputer le mouvement des planètes, *les* « *éclipses*, les conjonctions, les oppositions. Celui qui eut « le plus de part à ce travail fut [un astronome, nommé] « Lo-hia-hong.

« Dans ce temps-là, on avait de vieux instruments de « laiton, dont on ne rapporte ni l'usage, ni l'antiquité. On « dit seulement qu'ils avaient de grands cercles de deux « pieds cinq pouces [chinois] de diamètre. Lo-hia-hong « faisait tourner un globe et des cercles sous un grand « cercle, qui représentait le méridien. On ajoute que cet « astronome se servait d'un instrument de laiton pour « mesurer l'étendue des vingt-huit *constellations* (divisions « équatoriales). On dit formellement qu'on rapportait à

« l'équateur le mouvement des astres, et qu'on n'avait au-
« cun instrument pour mesurer ce mouvement, selon
« l'écliptique.

« On se servait d'un gnomon de huit pieds [chinois]
« pour mesurer, dans toutes les saisons, les ombres méri-
« diennes du soleil. On traça, par le moyen des ombres,
« des lignes méridiennes ; et, posant l'instrument sur le
« méridien, on remarqua les étoiles et les *constellations*
« qui passaient par le méridien. Au moyen des horloges
« d'eau, on remarquait [on déterminait] l'intervalle de
« temps [qui s'écoulait] entre le passage d'une étoile par
« le méridien et le coucher ou le lever du soleil, la gran-
« deur des jours, le temps que les planètes étaient sur
« l'horizon, les crépuscules du soir et du matin, etc. »

Il y a dans ces trois paragraphes plusieurs assertions
contestables, dont il faut signaler l'incertitude ; et plusieurs énoncés confus ou incorrects, qu'il importe de rectifier. Je vais les reprendre par ordre à ce double point de
vue.

L'ouvrage de Sse-ma-thsien que Gaubil mentionne s'appelle le *Sse-ki*. C'est un vaste recueil de mémoires historiques, dont la composition a exigé d'immenses travaux.
Abel Rémusat en a donné l'analyse générale dans les articles Sse-ma-than et Sse-ma-thsien de la Biographie universelle, et il en a fait parfaitement ressortir toute la valeur.
Malheureusement cet ouvrage ne nous est parvenu qu'in-
complet. Plusieurs parties ont été perdues ; et elles ont
été suppléées par des écrivains postérieurs, dont les plus

anciens ne remontent qu'au viie siècle de l'ère chrétienne[1]. Or, parmi les préceptes astronomiques que Gaubil attribue à Sse-ma-thsien, il ne nous fait pas distinguer ceux qu'il trouve consignés dans le texte original, de ceux qu'il emprunte aux suppléments postérieurs; et pourtant leur admission, à titre pareil, est inacceptable; non-seulement au point de vue critique, mais encore par le mélange de vraisemblance et d'invraisemblance, sinon d'impossibilité matérielle, que présente la simultanéité de leur rédaction, au temps où Sse-ma-thsien composait le Sse-ki. Ainsi, par exemple, constater des époques absolues, même des périodes approximatives, de conjonctions ou d'oppositions, c'est la chose du monde la plus simple, si, pendant de

[1] M. Stanislas Julien m'a communiqué, à ce sujet, les détails suivants, qu'il a tirés du grand catalogue de la Bibliothèque impériale de Pe-king, livre XLV. On ne possède que trois commentaires du Sse-ki. Les deux plus anciens ont été composés sous la dynastie des Thang, le dernier sous celle des Song. D'après ce que Sse-ma-thsien dit dans sa préface, son ouvrage se composait originairement de 130 livres, dont on donne la liste, avec l'indication des matières qu'il y traitait. Mais un grand nombre ont été perdus, et, parmi ceux-là, plusieurs, que l'on désigne, ont été suppléés par des écrivains de l'époque des Han. Dans cette énumération générale, deux seulement paraissent avoir eu rapport à l'astronomie. L'un était un traité du calendrier qui est perdu, et il a été suppléé, sous les Han, par un lettré appelé Tch'ou-chao-sun, qui était contemporain de Sse-ma-thsien, comme nous l'apprend le grand catalogue précité; l'autre, intitulé le *Magistral du ciel*, a été conservé, et mon fils en a fait la traduction, qui est encore inédite. C'est un traité d'uranographie d'une simplicité primitive. Les étoiles y sont classées par groupes distribués autour du pôle boréal, et ayant des dénominations particulières sans aucun rapport avec leur configuration apparente. Ils ne sont pas définis par des coordonnées astronomiques, ni même rapportés les uns aux autres par des alignements. La zone céleste, dans laquelle se meuvent le soleil, la lune et les planètes, est appelée la *rue du ciel*, et la ligne particulière que le soleil y décrit est appelée la *route jaune*. De ces notions élémentaires à des calculs d'éclipses il y a loin.

longues suites d'années, on a observé assidûment les passages des astres dans le méridien, en marquant, au moyen
des horloges d'eau, les instants où ils arrivent. Mais, donner *des préceptes pour supputer* les éclipses, comme le prétend Gaubil, par quoi il entend sans doute *les prédire*,
cela exige que l'on connaisse non-seulement la variabilité
des mouvements propres du soleil et de la lune, mais aussi
les lois des principales inégalités que cette variabilité engendre, deux classes de phénomènes que Sse-ma-thsien
et son collaborateur Lo-hia-hong ont évidemment ignorés.
Car eux-mêmes, et longtemps après eux encore, les astronomes chinois, dans toutes leurs computations, supposaient
les mouvements du soleil et de la lune entièrement uniformes. Ce n'est donc pas dans le texte original du Sse-ki
que Gaubil aurait pu trouver l'énoncé d'une *méthode* pour
calculer les éclipses, et ainsi l'application qu'on en voudrait
faire à cette époque ancienne resterait sans vraisemblance,
comme sans autorité. Même, dans aucun temps, les astronomes chinois n'ont été en état de faire avec sûreté un
calcul pareil, parce qu'ils n'ont jamais bien connu la trigonométrie sphérique ; et, au xiii\ siècle de notre ère, le
plus habile d'entre eux, Ko-cheou-king, s'y est trompé
deux fois. Néanmoins, quand on se rend compte avec un
sens pratique des indications que fournit, sur la marche
prochaine de la lune, l'observation longtemps suivie de ses
déplacements progressifs relativement aux étoiles et au
soleil, on n'éprouve pas de difficulté à croire que les Chinois, comme leurs livres le disent, aient pu très-anciennement, sans aucune théorie, prévoir, pour de courts inter-

valles de temps, les éclipses de lune, et même avec plus de hasards sans doute, celles de soleil, du moins lorsque les astronomes officiels remplissaient exactement les fonctions de leur charge, qui étaient d'observer assidûment le ciel tous les jours et toutes les nuits, sans interruption[1]. C'est probablement à des prévisions de ce genre que devaient servir les préceptes donnés par Sse-ma-thsien sur le calcul des éclipses ; et, à défaut d'une science positive, ils devaient avoir une importance extrême chez ce singulier peuple, où les phénomènes célestes, particulièrement les éclipses de lune ou de soleil, étaient des affaires d'État, qu'un conseil astronomique établi en permanence près de la personne du soùverain, avait pour fonction spéciale de prévoir et d'annoncer. Malheureusement le chapitre du *Sse-ki* intitulé *Traité du calendrier*, dans lequel pouvaient se trouver les anciennes instructions relatives aux éclipses, est un de ceux qui ont été perdus ; et il a été remplacé, dès le temps des Han, par une rédaction nouvelle, dont l'autorité ne remonte pas plus haut que ce temps.

On peut, je crois, opposer des fins de non-recevoir, tout aussi fondées, à la mention que fait Gaubil de *vieux instruments de laiton, dont on ne rapporte ni l'antiquité ni l'usage*, et au moyen desquels l'astronome Lo-hia-hong aurait, *dit-on*, mesuré les amplitudes des 28 divisions équatoriales, plus d'un siècle avant l'ère chrétienne. Indépendamment de

---

[1] J'ai développé avec détail cette proposition dans le *Journal des Savants* de 1840, pages 90-93, en mettant sous les yeux du lecteur un ancien document qui pouvait guider très-efficacement les astronomes chinois dans leurs conjectures.

l'incertitude attachée à ces *on dit*, des instruments propres
à donner de telles mesures auraient été très-difficiles à construire et à employer. Ils étaient d'ailleurs complétement
inutiles. Car, ainsi que je l'ai expliqué plus haut, page
231, l'observation des passages méridiens, combinée avec
la mesure du temps, suffisait pour obtenir immédiatement ces amplitudes. Nous n'opérons pas autrement
nous-mêmes aujourd'hui pour mesurer les intervalles
équatoriaux de nos étoiles fondamentales, qui, sauf leur
nombre plus considérable, peuvent être exactement
assimilées aux déterminatrices des *sieou* chinois; et
personne ne s'aviserait de substituer à ce procédé si
simple l'emploi d'un instrument spécial, qu'il serait difficile de construire, d'ajuster et d'employer. Enfin, que les
astronomes des Han n'aient pas opéré ainsi, Gaubil lui-
même semble, à son insu, nous en donner la preuve dans
son dernier paragraphe, quand il nous dit comment ils s'y
prenaient pour obtenir le lieu du soleil dans les divisions
équatoriales, détermination qui leur était journellement
nécessaire. Quoique, selon son habitude, il ne mentionne
pas l'autorité sur laquelle il se fonde, nous pouvons voir
qu'elle lui est fournie par un document quelque peu antérieur aux Han, dont il présente un court extrait dans son
histoire de l'astronomie chinoise, page 230, et dont je rapporterai plus tard le texte original d'après la traduction
que M. Stanislas Julien m'en a donnée[1]. On y découvre
tout le détail du procédé, tel que Gaubil le raconte, et que

[1] Il est tiré du recueil de Liu-pou-ouey, intitulé *Liu-chi-Tch'un-Thsieou*.
L'auteur vivait sous l'empereur Thsin-chi-hoang-ti, dont il fut pendant

je vais expliquer. Le matin, un peu avant le lever du soleil,
on attendait qu'une des divisions équatoriales traversât le
méridien, et l'on notait l'instant où son étoile déterminatrice arrivait dans ce plan. Je désigne cette déterminatrice
par la lettre D, l'heure de son passage au méridien par la
lettre H. Plus tard, on observait le soleil au méridien, et
l'on notait l'heure H' de son passage. Alors la différence des
heures H' — H, comparée à la durée d'une révolution du
ciel, donnait, par une simple proportion, l'amplitude équatoriale comprise entre le soleil et la déterminatrice D au
moment de midi. De là, il était bien facile de conclure
dans quelle division et à quel point précis de cette division
il se trouvait alors, puisque l'on connaissait, pour toutes
les 28, leurs amplitudes propres, et leurs rangs relatifs
sur le contour du ciel. On faisait une observation semblable
le soir, un peu après le coucher du soleil, sur une autre
déterminatrice D″ qui passait au méridien à l'heure H″; et
la différence horaire H″-H′ donnait une nouvelle évaluation
du lieu de cet astre au moment de midi, laquelle, combinée
avec celle du matin, fournissait un résultat moyen, offrant
des chances d'incertitudes moindres que l'une ou l'autre
employée isolément. Par quel motif des observateurs accoutumés à des pratiques pareilles auraient-ils eu recours
à des instruments compliqués pour mesurer les amplitudes
de leurs divisions équatoriales, quand ils pouvaient les

quelque temps le principal ministre. Il raconte les faits et les phénomènes
généraux qui se passent dans le cours d'une année civile. La portion que
M. Stanislas Julien m'a traduite, contient le préambule qui est mis en tête
de chacune des quatre phases cardinales de l'année solaire, où l'on indique
les cérémonies officielles dont elles étaient l'occasion.

évaluer immédiatement par ce même procédé si simple,
dont l'application à un tel but devenait encore beaucoup
plus facile? Le fait, en soi, n'a rien de vraisemblable, et il
n'est attesté par aucun document contemporain. On peut
donc très-légitimement se dispenser de le croire. Mais,
dans cette occasion, comme dans beaucoup d'autres, des
écrivains chinois postérieurs ont pu imaginer et admettre,
comme l'a fait Gaubil lui-même, l'existence de méthodes
ou d'instruments spéciaux, destinés à des opérations dont
ils ne voyaient pas que l'exécution fût possible sans ces intermédiaires, quoiqu'elle fût très-aisément réalisable par
des pratiques fort simples, dont ils n'avaient pas, ou dont
ils n'avaient plus l'habitude, comme dans l'exemple que
je viens de rapporter.

Ce serait ici le lieu de décrire la construction des horloges d'eau que les astronomes chinois employaient pour
mesurer le temps, dans leurs observations de passages
méridiens. Malheureusement Gaubil ne donne sur cela aucun détail, et peut-être n'en a-t-il trouvé aucun dans les
traités d'astronomie chinois qu'il a consultés; leurs auteurs, sur ce point comme sur beaucoup d'autres, ne
jugeant pas nécessaire d'expliquer des choses qui étaient
connues de tout le monde. Or, en effet, tout atteste que,
depuis la plus haute antiquité jusqu'aux époques relativement les plus modernes, la mesure du temps par l'écoulement de l'eau a été universellement pratiquée à la Chine,
tant pour les usages publics et le service des empereurs
que pour les besoins des particuliers. Le premier genre
d'application est mentionné avec beaucoup de détails dans

le *Tcheou-li*, aux livres XXVIII, fol. 13, et XXX, fol. 28, 29, 30. La surintendance générale des horloges d'eau constitue un service spécial compris dans les attributions du quatrième ministère, appelé le ministère de l'été, ou du pouvoir exécutif. L'officier qui en est chargé, et qui a sous ses ordres un personnel d'employés nombreux, a le titre de Kie-hou-chi, et son emploi est héréditaire, comme le sont tous ceux qui exigeaient une instruction particulière et traditionnelle. C'est lui qui fait construire les horloges d'eau et les règle. Il s'en sert pour mesurer les durées du jour et de la nuit aux époques des équinoxes et des solstices [1]. Quand des armées sont en marche, il les accompagne, fait percer dans chaque étape des puits dont il signale l'emplacement aux soldats en y érigeant le *vase à eau* ou le *vase horaire* comme on l'appelle; et, par les indications de cet instrument, observées tant de nuit que de jour, il règle les durées des factions ainsi que les nombres des coups que les sentinelles doivent frapper aux diverses heures. D'autres officiers de rang inférieur appelés Khi-jin, littéralement *officiers-coqs*, liv. XVII, fol. 5, XX, fol. 10, et XXVII, fol. 19, sont attachés au service de nuit du palais impérial, y font l'office de veilleurs, annoncent l'aurore, les heures du lever, et celles du départ [2]. On retrouve ces mêmes offices avec des fonctions pareilles ou analogues sous toutes les dynasties suivantes, les Souï, les Thang;

---

[1] Annales des Souï, commentaire du *Tcheou-li* communiqué par M. Stanislas Julien.

[2] Ils sont aussi chargés de produire et de présenter les coqs qui doivent servir aux sacrifices.

et l'horloge qui mesure silencieusement les heures par
l'eau qui s'écoule, a aussi sa place dans les chants des
poëtes[1]. En rassemblant les traits épars dans ces textes,
on voit que l'appareil employé par les Chinois a été, dès son
origine, et est demeuré depuis, sinon dans les détails de
sa construction, au moins dans son principe, le plus simple
que l'on puisse imaginer. Il se composait essentiellement
de deux vases A, B, disposés l'un au-dessus de l'autre. Le
supérieur A est rempli, en tout ou en partie, d'eau, qu'il
laisse tomber goutte à goutte dans l'inférieur B, au fond
duquel s'élève verticalement une tige métallique divisée en
parties égales appelées *khe*, que l'eau déversée vient progressivement recouvrir[2]. Supposant alors que le vase A,
qui la fournit, *est maintenu constamment plein, ou entretenu à un même niveau*, le nombre des divisions immergées
indique le nombre pareil d'intervalles de temps égaux, qui
se sont succédé depuis qu'on a commencé à les observer,
du moins si la température du liquide n'a pas varié. La
constance du niveau supérieur est la condition rigoureuse
de l'appareil, et l'on ne peut douter qu'on ne s'y astreignît
avec beaucoup de soin, dans les applications à l'astronomie, sans quoi les intervalles de temps mesurés n'auraient

[1] Poésies de l'époque des Thang, traduites par M. le marquis d'Hervey
de Saint-Denys, pages 57, 242, 244, 277. Paris, 1861.

[2] On obtiendrait des résultats pareils avec une tige flottante dont les divisions s'élèveraient progressivement au-dessus d'une ligne de niveau fixe
marquée sur le contour du vase B. Mais, comme les commentateurs du
Tcheou-li, XXX, fol. 28-29, t. II, p. 201 et 202 de la traduction, s'accordent
à dire que l'on mesure le temps par le nombre des divisions *immergées*,
cette expression ne peut s'appliquer qu'à une tige fixe, du moins pour ce
temps là.

pas été comparables entre eux. Or, qu'on les employât comme tels, cela se voit par l'usage qu'on en faisait. A l'époque de Tcheou-kong[1], la durée du jour solaire, comprise entre deux retours consécutifs du soleil au méridien, était représentée par 100 *khe*, que l'on commençait à compter en partant de minuit; et la valeur du *khe*, ainsi définie, était l'unité de temps à laquelle on rapportait toutes les fractions du jour. Par exemple[2], dans des mémoires sur l'astronomie annexés aux annales des Souï, M. Stanislas Julien a découvert un passage relatif aux fonctions de l'officier des horloges qui, dans le *Tcheou-li*, a le titre de Kie-hou-chi, et, en mentionnant les opérations qu'il est chargé de faire aux quatre phases cardinales de l'année solaire, on en rapporte les résultats suivants :

PHASES CARDINALES DE L'ANNÉE SOLAIRE	LONGUEUR DU JOUR MARQUÉE PAR LA CLEPSYDRE.	LONGUEUR DE LA NUIT MARQUÉE PAR LA CLEPSYDRE.
Solstice d'hiver.........	40 khe	60 khe
Équinoxes............	50 khe	50 khe
Solstice d'été.........	60 khe	40 khe

[1] Gaubil, *Hist. de l'astron. chin.*, p. 239-240.

[2] Cette unité de temps est restée, depuis, la même sous toutes les dynasties; mais le nombre des divisions qui la représentaient a subi des variations. Je ne rapporte pas le détail de ces changements, parce que le mode de division adopté par Tcheou-kong, et qui a subsisté jusqu'à la dynastie des Han orientaux, est le seul qui nous intéresse par son antiquité.

On voit que, dans ces énoncés, le *khe* a une valeur fixe qui est $\frac{1}{100}$ du jour solaire, ou $14^{m}\,24^{s}$ de notre division sexagésimale. Les durées respectives du jour et de la nuit s'échangent mutuellement aux deux solstices, comme cela doit être quand on n'a égard qu'au moyen mouvement du soleil et que l'on néglige les réfractions. Si l'on admet que ces résultats sont effectivement applicables à l'époque du *Tcheou-li*, la même que celle du Tcheou-kong [1], ils supposent, d'après les calculs de Laplace, l'obliquité de l'écliptique égale à 23°. 51′. 58″. Or, en effet, pour cette valeur de l'obliquité, on trouve qu'ils conviennent à une latitude boréale de 34°. 55′. 57″; ce qui diffère bien peu de 34°. 47′. 11″, assignée par les observations du gnomon de Tcheou-kong à la latitude du lieu où il observait, et qui était la ville appelée Lo-yang.

Dans le recueil de Souciet, partie III, *passim*, Gaubil a rapporté plusieurs déterminations de ce genre, parmi lesquelles il y en a qui descendent jusqu'au temps de Ko-cheou-king, au treizième siècle de notre ère. Mais, comme il ne dit pas si elles ont été observées avec les clepsydres, ou si elles sont évaluées théoriquement, d'après les valeurs calculées de l'arc semi-diurne, j'ai jugé inutile d'en faire usage, dans la crainte de mêler le moderne avec l'ancien.

Pour obtenir ces évaluations expérimentalement, au moyen des clepsydres, il suffisait que le style indicateur de l'appareil fût divisé en parties égales, n'importe de

---

[1] Cette application est confirmée par un commentaire de l'époque des Thang, qui rapporte précisément ces mêmes nombres comme appartenan aux Tcheou. (Communiqué par M. d'Hervey.)

quelle grandeur. Le nombre de celles qui s'immergeaient, pendant la durée d'un jour solaire, faisait connaître leur valeur en *khe*. C'est ainsi que, dans nos laboratoires, nous employons fréquemment des thermomètres à échelle arbitraire, que nous rapportons par l'expérience au thermomètre centigrade, comme type généralement adopté.

Il est fort possible que les horloges d'eau employée aux usages particuliers, ne fussent pas astreintes à] condition d'un niveau constant avec autant de rigueu que les horloges astronomiques, et qu'on se bornât, par exemple, à rendre de l'eau au vase supérieur quand elle commençait à baisser. On avait même très-probablement des appareils dans lesquels la provision d'eau était fixe, et qui servaient seulement à mesurer un certain intervalle de temps défini, comme les sabliers employés autrefois dans la marine pour mesurer le loch, et qui servent encore aujourd'hui à certaines opérations culinaires[1]. C'est vraisemblablement à un appareil de ce genre que fait al-

---

[1] Dans les horloges d'eau à provision fixe, des quantités égales d'eau écoulées ne répondent pas à des intervalles de temps égaux. Conséquemment, pour qu'elles marquent de tels intervalles, il faut que les divisions tracées sur leurs tiges aient d'inégales grandeurs. Mais on peut aisément évaluer ces inégalités, pour chaque appareil de ce genre, en y adaptant, pour épreuve provisoire, une tige divisée en parties égales de grandeur arbitraire, et comparant la marche de leur immersion progressive avec celle d'une horloge à niveau constant. Car alors on n'aura plus qu'à remplacer cette tige d'épreuve par une autre à divisions inégales, dont les grandeurs varieront proportionnellement aux rapports obtenus. On pouvait construire ainsi des horloges à provision fixe, qui mesuraient exactement des portions déterminées de la nuit ou du jour; et, quand on considère l'emploi multiplié que les Chinois faisaient de cet appareil, on ne peut guère douter qu'ils n'en aient fabriqué de tels, au moins pour l'usage des particuliers

lusion la pièce de poésie rapportée par M. d'Hervey, à la page 278 de son recueil.

Par la difficulté que la nature de la langue chinoise oppose à des définitions précises d'objets matériels, composés de plusieurs pièces distinctes, la clepsydre n'avait pas, chez les Chinois, un nom qui lui fût spécialement propre. D'après toutes les recherches que M. Stanislas Julien a pu faire, on l'appelait le plus généralement *khe-leou*, nom composé du mot *khe*, lequel signifie proprement une *entaille*, et du mot *leou*, qui signifie *écouler goutte à goutte*, deux particularités qui, prises ensemble, expriment les deux caractères essentiels de sa construction. Souvent même, le mot *leou* est seul employé, sans qu'on y adjoigne le mot *khe*; et c'est ce qui a lieu, par exemple, dans l'ancien livre le *Tcheou-pey*.

Gaubil, dans son *Histoire de l'astronomie chinoise*, p. 239-240, rapporte une foule d'applications des horloges d'eau, ou clepsydres, qu'il a extraites d'un recueil de documents anciens, composé sous l'empereur Khang-hi, et intitulé *Ji-tchi-lou*. Mais, malgré la confiance que cet ouvrage lui a paru mériter, j'ai pensé qu'il ne serait pas inutile de confirmer les indications qu'il en a tirées, en les appuyant sur des textes originaux, surtout pour ce qui concerne les applications à l'astronomie.

Il me resterait encore à discuter ici les indications que Gaubil a rapportées sur l'emploi que les Chinois ont fait du gnomon dans leur astronomie. Mais, comme ce sujet me semble avoir beaucoup plus d'importance qu'il ne lui en a donné, je remets à en parler dans l'article suivant, pour

ne pas étendre celui-ci plus qu'il ne conviendrait aux lecteurs.

III

Parmi les renseignements trop peu nombreux que Gaubil nous donne sur les procédés d'observation mentionnés
dans les traités d'astronomie de l'époque des Han, il nous
dit que l'on employait un gnomon vertical, ayant 8 pieds
chinois de hauteur, pour observer, dans toutes les saisons,
les longueurs des ombres méridiennes du soleil; et il ajoute
que l'on traçait les lignes méridiennes au moyen de ce
même gnomon, en bissectant l'intervalle angulaire compris
entre les directions des ombres du matin et du soir [1]. Ces
deux procédés, d'une simplicité primitive, n'étaient sans
doute pas des inventions nouvelles. C'étaient des traditions
du passé, qui continuèrent depuis d'être seules appliquées
par les astronomes chinois. Mais, pour en constater indubitablement l'usage dans les siècles antérieurs, et voir
jusqu'où ils remontent, il faut les caractériser avec plus de
précision que Gaubil ne l'a fait.

La longueur de 8 pieds chinois, donnée au gnomon, était
considérée comme prescrite par les rites. Elle est mentionnée à ce titre dans de très-anciens textes, tels que le
Tcheou-li et le *Tcheou-pey*, dont j'aurai occasion tout à
l'heure de prouver l'authenticité.

Le premier astronome chinois qui s'écarta de cette règle

---

[1] Souciet, I, p. 5.

fut Ko-cheou-king, habile observateur du treizième siècle de notre ère, dont les ouvrages ont été dans les mains de Gaubil, qui en a extrait de nombreux détails, et entre autres les suivants [1]. Pour rendre la mesure des ombres plus précise qu'elle ne l'avait été jusqu'alors, Ko-cheou-king donna à son gnomon une longueur de 40 pieds, quintuple du nombre consacré 8. A cela il ajouta un autre perfectionnement plus important encore, dont il explique lui-même les motifs. « Jusqu'à présent, dit-il, on employait des gnomons de 8 pieds, *terminés en pointe*, projetant une ombre dont l'extrémité, difficile à distinguer nettement, aboutissait, non pas au centre, mais au bord supérieur du soleil. » Lui, termina son gnomon par une plaque de cuivre, percée à son centre d'une ouverture fine comme un trou d'aiguille; recevant alors, sur un sol nivelé, l'image du soleil transmise à travers cette ouverture, le centre de cette image marquait la direction du rayon lumineux parti du centre du disque solaire. Avec cet appareil perfectionné. Ko-cheou-king fit, dans les années 1277, 1278, 1279 et 1280, des observations de solstices, que Gaubil a extraites pour nous de ses ouvrages et que Laplace a calculées [2]. Elles surpassent en précision celles que Tycho-Brahé faisait en Europe trois siècles plus tard.

L'idée de terminer la tige du gnomon par un trou au lieu d'une pointe, pour obtenir des ombres nettement terminées et rendre ainsi les observations incomparablement plus précises, paraît, sans doute, bien simple et bien facile

---

[1] *Additions à la Connaissance des temps de* 1809, p. 399.
[2] *Additions à la Connaissance des temps de* 1811, p. 443 et suiv

à imaginer; pourtant les Grecs, avec toute leur science théorique, ne s'en sont pas avisés. Ptolémée ne nous dit pas comment il déterminait la direction de la ligne méridienne, cet élément fondamental de l'astronomie observatrice; et nous apprenons seulement par Proclus qu'il employait pour cela le procédé si imparfait de l'égalité des ombres solaires projetées, le matin et le soir, par un gnomon terminé en pointe, sur un plan rendu horizontal par l'équilibre de l'eau. Mais, après ce que Ko-cheou-king vient de nous dire, qu'avant lui, ce même genre de gnomon était seul habituellement employé par les astronomes chinois, on sera bien étonné d'apprendre que le gnomon à trou, les avantages qui le distinguent, et la manière de s'en servir, avaient été décrits et appliqués, en Chine, aux usages astronomiques, dans des temps très-reculés. Mon fils a retrouvé tout cela consigné dans un ancien texte appelé le *Tcheou-pey*, que les lettrés des Han ont connu, puisqu'ils l'ont commenté, et que les Chinois considèrent comme contenant des débris de leur science d'autrefois. A ce titre, je soumettrai plus loin ce texte à des épreuves qui en démontreront incontestablement la haute antiquité. Mais puisque, à partir des Han, l'inhabileté ou l'insouciance des astronomes chinois leur a fait négliger ce perfectionnement, qui aurait pu leur être si profitable, je vais raconter l'application la plus importante qu'ils ont faite du gnomon, à tige effilée, à cette époque de restitution de l'astronomie chinoise, afin qu'ayant achevé d'énumérer les matériaux dont elle se composait alors, nous n'ayons plus, pour compléter son histoire, qu'à rechercher ceux qui la composèrent dans les temps antérieurs.

Lorsque, vers l'an 104 avant notre ère, l'empereur Lieou-pang voulut rétablir l'astronomie officielle, on dut avant tout s'occuper de déterminer le jour, et, s'il était possible, l'instant où le soleil atteignait le solstice d'hiver. En effet, comme nous le verrons plus loin, c'était là l'unique donnée que les Chinois, dépourvus de toute théorie, avaient besoin d'emprunter annuellement à l'observation, pour établir leur calendrier astronomique, auquel leur calendrier civil, qui était lunaire, se rattachait par des conventions numériques extrêmement simples. Cet élément fondamental s'obtenait à l'aide du gnomon. Dans un climat boréal comme la Chine, les ombres méridiennes d'un gnomon vertical s'allongent à mesure que le soleil s'approche du solstice d'hiver, et elles atteignent leur plus grande longueur quand il parvient à ce terme extrême de son abaissement. Mais, aux approches du solstice, l'accroissement progressif des ombres se ralentit et finit par devenir insensible; de sorte que, dans cet état stationnaire, l'instant précis de leur maximum n'est pas immédiatement saisissable, à quelques jours près. Le seul moyen d'échapper à des chances d'erreur aussi étendues, c'est de suivre avec continuité, avant et après le solstice, la marche d'abord croissante des ombres, puis leur retour à la décroissance, et de chercher à discerner, dans leurs variations de sens contraires, le moment où elles ont passé d'une de ces phases à l'autre.

L'exactitude remarquable du solstice d'hiver observé par Tcheou-kong, 1100 ans avant notre ère, donne tout lieu de croire qu'il n'a pas ignoré cet artifice, d'ailleurs si facile à imaginer. En tout cas, la tradition ne s'en était pas conservée. Car, dans l'astronomie chinoise restaurée, on le voit reparaître comme une importante découverte au cinquième siècle de notre ère[1]. Les premiers astronomes des Han, n'ayant employé que l'observation immédiate des ombres les plus longues d'un gnomon à tige effilée, firent nécessairement une estimation très-incertaine du lieu du solstice d'hiver. Ils le placèrent à la fin de la division Teou, dans laquelle, de leur temps[2], il s'était déjà avancé de plus de 5°. On ne s'aperçut de l'erreur que vingt ans plus tard[3], tant le sentiment de la précision, une fois éteint, est lent à renaître. Mais la grossièreté de ces premiers essais, pour remettre en vigueur des pratiques traditionnelles dont plusieurs siècles de convulsions politiques avaient interrompu l'usage, n'exclut nullement la possibilité qu'elles eussent été autrefois plus habilement appliquées; et cette réflexion ne doit que nous encourager davantage à rechercher les résultats anciens qu'elles ont pu produire. Tel va être, maintenant, l'objet des études que nous allons faire, et nous avons, dans ce qui précède, tous les éléments nécessaires pour les aborder avec succès.

Au nombre des monuments historiques dont les astronomes des Han ont pu s'aider, pour reconstituer l'astronomie sur les principes et par les procédés d'observation

---

[1] En 442. (Gaubil, *Hist. abrégée de l'astronomie chinoise*, Recueil de Souciet, II, p. 47.)

[2] En l'an 66 de notre ère. (Gaubil, *ibid.*, p. 7.)

[3] En l'an 85. (Gaubil, *ibid.*, p. 20.)

usités avant eux, j'ai mentionné un ancien texte appelé le *Tcheou-pey*, dans lequel, entre autres détails curieux, j'ai annoncé que mon fils a découvert l'indication très-précise du gnonom à trou, que, jusque-là on ne soupçonnait pas avoir été anciennement connu des Chinois, et que l'on supposait être une invention des Arabes. Maintenant, pour pouvoir faire de ce texte un usage légitime, il faut en donner ici une idée fidèle, constater son authenticité, et lui assigner une limite de date certaine. C'est à quoi je vais procéder, en rapportant d'abord les traditions, et passant de là aux preuves de fait qui les confirment.

Indépendamment des révisions et des remaniements avérés, que le *Tcheou-pey* a subis depuis les Han, ce livre, en lui-même, dès la première mention qu'on en trouve dans l'histoire littéraire, se présente comme un recueil de préceptes et de données astronomiques ou numériques, appartenant à des époques diverses, ou rédigés par des personnages différents, ce qui rend nécessaire d'en faire un triage préalable afin de les appliquer ensuite chacun à leur temps. Il se compose de deux parties. La première, fort courte, contient seulement quelques énoncés très-simples de géométrie et d'arithmétique, entre autres cette remarque de fait que les nombres 3, 4, 5 représentent la base, la hauteur, et l'hypoténuse d'un triangle rectangle, seule proposition de trigonométrie que les Chinois aient connue, l'ayant constatée pratiquement, sans en avoir jamais cherché la démonstration raisonnée. Selon la croyance générale, cette première partie aurait été rédigée peu de temps après Tcheou-kong, sinon par ce prince même. Gaubil en a donné la traduction dans son histoire de l'astronomie chinoise[1]. Mais, comme mon fils a publié celle de l'ouvrage entier dans le *Journal de la Société asiatique de Paris*[2], on peut y recourir pour en voir l'ensemble. La deuxième partie, telle qu'on la possède, quoique réputée aussi fort ancienne, présente des traces de remaniements, même d'interpolations, auxquelles il faut tâcher d'assigner une limite de date, la plus rapprochée de nous qu'on puisse leur attribuer. Cette limite nous est fournie par le plus ancien commentaire du *Tcheou-pey*, lequel, ayant été composé sous les Han orientaux, fait nécessairement remonter l'ouvrage original au delà de cette époque. Or le commentateur, Schao-kiun-hiang, ne se borne pas à éclaircir grammaticalement le texte qu'il a sous les yeux; il s'en fait, au besoin, l'appréciateur. Ainsi, par exemple, quand il arrive à la partie de l'ouvrage qui contient la description explicite du gnomon à trou et de ses usages, il la suit, et l'annote minutieusement dans tous ses détails, sans témoigner aucun doute sur son authenticité. Mais, un peu plus loin, rencontrant une proposition de géographie que l'on attribue à Liu-pou-ouey, ministre de l'empereur Thsin-tchi-hoang-ti, et auteur de l'ouvrage intitulé *Liu-chi-tch'un-thsieou*, auquel j'aurai plus loin l'occasion de recourir, ce même commentateur dit nettement : « Ceci n'est pas dans « le texte primitif du *Tcheou-pey*. » Il admet donc tacitement comme appartenant à ce texte ce qu'il ne signale pas

---

[1] P. 146 et suiv.
[2] 3e série, t. XI, p. 593 et suiv.

expressément comme interpolé. D'après cela, nous pouvons admettre avec lui, à titre de données antérieures à
son époque, non-seulement le gnomon à trou, dont je par-
lerai plus loin en détail, mais aussi l'année de $365\frac{1}{4}$, intercalée tous les quatre ans; la division de la circonférence
en un nombre de parties correspondantes à ce nombre fractionnaire de jours; l'emploi des vingt-huit divisions équatoriales désignées individuellement par les mêmes noms
qu'on leur a depuis toujours attribués, et généralement
tous les autres documents dont il confirme l'ancienneté
par son silence[1].

Parmi eux, je trouve deux indications astronomiques
concordantes entre elles, qui n'ont pu être que l'expression
de faits réellement observés; car leur fabrication *a posteriori* aurait exigé un calcul que, bien du temps encore
après les Han, les astronomes chinois, et à plus forte raison les lettrés, n'étaient pas en état de faire. Le texte dit[2] :
qu'au moment du solstice d'hiver, le soleil se trouve dans
la division équatoriale Kien-nieou, dont l'étoile détermina-

---

[1] Le manque d'unité se fait surtout sentir, dans la composition de ce recueil, par l'inégalité de précision qu'on y remarque entre l'énoncé des préceptes et les instructions qu'on y donne pour les mettre en pratique. Par
exemple, le texte dit : *Établissez les vingt-huit Sieou* (les 28 divisions équatoriales); *employez la méthode du contour du ciel et du calcul des temps.*
Cela semble désigner le procédé simple et direct que j'ai exposé dans la
page 231 de mon précédent article. Mais, pour l'application, la suite du
texte indique seulement un procédé graphique très-difficile à comprendre,
dont les résultats doivent être fort imparfaits. De même, en ce qui concerne les mouvements relatifs de la lune et du soleil, on trouve un mélange
de données numériques exactes et d'applications obscurément énoncées dont
il serait malaisé d'apprécier l'exactitude. Dans tout cela, on ne peut voir
qu'un fonds de vérités anciennes dont l'usage habituel s'était perdu.

[2] Traduct. d'Éd. Biot, p. 616.

trice initiale est β du Capricorne de nos catalogues; et qu'au solstice d'été, il se trouve dans la division Tsing, qui a pour déterminatrice initiale μ des Gémeaux. On ne marque pas à quel degré des deux divisions ces indications répondent, et ainsi les amplitudes propres que chacune occupe sur le contour du ciel font que, pendant un certain nombre d'années, les deux solstices peuvent y avoir été simultanément contenus, comme le texte le dit. Or, par un calcul dont je renvoie le détail à la suite de ces articles, je prouve que cette simultanéité a commencé d'avoir lieu en l'an 572 avant notre ère, et qu'elle a fini en 450, ayant duré ainsi pendant 122 années. Ce fait, consigné dans le *Tcheou-pey*, remonte donc au moins à cette dernière date, soit que l'observation ait été contemporaine du passage du texte où on la rapporte, soit qu'elle y ait été insérée d'après la tradition qui s'en serait conservée.

Une telle tradition paraît en effet avoir été répandue parmi les lettrés chinois. Au livre XXVI du *Tcheou-li*[1], folio 16, où sont énumérées les fonctions du *Fong-siang-chi*, l'astronome officiel, on voit qu'il est spécialement chargé d'observer le soleil aux époques des deux solstices. A cette occasion, le commentateur *Tching-khang-tching*, qui écrivait sous les Han au IIe siècle de notre ère, appliquant le même phénomène astronomique à l'époque de son texte, dit, comme le *Tcheou-pey*, qu'au solstice d'hiver le soleil est dans la division Kien-neou, et au solstice d'été dans la division Tsing; à quoi il ajoute qu'au moment de l'équi-

---

[1] Traduct. d'Éd. Biot, p. 616.

noxe vernal cet astre est dans la division Leou, et à l'équinoxe automnal dans la division Kio, deux indications
concordantes avec les premières[1]. A la vérité, elles ne conviennent nullement à l'époque du *Tcheou-Li*, qui, d'après
les plus fortes présomptions, remonte bien plus haut que
l'an 572 avant notre ère, très-probablement jusqu'à Tcheou-
kong. Mais cette fausse application ne surprendra pas, si
l'on considère qu'au temps des premiers Han, la rétrogradation progressive des solstices parmi les étoiles était ignorée des lettrés, même des astronomes ; de sorte qu'un état
de choses, attesté par la tradition, pouvait bien être supposé par eux avoir toujours existé. Ils nous offriront encore
tout à l'heure un autre exemple d'une croyance pareille.

La manière dont ils sont enfin arrivés à reconnaître ce
phénomène de rétrogradation des solstices est fort singulière, et ne pouvait se réaliser que chez un peuple où
l'usage de rapporter les astres à vingt-huit divisions équatoriales, toujours les mêmes, subsistait depuis une immense antiquité. En effet, il leur a été révélé par les anciennes déterminations du lieu du solstice d'hiver, dont le
souvenir s'était transmis jusqu'à eux, dans des textes
écrits. Elles étaient restées inconnues aux astronomes Lo-
hia-hong et Licou-hin, qui les premiers, sous les Han,
en l'an 66 de notre ère, rédigèrent un traité d'astronomie,
intitulé *San-thong*, ou *les Trois principes*[2]. Ces auteurs,
probablement guidés par la tradition qui mettait le solstice d'hiver dans la division *Nieou*, la vingtième de la liste

[1] Trad. d'Ed. Biot, t. II, p. 115.
[2] Gaubil, Recueil de Souciet, t. II, p. 7.

20

générale insérée ci-dessus, pages 266 et 267, l'avaient placé empiriquement, pour leur époque, au *commencement* de cette division, ou, ce qui est la même chose, *à la fin* de la division *Teou*, la dix-neuvième qui la précède immédiatement [1]. Mais, vingt ans plus tard, les auteurs d'un nouveau traité d'astronomie intitulé *Sse-fen* ou *les Quatre principes*, représentèrent à l'empereur que cette appréciation de Lo-hia-hong et de Lieou-hin était erronée. Car ils trouvaient, par l'observation, que ce même solstice était remonté de 5° chinois, dans la division *Teou;* de sorte qu'il avait entièrement abandonné *Nieou*, la vingtième. Or, en l'an 206 de notre ère, sous l'empereur Hien-ti, le dernier des Han, on retrouva un ancien texte de Tcheou-kong, portant que, de son temps, 1100 avant notre ère, le solstice d'hiver était placé au deuxième degré chinois de la division *Nu* [2], la vingt et unième de la liste ; et enfin, on voyait dans le Chou-king que, plus anciennement encore, au temps de l'empereur *Yao*, ce même solstice se trouvait dans la division *Hiu*, la vingt-deuxième. De là il résultait avec évidence qu'il allait toujours rétrogradant parmi les divisions stellaires, en sens contraire du mouvement propre du soleil. Le fait était véritable. C'était le même phénomène de rétrogradation des points équinoxiaux et solsticiaux

[1] Gaubil, *ibid.*, t. II, p. 7; *ibid.*, p. 20. Notez que Gaubil a eu sous les yeux ces deux traités d'astronomie, et tous ceux qui ont été composés depuis à la Chine.

[2] M. Stanislas Julien me fait remarquer que le nom exact de cette division est *Niu ;* mais, comme Gaubil l'a toujours écrit *Nu* dans tous ses ouvrages, et que je l'ai même reproduit ainsi, d'après lui, dans mon tableau général inséré p. 266 et 267, j'ai conservé cette orthographe pour ne pas donner lieu à de fausses interprétations.

parmi les étoiles, qu'Hipparque avait découvert en comparant ses propres observations sur la longitude de l'Épi de la Vierge, avec celles que Timocharis avait faites cent vingt-deux ans auparavant. Mais ce court intervalle de temps lui avait suffi pour reconnaître le sens, et à très-peu près la quantité de ce mouvement; tandis qu'il ne s'était manifesté aux Chinois qu'à la suite d'observations continuées pendant vingt-six siècles. En outre, les observations d'Hipparque lui avaient présenté le phénomène sous sa forme simple, celle d'un mouvement parallèle à l'écliptique, tandis que les Chinois le rapportant à leurs divisions équatoriales, sa loi véritable restait enveloppée de complications dont ils n'ont jamais su le dégager. On peut voir dans les ouvrages de Gaubil, et dans mes articles de 1840, les efforts qu'ils ont accumulés pour en accorder empiriquement les effets sensibles avec les données que leur fournissait la chronologie. J'ai seulement voulu ici prouver la haute antiquité de leur mode d'observation, par la connaissance même qu'il leur a fait obtenir de ce phénomène, sans aucune science, à l'aide du temps.

L'indication locale des deux solstices, donnée par le *Tcheou-pey*, fait partie d'instructions très-étendues sur les divers usages du gnomon, en commençant par l'emploi qu'on en peut faire pour définir, je ne dis pas calculer, les hauteurs méridiennes du soleil aux diverses époques de l'année, d'après les longueurs des ombres que la tige d'un gnomon vertical projette sur un sol préalablement nivelé. A ce sujet, le texte pose d'abord les préceptes suivants :

« Prenez un bambou : percez-y un trou dont le diamè-
« tre soit $\frac{1}{10}$ de pied, à la longueur de 8 pieds. Cherchez
« l'ombre, et observez-la. Le trou, en droite ligne, cou-
« vrira le soleil; et le soleil correspondra à l'ouverture du
« trou. »

On voit ici clairement énoncés, la particularité caractéristique du gnomon à trou, son mode d'emploi, et la fixation de sa hauteur à 8 pieds chinois. La tradition et les
textes attribuent cette dernière prescription au prince
Tcheou-kong. Elle dérive de ce principe, je devrais dire
plutôt de ce fait, déjà consigné dans la partie la plus ancienne du *Tcheou-pey*, que les nombres 3, 4, 5, sont les
plus simples, qui, assemblés, constituent la base, la hauteur, et l'hypoténuse d'un triangle rectangle. Or, un gnomon vertical qui aurait eu 4 pieds de hauteur aurait donné,
au solstice d'été, des ombres méridiennes trop courtes
pour être mesurées avec une suffisante exactitude. Tcheou-
kong lui donna 8 pieds, ce qui ne faisait que doubler les
nombres primitifs; et, après lui, ce choix acquit l'autorité
d'un rite universellement accepté [1]. Mais l'autre prescription, bien plus importante, de terminer le gnomon par une
ouverture circulaire qui transmît une image circonscrite du
soleil, fut abandonnée, peut-être par la difficulté de pratiquer une telle ouverture bien nette dans une tige de bambou; l'idée n'étant pas venue de la percer dans une plaque
de métal mince, fixée au sommet du gnomon. Il ne faut

---

[1] Peut-être le choix de ce nombre avait-il aussi pour motif que 8 pieds
des Tcheou (1^m,60) étaient censés représenter la taille moyenne de l'homme.
(*Tcheou-li*, liv. XL, fol. 15, Ire partie du Khao-kong-ki.)

pas s'étonner du long retard qu'a éprouvé l'adoption d'un perfectionnement si simple et qui paraît si facile à imaginer. Dans toutes les œuvres de l'esprit humain, les sciences comme les lettres, la simplicité est le dernier effet de l'art.

Le *Tcheou-pey* mentionne pareillement la manière de déterminer la direction de la ligne méridienne, en bissectant l'intervalle angulaire compris entre les ombres égales du matin et du soir. Mais il en donne encore cette indication bien plus précise, qu'elle est intermédiaire entre les plus grandes élongations orientales et occidentales d'une même étoile voisine du pôle. Le premier procédé fut seul pratiqué sous les Han; et, dans les temps postérieurs comme alors, le second, d'une application plus exacte, mais plus délicate, fut mis en oubli.

Parmi les documents de différents âges, rassemblés dans ce même recueil, il y en a un qui mérite une attention particulière, parce qu'il nous offre d'anciennes mesures d'ombres méridiennes, observées, selon le rite, aux époques des deux solstices, avec un gnomon de 8 pieds chinois, et auxquelles on attribue pour longueurs 13^p,6 au solstice d'hiver, et 1^p,6 au solstice d'été. Les valeurs intermédiaires sont évaluées dans la supposition très-fautive d'un décroissement égal pour chaque douzième[1] de la *demi-*année solaire, ce qui montre avec évidence que les deux

---

[1] Ces douzièmes s'appelaient des Tsie-ki. C'était une des divisions usuelles et légales de l'année solaire chinoise, évaluée à 365^j $\frac{1}{4}$. Chaque Tsie-ki contenait donc exactement 15 jours plus $\frac{7}{32}$ de jour. Nous verrons plus loin que cette période avait un rôle principal dans la composition du calendrier luni-solaire des Chinois et dans ses applications officielles.

ombres extrêmes ont été seules réellement observées. Celles-ci diffèrent à peine des valeurs analogues, 13ᵖ et 1ᵖ,5, que Gaubil a extraites du *Tcheou-li*, et qu'il a présentées, d'après la tradition, comme ayant été observées environ 1100 ans avant l'ère chrétienne, par le prince Tcheoukong, dans la ville de Lo-yang, qui était alors la résidence impériale; deux indications que Laplace a depuis confirmées, en démontrant par des calculs certains que la latitude géographique et l'obliquité de l'écliptique qui se déduisent de ces ombres, s'appliquent, avec une remarquable justesse, au lieu et à la date où on les suppose observées [1]. Les nombres rapportés dans le *Tcheou-pey* ne sont accompagnés d'aucune indication de localité, ni de date; mais, en les soumettant aux mêmes calculs, comme je l'ai fait dans le *Journal des savants*, août 1842, lorsque j'ai rendu compte de la traduction du *Tcheou-pey* publiée par mon fils, on en déduit une latitude géographique un peu plus boréale que Lo-yang, et une obliquité de l'écliptique dont la valeur, plutôt antérieure que postérieure à Tcheoukong, s'écarte trop peu de cette date pour que la différence ne puisse pas être légitimement attribuée aux incertitudes que les observations de ce genre comportaient. Leur réa-

---

[1] *Additions à la Connaissance des temps de* 1811, p. 429 et suiv. L'ombre d'été, 1ᵖ,5, est mentionnée au [*Tcheou-li*, liv. IX, fol. 17, et la même valeur lui est implicitement attribuée dans beaucoup d'autres passages du texte. L'ombre d'hiver l'est seulement dans le commentaire annexé au liv. XXVI, fol. 16, par Tching-khang-tching, écrivain du second siècle de notre ère. C'est pourquoi Gaubil dit qu'elle est moins sûre que l'ombre d'été. (Voyez son mémoire sur les observations du gnomon faites à la Chine. *Additions à la Connaissance des temps de* 1809, p. 593 et suiv.)

lité, et la haute antiquité de l'époque où elles ont été faites, s'en trouvent ainsi doublement attestées, et c'est la seule chose qui nous importe.

Lorsque les auteurs de l'astronomie *Sse-fen* rédigèrent leur ouvrage, en l'an 85 de notre ère, la cour impériale résidait dans cette même ville de Lo-yang, où Tcheou-kong avait observé les longueurs d'ombres rapportées dans le *Tcheou-li*. En conséquence, les ayant vraisemblablement connues par une tradition indépendante de ce livre, ils les reproduisirent comme résultant de leurs observations propres, ne se doutant pas qu'elles avaient dû varier avec le temps par la diminution progressive de l'obliquité de l'écliptique, laquelle ne fut connue même des astronomes d'Europe que dix-huit siècles plus tard. Mais cette erreur de leur ignorance nous a été profitable, en constatant l'authenticité qu'avait à leurs yeux la tradition ancienne, par l'usage qu'ils en ont fait.

Puisque je viens de parler du *Tcheou-li*, je profiterai de l'occasion pour apprécier le degré de confiance qu'on peut accorder aux données astronomiques ou numériques, qu'on trouve çà et là disséminées dans le texte et les commentaires. Ce livre fut un de ceux dont l'empereur Thsin-chi-hoang-ti poursuivit la destruction avec le plus de rigueur, parce que les sages principes de gouvernement, d'administration, et de morale, qu'on y présente comme autant de devoirs du souverain, faisaient odieusement ressortir sa tyrannie et ses violences. Néanmoins, les lettrés retirés dans les provinces réussirent à en sauver quelques exemplaires; et, après l'avénement de la dynastie des Han, le décret de proscription ayant été officiellement révoqué, le gouvernement impérial fit rechercher partout les anciens livres. Plusieurs princes feudataires tinrent à honneur d'en former des collections. Au temps de l'empereur Hiao-wen-ti (175-170 avant l'ère chrétienne), un d'eux, nommé Hien-wang, prince de Ho-kien, possédait un exemplaire du *Tcheou-li*, lequel, malheureusement se trouvait ne pas contenir la vi⁰ et dernière section, relative au ministère de l'hiver, ou des travaux publics. Mais, ayant vainement essayé de se la procurer au prix de mille pièces d'or, il la remplaça par un ancien document intitulé le *Khao-kong-ki*, ou *Mémoire sur l'examen des ouvrages des ouvriers*, qui semble avoir été composé d'après les prescriptions du texte original; et l'ouvrage ainsi complété fut offert par lui en présent aux archives impériales, où il prit place avec les autres exemplaires des livres sacrés que l'on parvint successivement à recueillir. Dès lors, ces précieuses reliques du passé devinrent le sujet d'études persévérantes confiées à de savants lettrés. Ils s'occupèrent à déchiffrer les anciens caractères avec lesquels ils étaient rédigés, à fixer les textes, et à les éclaircir par des commentaires minutieux, dont le plus grand nombre est arrivé jusqu'à nous. Les travaux dont ce grand monument historique fut particulièrement l'objet, sont exposés en détail dans l'introduction à la traduction française que mon fils en a publiée. Il y raconte aussi les singulières alternatives de faveur et de défaveur qu'il a subies; son authenticité d'abord universellement acceptée pendant près de dix siècles, puis tout à coup contestée en 1074, sous la dynastie des Song, non pas dans son ensemble, comme œuvre politique des Tcheou, mais quant à certaines mesures fiscales qu'un ministre de ce temps voulait établir, en s'appuyant sur des passages contenus dans les kiven xiv et xvi; ses adversaires prétendirent qu'ils avaient été frauduleusement interpolés dans le texte primitif par un lettré nommé Lieou-hin, lors de sa première publication vers la fin de la dynastie des Han, pour complaire à l'usurpateur Wan-mang, qui la renversa. Ce conflit d'opinions et d'intérêts engendra de longues et violentes controverses, à la suite desquelles, lorsque les passions du moment furent apaisées, l'ascendant des lettrés les plus savants, et des critiques les plus judicieux, rendit pour toujours au *Tcheou-li* son ancienne autorité. Sans entrer dans plus de détails sur cette crise passagère, je me bornerai à faire remarquer que les doutes qui furent alors soulevés, portèrent uniquement sur l'authenticité de quelques règlements administratifs, sans que personne songeât à contester les données astronomiques ou numériques contenues dans le texte ou les commentaires, ce qui comprend les seules indications que j'aurai besoin de lui emprunter. Mais, indépendamment de toute discussion, ce livre porte en lui-même des caractères qui ne permettent pas de supposer que ce soit une œuvre d'imagination. D'après la multitude, l'étendue, l'enchaînement, des règlements d'administration qu'on y trouve assemblés en un système complet de gouvernement, spécialement propre à l'ancienne population chinoise, il ne peut avoir été composé qu'en vue d'une organisation sociale actuellement existante, ou qu'un législateur suprême voulait immédiatement établir. Tel est aussi le but que lui assigne la tradition. Enfin, si ce n'était qu'une œuvre apocryphe, fabriquée après l'incendie des livres, pourquoi aurait-on avoué que la section relative aux travaux publics était perdue, et qu'on avait fait d'inutiles efforts pour la retrouver? et, au lieu de la fabriquer aussi *à priori*, comme tout le reste, pourquoi se serait-on résigné à la remplacer par ce document particulier, le *Khao-kong-ki*, ou *Mémoires sur l'examen du travail des ouvriers*, tout rempli de minutieux détails pratiques, dont les conditions réglementaires se rapportent intimement aux nombres et aux rites prescrits dans les autres parties de l'ouvrage? Il y a là une accumulation d'invraisemblances, qui équivalent, en somme, à une impossibilité absolue.

J'ajouterai ici quelques remarques du même genre, sur les caractères d'authenticité que présentent, à un examen attentif, deux anciens livres classiques, le *Chou-king* et le *Chi-king*, dans lesquels un certain nombre des vingt-huit divisions équatoriales sont mentionnées occasionnellement, avec les mêmes noms qui leur ont été constamment attribués dans tous les temps postérieurs, ce qui constate à la fois l'antiquité et la continuité de l'emploi que les Chinois en ont fait.

Le *Chou-king* est un ouvrage de Confucius. Il y avait rassemblé tous les documents authentiques, relatifs à l'histoire des anciennes dynasties chinoises, que l'on possédait encore de son temps; se bornant à les ranger par ordre de dates, sans modifier en rien la forme primitive d'exposition et de langage, sous laquelle chacun d'eux avait

été originairement recueilli. A l'époque de l'incendie des livres, la nature et la célébrité de cet ouvrage en firent poursuivre la destruction avec acharnement, et, plus tard, on ne put en retrouver un exemplaire complet. Mais, indépendamment des analogies, et des concordances historiques, par lesquelles on peut constater l'authenticité des fragments qui nous restent, l'intervalle de temps qu'ils embrassent, depuis l'an 2357 jusqu'à 621 avant notre ère, en développe une preuve manifeste, en amenant, dans cet espace, des documents d'époques diverses, qui, selon l'expression pittoresque de M. Stanislas Julien, diffèrent entre eux pour le style, autant que le *Rig-Véda* diffère du *Râmâyana*. « Ainsi, m'écrit ce profond sinologue, les pre-
« miers chapitres sont remplis d'archaïsmes, qui en ren-
« dent l'interprétation immédiate presque inabordable.
« Mais, à mesure que l'on s'éloigne de ceux-là, en s'ap-
« prochant des plus modernes, les formes du langage s'adou-
« cissent, les termes antiques disparaissent, et font place
« à des expressions plus claires, dont le sens est plus facile
« à saisir. Cette transformation progressive, ajoute-t-il,
« m'a été tellement sensible, qu'ayant voulu, il y a vingt
« ans, traduire le *Chou-king* plus exactement que ne l'avait
« fait Gaubil, j'ai commencé mon travail par le dernier
« chapitre, et suis remonté de là successivement jusqu'au
« premier. Ce procédé m'a réussi ; et, en passant ainsi du
« facile au difficile, j'échappai au découragement qui se
« serait peut-être emparé de moi si j'avais suivi la marche
« inverse. [1] » La sûreté de cet indice d'antiquité relative,

---

[1] Cette traduction de M. Stanislas Julien est encore inédite.

qui se tire des formes du style, ne sera pas contestée par les indianistes ; car c'est uniquement par de telles différences, qu'ils reconnaissent les âges relatifs des ouvrages védiques, entre lesquels ils distribuent ensuite, à leur gré, les siècles par une simple estime, n'ayant pas, comme à la Chine, le secours d'une chronologie continue et certaine, qui leur permette d'en évaluer autrement les dates absolues.

Le *Chi-king*, ou *Livre des vers*, donne lieu à des considérations toutes pareilles. C'est un recueil dans lequel Confucius a rassemblé des odes et des chansons, composées à diverses époques plus ou moins reculées, et qui se chantaient en Chine dans les cérémonies officielles, dans les fêtes publiques, comme aussi dans les habitudes de la vie privée. Ce recueil fut brûlé en même temps que tous les anciens livres classiques. Mais des pièces de vers de peu d'étendue, fréquemment récitées en public, durent se conserver dans la mémoire des lettrés et du peuple, bien plus aisément que des ouvrages de morale ou d'histoire. Aussi, à la renaissance des lettres, sous les Han, le *Chi-king* put être immédiatement reconstruit presque au complet. La découverte récente de l'encre et du papier permit d'en multiplier les copies, et le texte original s'est ainsi transmis jusqu'à nous, avec les commentaires qu'y ont attachés de savants lettrés de cette première époque. Ces commentaires étaient nécessaires, même pour les contemporains. Car, au jugement irrécusable de M. Stanislas Julien, le *Chi-king*, dans l'étendue des temps embrassés par les pièces qui le composent, offre des couches de style tout

aussi distinctes entre elles que le *Chou-king;* les plus récentes même diffèrent encore totalement du style des Han;
et, concurremment avec cet indice, leur authenticité se
manifeste avec évidence dans leur composition même, par
la multitude des détails de faits, de mœurs, d'événements
particuliers ou publics, qu'on y voit racontés, dans une
concordance toujours exacte avec l'histoire et les traditions.
Voilà ce dont tout le monde peut se convaincre, en lisant,
dans le Journal de la Société asiatique de Paris [1] l'analyse
détaillée que mon fils a faite du *Chi-king,* précisément à ce
point de vue philosophique. L'astronomie, si populaire à
la Chine, n'y est pas oubliée. J'ai déjà cité l'ode dans laquelle on célèbre l'érection de l'observatoire de Wou-wang.
Une autre, la dixième du chap. IV, partie ii, mentionne la
fameuse éclipse de soleil arrivée 776 ans avant notre ère,
qui fournit la première date astronomiquement assurée
de la chronologie chinoise. Plusieurs des divisions équatoriales, huit seulement sur les vingt-huit, y sont nominalement désignées, restriction qui n'a pas de quoi surprendre, puisqu'elles ne sont mentionnées que par occasion.
Ajouterai-je enfin que Meng-tseu, le plus ancien et le plus
célèbre philosophe de l'école de Confucius, cite, en cent endroits, des passages du *Chi-king* et du *Chou-king,* que nous
trouvons littéralement reproduits dans les textes de ces deux
ouvrages qui nous sont parvenus? Tout cela ne forme-t-il
pas un ensemble de documents dont l'autorité générale
ne peut être raisonnablement contestée?

[1] 4e série, t. II, p. 307 et 430.

J'avais écrit les lignes qui précèdent, me laissant guider par les seules lumières que m'avaient données la lecture attentive de la traduction du *Chi-king* et les détails de mœurs que mon fils en a tirés. Mais, depuis, j'ai obtenu de M. Stanislas Julien l'expression de l'opinion personnelle qu'il s'est faite de cet ouvrage; et, comme les jugements de ce profond sinologue sur toutes les productions de l'ancienne littérature chinoise, ont une autorité que personne ne pourrait contredire ou balancer, je vais rapporter ici textuellement la note qu'il a bien voulu m'écrire sur ce point important d'érudition.

« Le *Chi-king*, ou *Livre des vers*, est, après le *Chou-king*,
« le monument le plus ancien de la littérature chinoise.
« C'est aussi celui qui a été le mieux conservé, parce que
« les Chinois ayant été, dès les temps les plus reculés, dans
« l'usage d'en apprendre par cœur les chansons et les odes,
« l'incendie des livres n'a pu l'effacer de la mémoire des
« hommes. C'est pourquoi, après la domination tyrannique
« de Thsin-chi-hoang-ti, les empereurs des Han, qui em-
« ployèrent tous leurs soins à la restauration des lettres,
« réussirent à recueillir trois cent cinq odes et chansons,
« sur trois cent onze que Confucius avait choisies, comme
« les plus intéressantes et les plus belles, parmi trois mille
« environ qui existaient encore de son temps.

« La première partie, appelée *Koue-fong*, ou mœurs des
« royaumes, se compose de chansons populaires que les
« empereurs recueillaient quand ils parcouraient leurs
« domaines pour connaître les mœurs de chaque royaume,
« le caractère des habitants, et les sentiments favorables

« ou défavorables que leur inspiraient le gouvernement
« impérial ou l'administration de leurs propres princes.
« Les *reguli* étaient ténus de présenter à l'empereur, qui
« venait les visiter, les chansons qui avaient cours dans
« leur royaume. L'empereur, après les avoir lues, les con-
« fiait à l'intendant de la musique, qui était chargé de les
« examiner et de les conserver.

« La deuxième partie, appelée *Siao-ya* (ce qui est excel-
« lent en second ordre), et la troisième partie, intitulée
« *Ta-ya* (ce qui est excellent en premier ordre), sont des odes,
« *toujours contemporaines des événements*, où l'on célèbre
« tantôt les louanges des empereurs, tantôt celles des *re-
« guli* ou des hommes les plus renommés. Il y a des odes
« qui se chantaient dans des repas solennels, après les
« obsèques des princes ou des grands. Dans d'autres odes,
« on critique la conduite des empereurs ou des ministres,
« on recommande les travaux agricoles, ou l'on déplore
« les calamités publiques.

« La quatrième partie est appelée *Song*. C'étaient des
« hymnes, ou des chants solennels, que chantaient les em-
« pereurs des Tcheou ou les rois de Lou, quand ils offraient
« des sacrifices funèbres en l'honneur des empereurs des
« Chang qu'ils reconnaissaient pour leurs aïeux. Il est un
« fait qui établit, de la manière la plus frappante, la haute
« antiquité de ces compositions poétiques, c'est qu'elles ont
« été toutes écrites à l'époque même des événements qui
« les ont inspirées, tantôt dans la langue vulgaire des ha-
« bitants des campagnes (quand ce sont des chansons re-
« cueillies dans les villages); tantôt dans le style noble et

« élevé, propre aux personnages les plus éminents, quand
« ce sont des hymnes où l'on célèbre les vertus, les hauts
« faits ou les victoires des Tcheou. La partie la plus an-
« cienne du *Chi-king* est, sans contredit, la section appelée
« *Chang-song* (chants de la dynastie des Chang), qui con-
« tient les odes funèbres que chantaient eux-mêmes les
« empereurs des Chang, entre les années 1766-1154 avant
« J. C. (suivant le Kang-mou), et entre les années 1558-1102
« avant J. C. (suivant la chronique intitulée *Tchou-chou*)[1].

« Sans le secours des explications que la tradition a
« conservées, et qui sont parvenues jusqu'à nous, le style
« des différentes parties du *Chi-king* serait complétement
« inintelligible, non-seulement pour les personnes qui
« comprennent les textes chinois de l'époque présente, mais
« encore pour celles qui peuvent lire les écrits des auteurs
« qui ont vécu quatre ou cinq siècles avant notre ère.

« On peut ajouter qu'il y a dans le *Chi-king* un bon nombre
« d'expressions dont le sens est inconnu aujourd'hui, et
« une multitude de comparaisons qui avaient sans doute
« une grande valeur à l'époque où elles ont été employées,
« mais dont le sens et l'application ont échappé même aux
« commentateurs qui, dès la dynastie des Han, se sont
« occupés d'expliquer et de paraphraser le *Chi-king*.

« Les termes obscurs qu'on rencontre souvent dans le
« *Chi-king*, et qui, depuis plus de 2000 ans, s'emploient
« constamment avec leur signification primitive, n'ont pas
« peu contribué à la difficulté du *Kou-wen* ou style antique,

---

[1] Pour l'appréciation de ces ouvrages et des autres documents sur lesquels s'appuie la chronologie chinoise, voyez le traité du P. Gacbil.

« qui est propre à l'histoire et à toutes les compositions
« d'un caractère noble et élevé. Les Chinois accordent une
« estime particulière aux auteurs dont les écrits sont le plus
« nourris d'expressions antiques, comme celles qu'on em-
« prunte au *Chou-king* et au *Chi-king*. Il résulte de là que
« ces mêmes écrits ne peuvent, dans beaucoup d'endroits,
« être compris à fond que lorsque l'on possède au plus
« haut degré la connaissance matérielle des expressions
« sacramentelles du *Chou-king* et du *Chi-king*, et l'intelli-
« gence précise et complète des idées qu'on y attachait
« dans la haute antiquité. »

Aux considérations que je viens de rassembler, j'ajouterai
un dernier argument, qui me paraît avoir la force d'une
démonstration mathématique. La masse de documents
écrits, recueillis sous les Han, et réputés antérieurs à l'incendie des livres, est immense; et la diversité des sujets
qui y sont traités, embrasse tous les genres de connaissances
que les Chinois pouvaient avoir accumulées pendant une
longue suite de siècles. A mesure que ces écrits ont ap-
paru, les lettrés et les astronomes des Han se sont appliqués à les mettre en ordre, à en éclaircir tous les détails
par des commentaires minutieux, dans lesquels ils signalent
les portions du texte ancien qu'ils reconnaissent pour authentiques et celles qu'ils avouent avoir été altérées, ou
être irréparablement perdues; poussant le scrupule jusqu'à
indiquer, par des carrés vides, les caractères que le temps
a détruits, ou rendus inintelligibles, sans jamais se permettre de les remplacer arbitrairement; de sorte que, par
leurs travaux réunis, quoique non concertés, tous ces pré-

cieux restes du passé ont été remis dans une pleine lumière. Maintenant, si l'on ne devait voir dans tout cela que des productions apocryphes, comme un célèbre indianiste vient de le prétendre, il faudrait supposer qu'après de si longs bouleversements et de si effroyables guerres, qui ont précédé l'avénement des Han, il aurait surgi, tout à coup, parmi les Chinois, une classe nombreuse de faussaires, capables de reconstruire spéculativement toute l'antiquité historique, philosophique, et littéraire de leur patrie, avec assez d'érudition, d'adresse et d'apparence de vérité, non-seulement pour faire illusion à leurs contemporains et à la postérité, mais encore pour imposer désormais aux empereurs, et à la nation entière, des croyances, des préjugés, des cérémonies officielles, et des règlements d'administration publique, provenant de leur imagination! Que sera-ce, si à tant d'invraisemblance on ajoute d'anciennes éclipses de soleil, mentionnées comme ayant été vues dans des lieux et à des dates de jours, pour lesquels nos calculs les confirment; d'anciennes positions du solstice d'hiver, parmi les divisions équatoriales, que nous trouvons précisément convenir aux époques où on les présente comme observées; toutes choses que les astronomes des Han étaient hors d'état d'assigner avec tant de justesse, pour des temps si éloignés d'eux, puisque cela aurait exigé des calculs rétrospectifs, dont ils n'avaient pas même les premiers éléments! Ici la fabrication *a posteriori* n'est pas seulement invraisemblable, elle est IMPOSSIBLE. J'admettrai donc, en toute assurance, que les documents réputés antérieurs à l'incendie des livres, qui ont été retrouvés sous

les Han, sont irrécusablement authentiques *dans leur ensemble*. Et, joignant aux matériaux que j'en ai déjà extraits
ceux que j'y pourrai puiser encore, je vais me servir des uns
et des autres pour reconstruire, aux yeux de mes lecteurs,
l'ancien calendrier luni-solaire des Chinois, cette œuvre
d'astronomie primitive, qui a précédé de bien loin les
efforts de la science grecque pour en former un du même
genre, mais beaucoup moins simple. Cela complétera le
tableau d'histoire et de mœurs que j'ai voulu retracer.

IV

LE CALENDRIER

Les Chinois, de même que la plupart des peuples anciens, ont fait originairement, et font encore aujourd'hui
usage d'un calendrier luni-solaire. Le but commun de ces
institutions a été d'établir, entre les durées moyennes des
révolutions du soleil et de la lune, certains rapports présu-
més exacts, dont les deux termes pussent s'exprimer par
des nombres entiers peu considérables; de manière qu'une
somme complète de mois lunaires se trouvât contenue dans
une autre somme complète d'années solaires. Ce résultat,
envisagé dans une acception rigoureuse, est impossible à
obtenir, parce que les périodes révolutives des deux astres
sont numériquement incommensurables entre elles. Mais
il peut être réalisé avec une approximation suffisante pour
les usages sociaux, en prenant soin de corriger par intermittences l'erreur absolue provenant de l'imperfection du

rapport employé, lorsque son application trop prolongée l'a rendue sensible aux observations. Les calendriers luni-solaires autrefois en usage ne diffèrent entre eux que par les valeurs attribuées aux durées moyennes des révolutions des deux astres, et par la manière d'effectuer leur raccordement.

Celui des Chinois qui les a de bien loin précédés, et qui a continué d'être employé sans altération dans sa forme primitive, jusqu'à l'introduction des méthodes européennes sous l'empereur Khang-hi, se distingue entre tous par l'extrême simplicité de son organisation; ayant uniquement pour but de suivre la marche apparente des phénomènes, avec une approximation pratiquement suffisante aux besoins publics, sans l'intervention d'aucune idée spéculative. Les mouvements révolutifs des deux astres y sont considérés comme uniformes et comme parallèles à la rotation générale du ciel. La notion du cercle oblique où se meut le soleil, celle de l'orbe particulier que parcourt la lune, l'inclinaison relative de ces plans sur celui de l'équateur, et les effets que cette inclinaison engendre, n'y entrent pour rien. Tout se règle sur les passages des deux astres dans le méridien, en faisant abstraction des inégalités occasionnelles qui affectent les époques de leurs retours.

La durée de l'année solaire, qui est l'élément fondamental de ce calendrier, se mesure par l'intervalle de temps que le soleil emploie, en moyenne, pour revenir à un même solstice, intervalle qui se détermine en fixant les instants absolus de ces phénomènes à l'aide du gnomon, et observant les passages méridiens du soleil qui y correspondent.

L'application suivie de ces deux procédés a fait très-anciennement connaître aux Chinois que l'année ainsi définie contient 365 jours et $\frac{1}{4}$, en appelant jour solaire l'intervalle moyen de temps compris entre deux retours consécutifs du soleil au méridien. Mais, pour les usages vulgaires, on élude la fraction de jour, en employant trois années consécutives, chacune de 365 jours complets, auxquelles succède une quatrième qui en contient 366. Cette évaluation fractionnaire, et l'intercalation quadriennale qui s'y applique, sont formellement énoncées dans le premier chapitre du Chou-king, intitulé *yao-tien*, ce qui en reporte la connaissance à l'époque de l'empereur *Yao*, plus de vingt siècles avant l'ère chrétienne.

L'année solaire, composée comme on vient de le dire, commence au solstice d'hiver, soit immédiatement observé, soit conclu d'une observation antérieure, d'après le nombre des jours solaires écoulés, à partir de cette origine. On la partage en douze portions d'égale durée, contenant chacune 30 jours, plus $\frac{14}{32}$, que l'on appelle des *tchong-ki*. Leur durée individuelle, l'époque d'où ils partent, et leur mode de succession dans le cours de l'année, les font concorder approximativement avec les douze divisions écliptiques des Grecs, comptées à partir de celle qu'ils ont appelée le *Capricorne*. D'après cela, les missionnaires européens, et Gaubil lui-même, ont jugé à propos de leur attribuer les noms et les symboles de ces douze divisions grecques, en prenant seulement le soin d'avertir qu'il faut les entendre *à la chinoise*, c'est-à-dire comme désignant les divisions prises sur le contour de l'équateur, non de l'écliptique. Toutefois, cette identité de dénominations et de notation, appliquée à des choses dissemblables, jette dans les énoncés une continuité fatigante d'équivoques dont on a bien de la peine à se défendre. C'est pourquoi, dans ce qui va suivre, je désignerai spécialement les tchong-ki équatoriaux par les symboles grecs affectés du chiffre°, placé en accent supérieur, ce qui évitera l'inconvénient de l'identification en conservant les avantages de l'analogie.

Les douze tchong-ki de $30^j\frac{14}{32}$, étant partagés chacun par moitié, fournissent une sous-division de l'année en 24 parties égales, chacune de $15^j\frac{7}{32}$, que l'on appelle des *tsie-ki*. Les tchong-ki chinois font donc à peu près l'office de nos mois européens, les tsie-ki de nos quinzaines; mais sans être irrégulièrement affectés d'inégalités bizarres, comme celles que nous avons héritées des Romains.

Voilà les seules données relatives au mouvement propre du soleil, qui entrent dans le calendrier mixte des Chinois. Le rôle qu'elles y remplissent, et qu'elles y ont toujours invariablement conservé, sera facilement compris, en jetant les yeux sur la figure ci-jointe, laquelle, construite d'après un ancien document du temps des Tcheou, appelé le *Tcheou-chou*, aurait été encore applicable sous l'empereur Khang-hi, trente siècles plus tard [1].

---

[1] Le *Tcheou-chou*, c'est-à-dire *Livre des Tcheou*, fut trouvé au IIIe siècle de notre ère, dans un tombeau des princes de Oucy, avec d'autres mémoires de cette dynastie. (Gaubil, *Chronologie*, p. 119.) La Bibliothèque impériale possède un exemplaire de cet ouvrage, 2e cahier de la collection intitulée *Han-ouay-Tsong-chou*, fonds de Fourmont 309. C'est de là que Gaubil a extrait les noms des tchong-ki et des tsie-ki, ainsi que leur ordre de répartition dans les quatre saisons chinoises, qu'il a rapportés dans son *Histoire*

La circonférence de cercle qu'on y a tracée représente le contour équatorial du ciel, lequel est supposé contenir 365 ¼ parties égales, correspondantes au nombre entier et fractionnaire de jours que contient l'année solaire; de façon que le soleil, par son mouvement propre, en parcourt une dans un jour. J'appellerai ces parties des *degrés chinois;* et, d'après leur définition, chacun d'eux vaudra 0° 59′ 8″ ¼ de notre division sexagésimale du cercle. Les douze rayons tracés sur la figure, à partir du centre de la circonférence, et aboutissant aux symboles grecs accentués, marquent les limites initiales et finales des tchong-ki, les intermédiaires celles des tsie-ki. Lorsque je les considérerai à ce titre de limites, je les appellerai des tchong-ki, ou tsie-ki, *linéaires;* et j'appliquerai l'épithète de *temporaires* à ces mêmes noms considérés comme exprimant des intervalles de temps. Cela nous épargnera les équivoques auxquelles cette double acception pourrait donner lieu. Quant aux noms propres attribués à chacune des 24 divisions, j'en justifierai plus loin la signification physique. Jusque-là je les emploierai seulement comme moyen de désignation. Mais j'en confir-

---

de l'astronomie chinoise, pages 127-130. Mais, selon son habitude, il n'indique pas le chapitre où ces détails sont consignés. Mon fils les a retrouvés dans celui qui est intitulé *Tcheou-yue*, littéralement *Saisons des Tcheou*, et M. Stanislas Julien m'a confirmé l'exactitude de cette citation. Ce savant philologue a constaté, en outre, que le *Tcheou-chou* contenait *originairement* un chapitre intitulé *Youey-ling, règlement des lunes*, qui était déjà perdu fort antérieurement à l'incendie des livres. Car les auteurs chinois disent qu'il avait été suppléé par Liu-pou-ouey, ministre de Thsin-tchi-hoang-ti, lequel, ayant encouru la disgrâce de son maître, se donna la mort, l'an 235 avant notre ère; d'où il résulte que le supplément qu'il avait composé, dut précéder de vingt-deux ans au moins l'édit de proscription rendu en 213 par cet empereur.

merai dès à présent l'authenticité, en ajoutant que les mêmes noms, appliqués aux 24 divisions équidistantes de l'année solaire, ainsi qu'aux phases initiales, moyennes, et finales des quatre saisons chinoises, se retrouvent aussi rapportés dans le *Tcheou-pey*. Ce second document, dont j'ai démontré précédemment l'antiquité, s'accorde donc en tout point avec le *Tcheou-chou* pour fournir les éléments sur lesquels j'ai construit la figure 1.

Suivons maintenant, sur cette figure, les conséquences des dispositions que je viens de décrire. Le soleil, partant du point $\overset{\circ}{\text{z}}$, qui marque le solstice d'hiver vrai, s'avance chaque jour vers l'Orient de 1° chinois valant 0° 59' 8"$\frac{1}{4}$ de notre division sexagésimale. Quand il a ainsi parcouru trois tchong-ki temporaires, comprenant $\frac{8}{12}$ ou $\frac{1}{4}$ de l'année, il arrive au point $\overset{\circ}{\Upsilon}$, qui marque l'équinoxe vernal *chinois;* et de là, par des intervalles de temps pareils, il passe successivement aux points $\overset{\circ}{\text{s}}$, $\overset{\circ}{\text{≏}}$, $\overset{\circ}{\text{z}}$, qui marquent, dans la même hypothèse conventionnelle, le solstice d'été, l'équinoxe d'automne, le solstice d'hiver; de manière que les quatre phases cardinales de l'année chinoise sont séparées les unes des autres par des intervalles égaux de temps comprenant chacun trois fois $30^j \frac{14}{32}$ ou $91^j \frac{5}{16}$, c'est-à-dire $\frac{1}{4}$ d'année solaire. Cette distribution, par équidistances, est purement artificielle. Les époques des équinoxes et des solstices, réglées sur le mouvement vrai du soleil, partagent réellement l'année en portions inégales, dont les durées individuelles varient même en différents siècles. Mais ces inégalités, toujours restreintes à un très-petit nombre

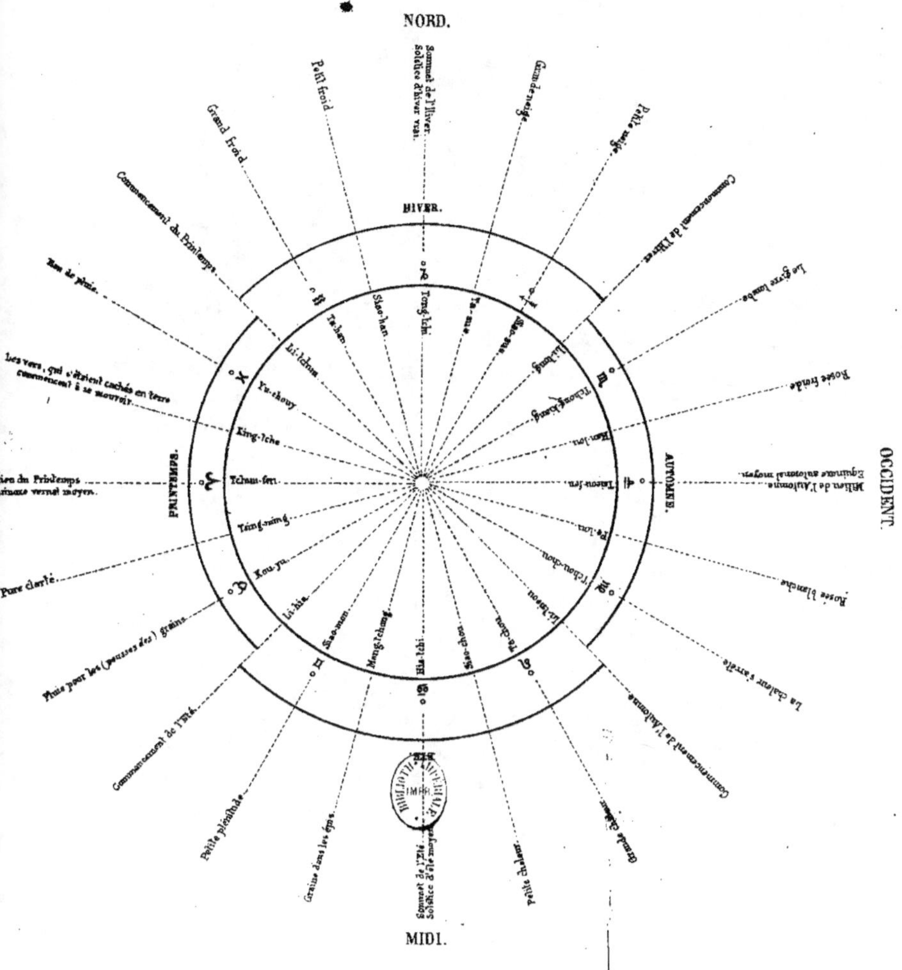

DISTRIBUTION

DES TCHONG-KI ET TSIE-KI TEMPORAIRES CHINOIS,

PLACÉS ET ORIENTÉS DANS L'ANNÉE SOLAIRE

avec l'indication des circonstances météorologiques que leurs noms expriment, et la délimitation
des quatre saisons chinoises, telle que l'a fixée l'ancien texte du Tcheou-chou,
d'accord avec le Tcheou-Pey.

de jours, ne sont perceptibles qu'à des recherches théoriques auxquelles les anciens Chinois étaient fort indifférents; de sorte qu'ils ont pu sans inconvénient les ignorer et n'en tenir aucun compte dans leur calendrier populaire. Toutefois, leur sens pratique se montre dans le partage qu'ils ont fait de l'année solaire en quatre saisons d'égales durées, ayant chacune leurs limites extrêmes symétriquement réparties autour des équinoxes et solstices moyens, comme on le voit sur la figure ici tracée. Pour apprécier la singulière justésse de cette distribution, il faut déterminer le climat auquel ils l'ont primitivement appliquée. L'époque ancienne à laquelle fut rédigé le document qui nous la fournit, place ce climat entre 34° et 40° de latitude boréale, dans les provinces de Honan, Chansi, Chensi, où la cour chinoise a toujours résidé depuis l'avénement des Han à l'empire. Or, par une concordance bien remarquable de la simple expérience avec les plus savantes théories, les trois mois solaires qui composent chaque saison chinoise sont, à quelques jours près, ceux que Humboldt a cru devoir réunir pour fixer les quatre grandes phases de température moyenne d'une année solaire dans un climat de cette espèce; et les circonstances météorologiques attachées aux noms usuels des vingt-quatre tsie-ki, coïncident merveilleusement avec les résultats thermométriques qu'il attribue aux époques correspondantes [1]. Que deviennent après cela les spéculations philologiques, par lesquelles on

[1] Humboldt, *Sur les lignes isothermes.* Mémoires d'Arcueil, t. III, tableau. Voyez particulièrement les indications thermométriques qu'il donne pour Péking.

a voulu faire dériver les connaissances pratiques des Chinois de leurs communications supposées avec les peuples étrangers, les Chaldéens par exemple, dont on peut tout dire, parce qu'on ne sait d'eux presque rien d'assuré? Ici, chez les Chinois, tout présente le caractère d'une originalité qui n'a de rapport avec aucun autre peuple, et qui se retrouve jusque dans les moindres détails qui nous restent d'eux.

Quant aux relations établies, dans la figure 1, entre les quatre phases cardinales de l'année solaire et les quatre points cardinaux de l'horizon, elles sont purement conventionnelles; et, à ce titre, leur usage chez les Chinois n'est que la mise en pratique d'idées superstitieuses, qui leur sont particulières, comme on le verra dans l'article suivant.

La portion du calendrier chinois qui concerne le mouvement annuel du soleil étant ainsi réglée, il faut y rattacher les révolutions mensuelles de la lune, qui en complètent l'application aux usages civils. Cela exige : 1° que l'on connaisse la durée moyenne d'une lunaison; car, ici, comme pour le soleil, on n'a égard qu'aux mouvements moyens; 2° que l'on assigne l'instant de l'année à partir duquel on commencera de compter les lunes. Le choix de cette origine est purement de convention; l'autre élément doit se conclure des faits réels. Je commence par celui-là.

Les plus simples observations font bientôt voir que la durée d'une lunaison est un peu moindre que 30 jours, et un peu plus grande que 29, ou en moyenne, $29^j,5$. C'est la première évaluation que tous les peuples en ont faite.

Mais les Chinois, par leur manière d'observer, ont été directement conduits à en obtenir une beaucoup plus précise. Nous avons vu qu'ils partageaient l'année solaire en douze intervalles égaux, appelés *tchong-ki*, contenant chacun 30 jours et $\frac{14}{32}$, un peu plus d'une lunaison. Plaçons-nous au commencement d'un de ces intervalles, par exemple, à celui qui, dans la figure 1, est marqué $\dot{z}$ et qui coïncide avec le solstice d'hiver vrai. Puis, ayant noté à peu près, aussi exactement que possible, l'âge apparent de la lune à cet instant, laissons, à partir de là, écouler les lunaisons et les tchong-ki, suivant leurs lois propres, en observant journellement les deux astres dans leurs passages au méridien, comme les Chinois le faisaient; et arrêtons-nous au moment où, un certain tchong-ki commençant, la lune aura repris le même âge qu'elle avait d'abord. En opérant ainsi, les Chinois ont dû immédiatement reconnaître et ont, en effet, reconnu de très-bonne heure, que 228 tchong-ki temporaires comprenaient exactement ou très-approximativement 235 lunaisons complètes. Or chaque tchong-ki étant, par définition, $\frac{1}{12}$ d'année solaire, les 228 tchong-ki, ou 12 fois 19, font en somme 19 années solaires de $365^j \frac{1}{4}$. Les Chinois appelèrent *tchang* cette période de concordance, qui est déjà virtuellement indiquée dans le chapitre *yao-tien* du *Chou-king*. C'était précisément la même période luni-solaire que Méton fit connaître avec tant d'applaudissements, aux Grecs, 432 ans avant l'ère chrétienne, ce qui lui donne, à la Chine, une antériorité au moins de sept siècles, à ne juger que d'après les documents historiques de la dynastie des Tcheou, sous laquelle on la trouve légalement établie, comme on le verra dans un moment. Elle fournissait dès lors aux Chinois une évaluation très-approchée du mois synodique. Car chaque lunaison, exprimée en tchong-ki, valant $\frac{228}{235}$, et le tchong-ki contenant $30^j\,\frac{7}{16}$, la durée d'une lunaison sera le produit de ces deux nombres, ce qui la fait égale à $29^j\frac{499}{940}$, ou en subdivisions sexagésimales, $29^j.\ 12^h.\ 44^m.\ 25^s\frac{25}{47}$. Cette valeur est trop forte d'environ 22^s. Mais elle est bien préférable à celle de Méton, qui ajouta $\frac{1}{76}$ de jour à l'année de $365^j\,\frac{1}{4}$, afin que les 19 comprissent 6940 jours complets, au lieu de $6959^j\,\frac{3}{4}$; et elle se trouve identique à celle de Callipe, qui, en quadruplant la période, put l'appliquer à l'année solaire de $365^j\,\frac{1}{4}$, sans l'altérer. On doit toutefois remarquer que les Grecs ne sont arrivés à ce résultat qu'à force de temps et d'essais, tandis que la simple pratique des Chinois les y a conduits du premier coup, sans aucun effort.

Il faut maintenant répartir les 235 lunaisons dans les 228 tchong-ki, de manière qu'elles s'écartent le moins possible de chacune des années solaires successivement révolues, et ici nous allons voir encore combien la simplicité des Chinois les a mieux servis que la subtilité des Grecs.

L'année civile chinoise commence avec la nouvelle lune qui contient un certain tchong-ki, nominalement désigné; et le rang des lunes ordinaires, alternativement grandes et petites, qui suivent celle-là, se compte à partir de cette origine. Le choix de ce tchong-ki primordial n'a pas été le même sous toutes les dynasties, et il paraît qu'il dépendait de la volonté du prince. Mais l'histoire a enregistré ces diverses prescriptions, ce qui permet de mettre les années de toutes les époques en rapport avec le ciel, au grand avantage de la chronologie. Trois seulement ont reçu la sanction de l'usage et constituent ainsi trois calendriers distincts entre eux, par cette seule particularité d'origine. En voici l'énumération :

Premier calendrier, attribué à l'empereur Yao. Époque présumée — 2357 [1].

La première lune est celle qui contient le tchong-ki linéaire ⯎, *Yiu-chouy* de notre fig. 1; et les quatre tchong-ki cardinaux tombent dans les lunes ci-après désignées :

Équinoxe vernal moyen.... ♈ dans la 2ᵉ lune.	
Solstice d'été moyen....... ♋ dans la 5ᵉ	Calendrier des Hia.
Équinoxe automnal moyen.. ♎ dans la 8ᵉ	
Solstice d'hiver vrai.... .. ♑ dans la 11ᵉ	

Ce règlement subsista jusqu'à la fin de la dynastie Hia. Époque présumée — 1766. Alors la dynastie des Chang commence. Son fondateur, Tching-Tang, change l'origine de l'année civile. Il la recule d'un tchong-ki entier. Ainsi, dans cette nouvelle forme de calendrier :

La première lune est celle qui contient le tchong-ki ♒, *Ta-han;* et les quatre tchong-ki cardinaux tombent dans les lunes ci-après désignées :

---

[1] Ici, et dans ce qui va suivre, j'emploie le signe — *moins* pour désigner les dates antérieures à l'ère chrétienne.

$$
\left.\begin{array}{l}
\text{Équinoxe vernal moyen.... } \Upsilon \text{ dans la 5}^e \text{ lune.} \\
\text{Solstice d'été moyen....... } \text{♋} \text{ dans la 6}^e \\
\text{Équinoxe automnal moyen.. } \text{♎} \text{ dans la 9}^e \\
\text{Solstice d'hiver vrai........ } \text{♑} \text{ dans la 12}^e
\end{array}\right\} \text{Calendrier des Chang.}
$$

Ce second règlement subsiste jusqu'à la fin de la dynastie des Chang. Époque présumée — 1122. Alors la dynastie des Tcheou lui succède. Son fondateur, Wou-vang, change l'origine de l'année civile et la recule encore d'un tchong-ki entier. Ainsi, dans cette forme nouvelle de calendrier :

La première lune est celle qui contient le tchong-ki ♑, *Tong-Tchi;* et les quatre tchong-ki cardinaux tombent dans les lunes ci-après désignées :

$$
\left.\begin{array}{l}
\text{Équinoxe vernal moyen.... } \Upsilon \text{ dans la 4}^e \text{ lune.} \\
\text{Solstice d'été moyen....... } \text{♋} \text{ dans la 7}^e \\
\text{Équinoxe automnal moyen.. } \text{♎} \text{ dans la 10}^e \\
\text{Solstice d'hiver vrai.. ... . } \text{♑} \text{ dans la 1}^{re} \text{ suiv.}
\end{array}\right\} \text{Calendrier des Tcheou.}
$$

Quand les liens fédéraux de l'empire des Tcheou se relâchèrent, chaque prince feudataire choisit, à sa volonté, un de ces trois calendriers civils pour faire rédiger les annales de sa maison. Il faut donc être instruit de ce choix pour établir la concordance de ces annales entre elles. Mais il se décèle en comparant les rangs des lunes auxquelles un même événement historique, ou un même phénomène céleste, est rapporté.

Après le renversement de la dynastie des Tcheou, l'empereur Thsin-tchi-hoang-ti, dans le dessein d'inaugurer en tout une Chine nouvelle, entreprit de faire subir au calendrier civil une quatrième mutation, qui consistait à reculer encore l'énumération des lunes d'un tchong-ki de plus que les Tcheou, ce qui aurait reporté la douzième au tchong-ki ⇸, *Siao-sue*[1]. Mais ce règlement n'eut, comme la tyrannie de son fondateur, qu'une existence passagère, et ne fut appliqué que pour l'ordonnance des cérémonies auxquelles lui-même devait concourir, ce qui fait qu'il n'a pas laissé de trace dans l'histoire. L'empereur Wouti des Han en décréta officiellement la suppression, et l'on reprit alors le calendrier des Hia, dont l'usage s'est, depuis, toujours conservé.

Maintenant, une quelconque de ces formes de calendrier étant admise, rien n'était plus simple que d'en calculer numériquement tous les détails. Prenons comme exemple celui des Tcheou. Considérons alors un solstice d'hiver vrai dont l'époque vient d'être déterminée astronomiquement, avec plus ou moins d'exactitude, soit par le gnomon, soit par le transport d'un solstice un peu antérieur, d'après la durée constante attribuée à l'année solaire. La lune qui contient ce solstice est, par convention, la douzième de l'année qui finit. On sait par l'observation quel est l'*âge* de cette lune à l'instant où le solstice a lieu. En soustrayant ce nombre de jours du mois synodique, évalué à $29^{j}\frac{499}{940}$, le reste sera le nombre de jours que cette douzième lune

---

[1] Gaubil, Recueil de Souciet, IIe partie, page 4; pour les divers changements d'origine du calendrier chinois, voyez l'*Histoire de l'astronomie chinoise, passim;* voyez aussi le *Traité de chronologie.*

a encore à décrire au delà du tchong-ki solsticial ☧. A ce reste ajoutez encore $29^j\frac{499}{940}$, durée de la première lune appartenant à l'année nouvelle. Si la somme dépasse le tchong-ki lunaire suivant ≋, cette première lune le contiendra dans son cours ; elle en prendra le nom et sera ordinaire comme la dernière qui la précédait. Mais, en continuant de procéder ainsi de lune en lune, comme chaque tchong-ki temporaire, contenant $30^j\frac{14}{32}$, excède la durée d'une lunaison, il s'en rencontrera tôt ou tard un qui comprendra toute la lunaison entre ses deux limites, de sorte qu'aucun tchong-ki linéaire ne tombera dans cette lune-là. On pourra donc la considérer comme en dehors de l'énumération générale ; et, lui appliquant par duplicata le nom de celle qui la précède, elle sera ce qu'on appelle *intercalaire*. Après cela on continuera d'énumérer les suivantes dans leur ordre de succession, en les désignant par le tchong-ki qu'elles contiennent, jusqu'à ce qu'on retombe sur une seconde, une troisième, une quatrième, etc., qui offre un pareil caractère d'interposition. Cela en emploiera 7 sur les 235, à ce titre exceptionnel ; après quoi les 228 tchong-ki, ou les 19 années solaires que le *tchang* embrasse, étant révolues, les lunaisons et les tchong-ki se retrouveront en concordance comme à l'origine de l'énumération. Telle est la règle, aussi exacte que simple, de l'intercalation chinoise, règle qui, au chapitre *Tcheou-yue* du *Tcheou-chou*, est définie complétement par cette courte phrase : *La lune intercalaire n'a pas de tchong-ki.*

Les premières notions de l'arithmétique suffisent, comme on vient de le voir, pour faire l'application de cette règle à tous les cas qui peuvent se présenter. Mais on pourrait aussi l'effectuer par un procédé purement graphique. Pour cela prenez deux règles minces, de bois ou de métal, que j'appellerai A et B. Marquez sur A une suite de parties d'égale longueur, qui représenteront les intervalles des tchong-ki linéaires successifs. Le premier point de division figurera votre tchong-ki solsticial. Tracez de même sur B une autre suite de parties égales, mais d'une longueur un peu moindre, étant, relativement aux précédentes, dans le rapport d'un mois synodique à un $\frac{1}{12}$ d'année solaire, ou comme 228 est à 235. Cela fait, mettez vos deux règles en contact par leurs côtés longs, de manière que la première division lunaire précède la première division solaire, proportionnellement à l'âge de la lune, au moment du solstice pris pour point de départ. Alors toute la série des lunaisons se trouvera placée, vis-à-vis des tchong-ki solaires, dans les conditions de correspondance que leur succession devra présenter; et l'on connaîtra, par la seule inspection, celles qui seront ordinaires, ou intercalaires, en voyant si elles contiennent un tchong-ki dans leur cours, ou si elles tombent entre deux tchong-ki. Gaubil dit que, sous la dynastie des Tcheou, on avait des instruments qui donnaient ainsi les places des lunes intercalaires par un procédé mécanique. Il ne pouvait y en avoir de plus simple que celui dont je viens de donner la description.

D'après les conditions précédentes, il y aura toujours 12 lunes ordinaires dans chaque année solaire de $365^{j}\frac{1}{4}$, comme il y a 12 tchong-ki; et les quatre phases cardinales de cette même année, qui répondent approximativement aux équinoxes et aux solstices, auront chacune leurs lunes propres, numériquement équidistantes entre elles, puisque toute lune occasionnellement intercalaire ne se compte point.

Quel que fût le tchong-ki choisi pour origine de l'année lunaire, il a pu quelquefois arriver, et il est arrivé, en effet, que la lunaison qui le contenait l'a dépassé de très-peu, en sorte que la lunaison qui lui succédait, et qui était la première de la nouvelle année, n'atteignait pas le tchong-ki linéaire suivant. Donc, cette première lune aurait dû être intercalaire, selon la règle. Néanmoins, on la comptait comme ordinaire par exception; et l'on prenait, comme intercalaire, la lune suivante, qui aurait dû être ordinaire. Le motif était de pouvoir accomplir certaines cérémonies attachées, de tout temps, à la première lune de l'année civile, ce qui n'aurait pas été possible, si elle eût perdu son rang comme intercalaire : il fallait donc nécessairement la faire ordinaire pour ne pas violer les rites établis.

Les conventions précédentes étant admises, il ne restait plus qu'à savoir quelles lunaisons il convenait de faire longues ou brèves, pour éviter les fractions de jour, en s'écartant le moins possible de l'évaluation moyenne $29^j \frac{499}{940}$ fournie par le tchang de dix-neuf ans. Le choix se décidait par la condition que l'erreur commise fût toujours moindre que $\frac{1}{2}$ jour; et les plus simples opérations de l'arithmétique suffisaient pour l'indiquer. Par exemple, faisons commencer ce petit calcul à la première lunaison qui ouvre le tchang.

Sa durée totale est, par définition. . . . $29^j \frac{499}{940}$

Le numérateur de la fraction surpasse 470, moitié de 940, on devra donc donner 30 jours à cette première lune. Alors l'erreur résultante qu'il faudra retrancher de la lunaison qui suit sera $\frac{441}{940}$ et, comme cette deuxième lunaison a pour durée propre . . . . $29^j \frac{499}{940}$ il lui restera, après la soustraction faite. . . $29^j \frac{58}{940}$

On devra donc lui donner 29 jours, et reporter l'excédant $\frac{58}{940}$ sur la lune qui suit. En continuant à procéder ainsi, de lune en lune, on trouvera successivement toutes celles qu'il faudra faire longues ou brèves, dans le cours des années qui suivront [1].

Le lecteur a maintenant sous les yeux tous les éléments du calendrier chinois, et je dirai volontiers tout ce qui constitue proprement l'astronomie chinoise. Pour construire chaque année l'almanach impérial, il fallait seulement connaître le jour du solstice d'hiver. Le reste était un travail de bureau, dont la direction était confiée au *Ta-sse*, le *grand annaliste*, ayant sous ses ordres le *Fong-siang-chi*, et le *Pao-tchang-chi*, l'*astronome* et l'*astrologue* officiels. (Tcheou-li, livre xxvi, fol. 4, 15, 18.) En supposant que l'année solaire contînt précisément $365^j \frac{1}{4}$, comme les Chinois l'admirent pendant beaucoup de siècles, une seule observation exacte du solstice d'hiver suffisait pour toutes les années suivantes, puisqu'il devait s'y maintenir à une même date du jour. Mais les observations de ce phénomène annuellement réitérées, et comparées entre elles à de longs

---

[1] J'ai expliqué ce petit calcul, d'une manière plus générale, dans mes premiers mémoires du *Journal des Savants* de 1840, p. 83 et 84.

intervalles, faisaient nécessairement apercevoir que cette constance n'a pas lieu rigoureusement; et, lorsque l'écart était devenu trop sensible, on le corrigeait en renouvelant l'observation du solstice qui servait de point de départ. C'est précisément ce qui est arrivé à nous autres Européens, lorsqu'un long usage du calendrier de Jules César eut amené dans les phases solaires l'avance de dix jours qui nécessita la réforme grégorienne. Chez les anciens Chinois, les incertitudes que comportait la détermination de l'instant du solstice d'hiver, à l'aide du gnomon, devaient rendre la nécessité de ces rectifications beaucoup plus fréquente. Mais l'avance ou le retard occasionnels d'un ou deux jours, dans l'origine de l'année officielle, n'avaient d'intérêt que pour les astronomes chargés de préparer le calendrier impérial. La masse du peuple ne s'en apercevait pas.

Le calendrier luni-solaire des Chinois, tel que je viens de le décrire, fut exclusivement employé par eux, depuis la plus haute antiquité, jusqu'au xviie siècle de notre ère. Même après que leurs astronomes eurent reconnu la variabilité des mouvements du soleil et de la lune, on continua de régler le calendier civil sur les mouvements moyens. Ce fut seulement lorsque les jésuites furent chargés de sa confection, que cet antique usage fut abandonné. En lui conservant sa forme primitive, ils substituèrent partout les lieux vrais aux lieux moyens, ce qui rendit désormais la science européenne indispensable pour le calculer. Alors les tchong-ki ne furent plus des intervalles égaux de temps, comprenant $\frac{1}{12}$ de $365^j\frac{1}{4}$, ou $30^j\frac{14}{32}$.

On identifia chacun d'eux à la dodécatémorie écliptique
correspondante à son rang à partir du solstice d'hiver vrai,
de sorte que leurs durées, désormais inégales, eurent pour
mesure les intervalles de temps pendant lesquels le soleil
parcourt en réalité chacune de ces dodécatémories; par suite
de quoi les équinoxes et les solstices furent reportés à leurs
places vraies, non plus à leurs places moyennes et équidistantes. Les instants des nouvelles lunes furent aussi
calculés d'après les mouvements vrais, et on leur appli-
qua la règle d'intercalation des Tcheou, en comptant,
comme intercalaires, les lunaisons qui se trouvaient tout
entières comprises entre les limites, initiale et finale, d'un
même mois solaire. Ces innovations scientifiques eurent
pour effet de remplacer des computations extrêmement
simples par des calculs compliqués, sans que le gouvernement ni les populations en recueillissent aucun avantage
réel.

Il est curieux de remarquer que le calendrier chinois,
ainsi modifié, se trouve être tout à fait pareil au calendrier civil actuel des Hindous, tel que Prinsep le décrit [1];
mais l'emploi des méthodes grecques donne à celui-ci
un caractère relativement moderne, tandis que l'origi-

---

[1] Prinsep, *Useful tables*, IIe partie, p. 19 et 23. Chaque mois (solaire) contient autant de jours et de fractions de jours que le soleil en emploie à
parcourir chaque signe (écliptique), le mois civil différant seulement de
l'astronomique par le rejet des fractions de jours. — Chaque mois lunaire
porte le nom du mois solaire dans lequel la conjonction a lieu; et, quand
deux nouvelles lunes tombent dans un même mois solaire (par exemple au
1er et au 30e jour), le nom du mois lunaire correspondant est répété, l'année devenant alors intercalaire, c'est-à-dire contenant treize mois lunaires.
Les deux mois de même dénomination se distinguent entre eux par les épi-

nalité de l'ancien calendrier des Chinois n'a rien de douteux.

L'invariable persistance de cette institution, sous toutes les dynasties qui ont successivement occupé le trône de la Chine depuis tant de siècles, n'a pas eu seulement pour cause l'invincible attachement des Chinois aux usages établis par leurs ancêtres; elle a été constamment soutenue et assurée par un système de cérémonies publiques, affectées, comme rites religieux, à chacune des douze phases mensuelles de l'année civile, et dont une, qui consacre la règle de l'intercalation, a été inscrite, sous des formes symboliques, dans la langue même. Mais, comme cette longue chaîne d'usages, immuablement observés, est un élément caractéristique de l'astronomie chinoise, qui explique en même temps qu'il atteste son antiquité, j'en remets l'exposition détaillée à un article spécial, auquel je joindrai, à titre de particularité tout à fait analogue, la description des cérémonies également officielles, qui ont été constamment pratiquées, à la Chine, avec la même invariabilité de formes, à l'occasion des éclipses de lune ou de soleil, depuis les plus anciens temps historiques jusqu'à nos jours; sans que les idées superstitieuses qui les avaient fait instituer, aient été modifiées en rien par la connaissance maintenant acquise des causes purement physiques par lesquelles ces phénomènes sont produits. Quand ces exemples, réunis à tant d'autres

thètes *nija, propre* ou *ordinaire,* et *adhika, ajouté.* On voit que la règle d'intercalation des Tcheou est exactement reproduite dans cet énoncé, sauf qu'on l'y applique aux mouvements vrais, et à des mois solaires d'inégale durée

que nous avons déjà recueillis, nous auront montré, dans toute sa force, l'invariable fixité de l'esprit chinois, nous reconnaîtrons avec évidence les mêmes institutions déjà inscrites et appliquées sous les mêmes formes dans des textes anciens, où le sentiment de la continuité pouvait seul nous conduire à les voir distinctement.

V

LES RITES ASTRONOMIQUES.

Les cérémonies attachées, chez les Chinois, à certaines époques de l'année luni-solaire, sont décrites avec détail dans le livre canonique intitulé *Li-ki*, ou *livre des rites*. Cet ouvrage fut un de ceux dont l'empereur Thsin-chi-hoang-ti poursuivit la destruction avec le plus d'acharnement, de sorte qu'après lui on ne put en recouvrer un exemplaire entier [1]. Il fallut donc se borner à rassembler les fragments qui restaient, à les mettre en ordre, et à recomposer les portions perdues en s'aidant des traditions qui s'étaient conservées. Le recueil actuel, de l'aveu même des Chinois, quoique fort respecté, n'a pas, à leurs yeux, l'autorité du texte original, en quoi ils font preuve de bonne foi. Mais, de toutes les parties qui le composent, celle qui nous intéresse en ce moment doit être une des moins suspectes, puisqu'elle renferme seulement la description de cérémonies

[1] Gaubil, *Chron.*, part. II, p. 87.

officielles que l'on célébrait de tout temps dans le cours de chaque année civile, et qui ont continué d'être en usage jusque sous les empereurs mandchous, comme je le prouverai plus loin. En outre, les principaux actes que l'on y mentionne comme devant être accomplis par l'empereur, entouré des grands dignitaires de sa cour, sont formellement prescrits dans les articles du *Tcheou-li* pour les mêmes époques de l'année; et, quant à ce qui concerne la célébration des équinoxes et des solstices, la description du cérémonial donnée par le *Li-ki* est littéralement la même que donne Liu-pou-weï dans le recueil intitulé, *Liu-chi-tch'un-t'sieou*, qu'il composa sous l'empereur Thsin-chi-hoang-ti, dont il était ministre, recueil qui a échappé à la proscription [1]. M'autorisant donc de toutes ces concordances, je vais rapporter ici la traduction du texte du *Li-ki*, que je dois à l'obligeance de M. Stanislas Julien, ainsi que la figure explicative dont elle est accompagnée. Quand nous aurons étudié les indications contenues dans ce document, nous retrouverons les traces des mêmes rites, constamment pratiqués depuis la plus haute antiquité jusqu'à nos jours.

Pour comprendre le texte qui va suivre, il faut jeter les yeux sur la figure ci-jointe, qui en offre la réalisation pra-

---

[1] Voyez, sur ce personnage, la note insérée dans le deuxième article, page 337. En étudiant la portion de son ouvrage relative au calendrier chinois, que M. Stanislas Julien a eu la bonté de me traduire, j'ai reconnu que la description qu'il donne des cérémonies officielles, attachées aux diverses phases de l'année chinoise, est absolument identique à celle du *Li-ki*, que je reproduis plus loin dans son entier. Quant aux données proprement astronomiques, on les trouve rassemblées dans un tableau que Gaubil a inscrit à la page 250 de l'*Histoire de l'astronomie chinoise*. D'après cela, il ne m'a plus semblé nécessaire de reproduire le texte même de Liu-pou-weï, comme je me l'étais proposé d'abord.

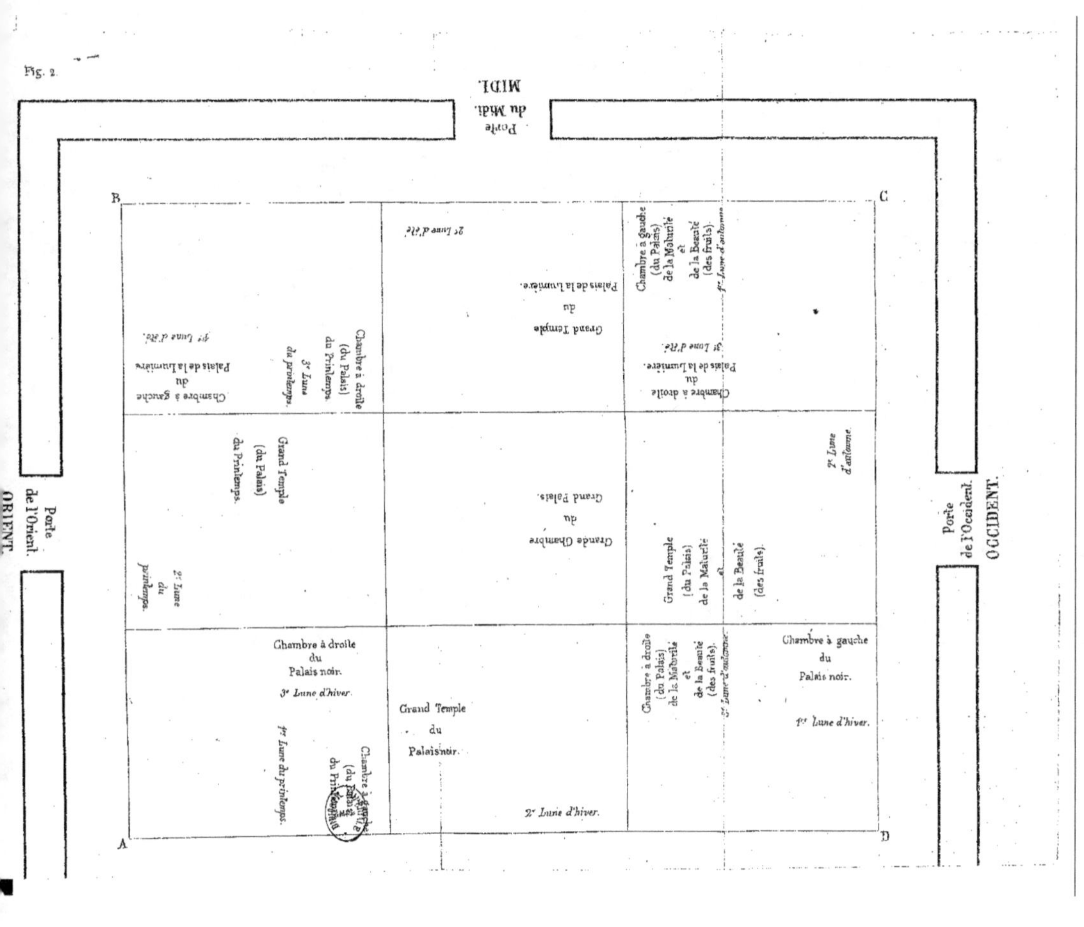

Fig. 2.
MIDI.
Porte du Midi.
ORIENT.
Porte de l'Orient.
OCCIDENT.
Porte de l'Occident.
B
C
A
D
2e Lune d'été.
Chambre à gauche (du Palais) de la Maturité et de la Beauté (des fruits).
1re Lune d'automne.
Palais de la Lumière.
Grand Temple du
Chambre à droite (du Palais) du Printemps.
3e Lune du printemps.
Chambre à gauche du Palais de la Lumière.
4e Lune d'été.
Chambre à droite du Palais de la Lumière.
3e Lune d'été.
Grand Temple (du Palais) du Printemps.
2e Lune du printemps.
Grande Chambre du Grand Palais.
1re Lune d'automne.
Grand Temple (du Palais) de la Maturité et de la Beauté (des fruits).
Chambre à droite du Palais noir.
3e Lune d'hiver.
1re Lune du printemps.
Chambre à gauche (du Palais) du Printemps.
Grand Temple du Palais noir.
Chambre à droite (du Palais) de la Maturité et de la Beauté (des fruits).
2e Lune d'automne.
Chambre à gauche du Palais noir.
1re Lune d'hiver.
2e Lune d'hiver.

tique. Elle représente un grand édifice carré appelé Ming
thang, ou *palais de la lumière*, dont les parois font respectivement face aux quatre points cardinaux de l'horizon.
L'intérieur est partagé en neuf salles semblables, par des
subdivisions parallèles à ces mêmes parois. Il faut se rappeler que l'année civile chinoise, contient douze lunes *ordinaires*, les unes de vingt-neuf, les autres de trente jours,
que l'on complète au besoin par l'insertion d'une treizième,
appelée *intercalaire*, pour empêcher que la série des douze
ne s'écarte indéfiniment de l'année solaire. Ceci bien entendu, chacune des salles latérales du Ming-thang devient
le séjour officiel de l'empereur pendant une des lunes ordinaires de l'année, en commençant par l'angle nord-est A et
continuant dans l'ordre A B C D, suivant le sens du mouvement diurne du ciel. A chaque saison, composée de trois
lunes, l'empereur est censé regarder la partie du ciel à laquelle font face les trois salles consacrées à cette saison-
là; et ces salles elles-mêmes se distinguent en pièces du
milieu, de droite, ou de gauche, suivant qu'elles se trouvent placées relativement à la personne impériale, supposée dans la position présente. Ceci exige nécessairement
que les quatre salles placées aux angles de l'édifice aien
chacune deux emplois, comme nous leur donnons aussi un
nom composé des deux plages cardinales qu'elles séparent :
par exemple, la salle nord-est, placée à l'angle A, sert pour
la première lune de printemps, où l'empereur fait face à
l'est, et pour la troisième de l'hiver, où il fait face au nord,
la salle placée à l'angle B sert pour la troisième lune du
printemps, où l'empereur fait face à l'est, et pour la pre-

mière de l'été où il fait face au midi; ainsi des deux autres. Dans cet arrangement, quand il survient une lune intercalaire, il est évident qu'il n'y a pas de salle pour elle. Mais, de même qu'elle est intermédiaire entre deux lunes ordinaires, qui ont chacune leur salle contiguë l'une à l'autre, de même l'empereur est censé résider, pendant cette lune-là, dans la porte de communication de ces deux salles entre elles; et le *Ta-sse*, le grand annaliste, est chargé de lui indiquer officiellement qu'il doit alors occuper cette place intermédiaire [1]. L'accomplissement de cet acte significatif est retracé figurativement dans la langue écrite. La lune intercalaire se dit en chinois *jun* et s'écrit à l'aide d'un caractère qui se compose de deux éléments. L'extérieur figure les deux battants d'une porte ouverte; l'intérieur désigne, en général, le souverain, et nominalement Wouwang, le premier empereur de la dynastie des Tcheou. Le sens de l'ensemble est donc : « l'empereur Wou-wang entre « les deux battants d'une porte ouverte; » ce qui rend présumable que le rite dont il s'agit remonte à ce prince; et, par l'association d'idées qui s'y rattache, on ne pouvait donner une image plus sensible du précepte : *La lune intercalaire n'a pas de Tchong-ki.*

Une partie des cérémonies qui vont être tout à l'heure

---

[1] *Tcheou-li*, liv. XXVI, fol. 6. Cet officier préside à la confection du calendrier impérial; il est le conservateur en titre de tous les actes écrits relatifs à l'administration de l'empire; il prépare et surveille l'accomplissement de toutes les grandes cérémonies (kiv. XXVI, fol. 1-16). Les sinologues français traduisent généralement son titre *Ta-sse* par *grand historien;* mais mon fils, dans sa traduction du *Tcheou-li*, a cru devoir plutôt l'appeler le *grand annaliste*, à cause de la nature multiple de ses attributions.

décrites, s'accomplissait hors de l'enceinte du palais impérial, dans des emplacements spéciaux, situés sur les portions du territoire extérieur, voisines de la capitale, et que l'on appelait *Sse-kiao*, ce qui rappelle assez bien l'idée de notre mot *banlieue*[1]. On reconnaissait ainsi quatre banlieues, que l'on désignait individuellement par la plage cardinale de l'horizon vers laquelle chacune s'étendait, et les cérémonies relatives à chaque saison s'accomplissaient dans celle des quatre qui portait la dénomination correspondante. L'empereur et toute sa cour quittaient la résidence impériale pour aller les y célébrer. La raison de cet usage se découvre dans les termes mêmes par lesquels le texte du *Li-ki* l'énonce. Suivant les idées superstitieuses des Chinois, les quatre saisons de l'année étaient présidées par autant de génies, qui les amenaient tour à tour des points de l'horizon particulièrement affectés à chacun d'eux. Le printemps venait ainsi de l'orient, l'été du midi, l'automne de l'occident, l'hiver du nord; et, chaque fois, l'empereur, sortant de sa résidence, allait au-devant du génie qui les conduisait, pour le saluer à son arrivée. Ces mêmes idées nous expliquent pourquoi, dans le système du calendrier chinois, les époques des équinoxes et des solstices sont mises idéalement en rapport avec les quatre points cardinaux de l'horizon, comme le

---

[1] *Tcheou-li*, liv. II, fol. 28 et 29. Chacune des quatre banlieues (*Sse-kiao*) s'étendait jusqu'à une distance de 100 *li*, ou environ 10 lieues autour de la capitale, le *li*, suivant l'évaluation des jésuites, contenant $\frac{1}{10}$ de lieue de 20 au degré. Ces territoires étaient assujettis à des taxes fixes, et perçues par le *Ta-tsaï*, ou *grand administrateur général*, au profit de l'empereur.

représente la figure annexée à l'article précédent, p. 326, ce qui complète l'interprétation que j'avais promis d'en donner.

C'était dans la portion extérieure du domaine impérial, confinant à la banlieue orientale, que se trouvait le champ sacré, dont, au printemps, l'empereur ouvrait, en personne, les trois premiers sillons, et qui, cultivé sous la direction d'un officier spécial, appelé *Thien-sse*, fournissait les grains et les autres produits agricoles destinés à servir d'offrandes dans les divers sacrifices de chaque année [1].

Ces explications feront facilement comprendre le texte suivant, dont je dois la traduction à M. Stanislas Julien.

EXTRAIT DU CHAPITRE YOUEÏ-LING DU *LI-KI*.

PRINTEMPS.

« A la première lune du printemps, l'empereur habite
« la salle qui est à gauche du palais du printemps.

« Il monte sur un char *vert*, il y fait atteler des chevaux
« (appelés) *dragons verts;* il arbore un étendard *vert;* il se
« revêt d'habits *verts*, il orne sa ceinture de jade *vert*.

« Dans cette lune, le printemps commence. Trois jours
« avant le commencement du printemps, le *Ta-tsoung-pe,*
« *grand intendant des cérémonies sacrées* (chef du ministère
« des rites), s'adresse à l'empereur et lui dit :

« Tel jour, le printemps commence. La vertu dominante
« réside dans l'élément du bois. Alors l'empereur se puri-

---

[1] *Tcheou-li*, liv. IV, fol. 41, texte et comm

« fie. Le premier jour du printemps, il se met à la tête des
« (trois ministres appelés) *San-kong*, des (neuf présidents
« appelés) *Khieou-khing*, des princes feudataires (présents à
« la cour) et des (magistrats du titre de) *Ta-fou*, et, avec
« eux, il va au-devant du printemps, dans la banlieue
« orientale.

« Note. Les mots *il va au-devant du printemps* signifient
« qu'il va sacrifier à *Thaï-hao* (le souverain du printemps) et à
« *Keou-mang* (le génie du printemps), *pour saluer leur arrivée.*
« A la deuxième lune du printemps (milieu du printemps),
« l'empereur habite dans le grand temple du printemps.
« (C'est l'époque de l'équinoxe vernal du calendrier chinois.).
« A la troisième lune du printemps, l'empereur habite
« dans la salle à droite du palais du printemps.

ÉTÉ.

« A la première lune d'été, l'empereur habite dans la
« salle à gauche du palais de la lumière.
« Il monte sur un char *rouge* ; il y fait atteler des chevaux
« *rouges* (alezans) ; il arbore un étendard *rouge* ; il orne sa
« ceinture de jade *rouge*.
« Dans cette lune, l'été commence. Trois jours avant le
« commencement de l'été, le *Ta-tsoung-pe* s'adresse à l'em-
« pereur et lui dit : Dans trois jours, l'été commence. La
« vertu dominante réside dans l'élément du feu.
« Alors l'empereur se purifie. Au premier jour de l'été,
« il se met à la tête des *San-kong*, des *Khieou-khing*, des *Ta-*

« *fou*, des princes feudataires (présents à la cour) ; et,
« avec eux, il va au-devant de l'été dans la banlieue mé-
« ridionale.

« Note. Les mots *il va au-devant de l'été* signifient qu'il
« va sacrifier à *Yen-ti* (le souverain de l'été), et à *Tcho-yong*,
« le génie de l'été, *pour saluer leur arrivée.*
« A la deuxième lune de l'été, l'empereur habite dans le
« grand palais de la lumière. (C'est l'époque du solstice
« d'été.) A la troisième lune d'été, l'empereur habite dans
« la salle à droite du palais de la lumière.

AUTOMNE.

« A la première lune d'automne, l'empereur habite la
« salle à gauche du palais de la beauté et de la maturité
« des fruits. (Glose : l'occident, où se couche le soleil après
« avoir terminé sa course diurne, est le point où les êtres
« arrivent à leur accomplissement, à leur entière perfec-
« tion, et à leur entière beauté.)
« Il (l'empereur) monte sur un char *blanc* ; il y fait atte-
« ler des chevaux *blancs* ; il arbore un étendard *blanc* ; il se
« revêt d'habits *blancs* ; il orne sa ceinture de jade *blanc*.
« Dans cette lune, l'automne commence. Trois jours
« avant le commencement de l'automne, le *Ta-tsoung-pe*
« s'adresse à l'empereur et lui dit : Tel jour l'automne
« commence. La vertu dominante réside dans l'élément
« du métal.

« Alors l'empereur se purifie. Le premier jour de l'au-
« tomne, il se met à la tête des *San-Kong*, des *Khieou-khing*,
« des princes feudataires (présents à la cour); et, avec eux, il
« va au-devant de l'automne dans la banlieue occidentale.

« Note. Les mots : *il va au-devant de l'automne* signifient
« qu'il va sacrifier à *Chao-hao*, le souverain de l'automne,
« et à *Jo-cheou*, le génie de l'automne, *pour saluer leur*
« *arrivée.*

« A la deuxième lune d'automne, l'empereur habite le
« grand temple du palais de la beauté et de la maturité
« des êtres. (C'est l'époque de l'équinoxe automnal du
« calendrier chinois.)

« A la troisième lune d'automne, l'empereur habite la
« salle à droite du palais de la beauté et de la maturité des
« êtres.

HIVER.

« A la première lune d'hiver, l'empereur habite dans
« la salle à gauche du palais noir.

« Il monte sur un char *noir*; il y fait atteler des chevaux
« *noirs*; il arbore un étendard *noir*; il se revêt d'habits
« *noirs*; il orne sa ceinture de jade *noir*.

« Dans cette lune l'hiver commence. Trois jours avant
« le commencement de l'hiver, le *Ta-tsoung-pe* s'adresse à
« l'empereur et lui dit : Tel jour, l'hiver commence. La
« vertu dominante réside dans l'élément de l'eau.

« Alors l'empereur se purifie. Le premier jour de l'hiver,

« il se met à la tête des *San-kong*, des *Khieou-khing*, des *Ta-*
« *fou*, des princes feudataires (présents à la cour) ; et, avec
« eux, il va au-devant de l'hiver dans la banlieue septen-
« trionale.

« Note. Les mots *il va au-devant de l'hiver* signifient qu'il
« va sacrifier à *Tchouen-hio*, le souverain de l'hiver, et à
« *Hiouen-ming*, le génie de l'hiver, *pour saluer leur arrivée*.
« A la deuxième lune de l'hiver, l'empereur habite dans
« le grand temple du palais noir. (C'est l'époque du sol-
« stice d'hiver.)
« A la troisième lune de l'hiver, l'empereur habite la
« salle qui est à droite du palais noir. »

Les cérémonies relatives aux quatre saisons de l'année
ont été instituées, et constamment pratiquées à la Chine
depuis la plus haute antiquité. Elles sont expressément
prescrites dans le *Tcheou-li* (liv. XVIII, f° 12), sinon avec
tous les détails que le *Li-ki* mentionne, du moins avec les
caractères qui dénotent ces grandes solennités. Elles s'accomplissent sous la direction du *Ta-tsoung-pe*, grand intendant des cérémonies sacrées, qui avertit d'avance l'empereur des jours où elles doivent avoir lieu, et l'aide à les
célébrer (*Ibid*, f° 46.) Cet usage a traversé les siècles, et
s'est perpétué sous toutes les dynasties indigènes ou étrangères qui ont gouverné la Chine. Gaubil, en 17.., retrouve
les mêmes cérémonies pratiquées aux mêmes époques
annuelles à la cour de l'empereur Khien-long, où l'on suivait le calendrier des Hia. « On fait encore tous les ans,

« dit-il[1], des cérémonies à la 2ᵉ lune, dans la partie orien-
« tale de la ville, au jour de l'équinoxe du printemps. On
« en fait dans la partie méridionale, à la 5ᵉ lune, le jour
« du solstice d'été ; dans la partie occidentale, à la 8ᵉ lune,
« le jour de l'équinoxe d'automne ; et, dans la partie sep-
« tentrionale, à la 11ᵉ lune, au solstice d'hiver. Il y a de
« beaux et vastes emplacements pour ces cérémonies. »
Voilà les équivalents des *quatre banlieues* du *Li-ki*. La part
que les empereurs n'ont cessé de prendre à ces solennités,
se voit dans deux rescrits officiels du même empereur
Khien-long, que le P. Amiot a traduits et fait connaître en
Europe[2]. Le premier est daté de la quarante-quatrième
année (du règne de ce prince) 11ᵉ lune, jour 19 (26 décembre 1779). L'empereur, arrivé à la soixante et dixième
année de son âge, s'excuse de ne plus pouvoir accomplir
en personne tout le cérémonial relatif à la célébration du
solstice d'hiver, et, conformément aux rites, il s'y fera
remplacer par un prince de son sang, se réservant d'y as-
sister comme spectateur dans une loge particulière. Le
second rescrit, postérieur de sept années (1787), reproduit
l'exposé des mêmes difficultés devenues insurmontables.
Ces deux propositions sont soumises à l'examen du tribunal des rites, et des grands de la cour assemblés en conseil
pour en délibérer. A cette occasion, tous les détails du

---

[1] Gaubil, *Histoire de l'astronomie chinoise*, p. 83 et 84. Ce passage, comme
beaucoup d'autres du même ouvrage, a été très-incorrectement imprimé ;
j'ai dû y corriger plusieurs fautes de ponctuation et deux inversions de mots
qui en corrompaient tout à fait le sens.

[2] Lettres du P. Amiot insérées dans les *Mémoires des missionnaires*, t. IX,
p. 18, et t. XIV, p. 536.

cérémonial que l'empereur doit remplir sont rappelés, et 'on énumère les circonstances qui les lui rendent désormais impossibles. Les changements inusités qui doivent en résulter dans l'accomplissement des rites, présentent les caractères d'une affaire d'État des plus graves.

Si, à ces commémorations solennelles des phases principales de l'année solaire, renouvelées sans interruption sous toutes les dynasties chinoises, on ajoute l'observation annuellement réitérée des équinoxes et des solstices, déjà prescrite à titre de rite dans le *Tcheou-li*, 1100 ans avant notre ère[1]; qu'on y joigne la connaissance plus ancienne encore de l'année de $365^{j}\frac{1}{4}$, celle du *tchang* de 19 ans, et la règle de l'intercalation des lunes, représentée figurativement par des actes publics, dont la langue écrite reproduit l'image, on comprendra comment le calendrier luni-solaire des Chinois a pu se conserver sans aucune altération dans sa simplicité primitive, et continuer d'être employé ainsi, pendant plus de trente siècles, à ne compter que des Tcheou; offrant l'unique exemple, dans les annales humaines, d'une institution pareille, si longtemps subsistante chez un même peuple. En cela, comme dans tout l'ensemble des mœurs et de l'organisation sociale, l'immutabilité a été le trait distinctif de l'esprit chinois.

Il me reste à parler des idées fort singulières qu'ils ont, de tout temps, attachées aux éclipses de lune et surtout à celles de soleil. Outre les terreurs bien naturelles que ces phénomènes ont généralement inspirées à toutes les nations de l'antiquité, il s'est joint, chez les Chinois, un sentiment

---

[1] *Tcheou-li*, liv. XXVI, fol. 16.

de superstition tout particulier, qui les leur rendait personnellement redoutables. L'empereur était considéré comme le fils du ciel [1]; et, à ce titre, son gouvernement devait offrir l'image de l'ordre immuable qui régit les mouvements célestes. Quand les deux grands luminaires, le soleil et la lune, au lieu de suivre séparément leurs routes propres, venaient à se croiser dans leur cours, la régularité de l'ordre du ciel semblait dérangée; et la perturbation qui s'y manifestait devait avoir son image, ainsi que sa cause, dans les désordres du gouvernement de l'empereur [2]. Une éclipse de soleil était donc considérée comme un avertissement donné par le ciel à l'empereur d'examiner ses fautes et de se corriger [3].

Lorsque ce phénomène avait été annoncé d'avance par l'astronome en titre, l'empereur et les grands de sa cour s'y préparaient par le jeûne, et en revêtant des habits de la plus grande simplicité [4]. Au jour marqué, les mandarins se rendaient au palais avec l'arc et la flèche [5]. Quand l'éclipse commençait, l'empereur lui-même battait, *sur le tambour du tonnerre, le roulement du prodige*, pour donner l'alarme; et, en même temps, les mandarins décochaient leurs flèches vers le ciel *pour secourir l'astre éclipsé* [6]. Gaubil mentionne ces particularités d'après les anciens livres des rites, et les principales sont énoncées dans le

---

[1] Gaubil, *Histoire de l'astronomie chinoise*, p. 108.

[2] Le même, *Recueil de Souciet*, partie II, p. 32 et 33.

[3] Le même, *Histoire de l'astronomie chinoise*, p. 98.

[4] Le même, *ibid.*, p. 97 et 98.

[5] *Ibid.*, p. 97.

[6] *Tcheou-li*, liv. XII, fol. 11, et XXXI, fol. 34.

Tcheou-li, aux endroits que je cite en note. D'après cela, on peut se figurer le mécontentement que devait exciter une éclipse de soleil qui ne se réalisait pas après avoir été prédite, et pareillement une qui apparaissait tout à coup sans avoir été prévue. Dans le premier cas, tout le cérémonial se trouvait avoir été inutilement préparé ; dans le second, le manque de préparatifs, et les efforts désespérés que l'on faisait pour y pourvoir en hâte, produisaient inévitablement une scène de désordre compromettante pour la majesté impériale. De telles erreurs, pourtant si faciles, mettaient les pauvres astronomes en danger de perdre leur charge, leurs biens, leur honneur, quelquefois leur vie [1]. Par suite d'une disgrâce pareille, arrivée en l'an 721 de notre ère, l'empereur Hiouen-tsong fit venir à sa cour un bonze chinois appelé Y-hang, renommé pour ses connaissances en astronomie [2]. Après s'y être montré effectivement fort habile, il eut le malheur d'annoncer d'avance comme certaines deux éclipses de soleil, qu'on ordonna d'observer dans tout l'empire. Mais on ne vit, ces jours-là, nulle part, aucune trace d'éclipse, quoique le ciel se montrât presque partout serein. Pour se disculper, il publia un écrit dans lequel il prétendit que son calcul était juste, mais que le ciel avait changé les règles de ses mouvements, sans doute en considération des hautes vertus de l'empereur. Grâce à sa réputation, d'ailleurs méritée, peut-être aussi à sa flatterie, on lui pardonna [3].

[1] Gaubil, *Recueil de Souciet*, partie II, p. 33
[2] *Ibid.*, p. 73
[3] *Ibid.*, p 86

Les mêmes idées sur l'importance et la signification des éclipses de lune et de soleil, qui existaient chez les Chinois il y a plus de 4000 ans, y subsistent encore aujourd'hui, tout aussi fortes; et elles engendrent les mêmes exigences, devenues seulement moins périlleuses pour les astronomes, puisque ces phénomènes sont maintenant prévus plusieurs années d'avance, avec une certitude mathématique, dans les grandes éphémérides d'Europe et d'Amérique, qu'ils peuvent aisément se procurer. Pour savoir précisément où ils en sont à cet égard, j'ai eu recours encore à l'érudition inépuisable de M. Stanislas Julien, qui, en consultant un grand ouvrage de sa riche bibliothèque, intitulé *Khing-ting-li-pou-tse-li*, c'est-à-dire *Règlements du tribunal des rites*, lequel a été publié par ordre impérial dans la vingt-sixième année du règne de l'empereur Taokouang (1846), y a trouvé, liv. CCII, la preuve indubitable que les cérémonies employées pour *délivrer la lune et le soleil, au moment de leurs éclipses, se pratiquent encore de nos jours*. Voici la traduction littérale de l'important passage qu'il en a extrait :

TEXTE.

« Lorsque le soleil ou la lune sont éclipsés d'un *fen*
« ($\frac{1}{10}$ de pouce) et au-dessus, les règlements veulent qu'on
« les *délivre* (c'est-à-dire qu'on pratique les cérémonies
« usitées pour les délivrer).

« Si l'éclipse est de moins d'un *fen*, ou si elle n'est pas
« visible, on ne doit rien faire pour délivrer l'*astre*. Lors-

« qu'il y a lieu d'observer les *fen* et les divisions de *fen* de
« l'éclipse, de noter l'heure ou les minutes, de signaler la
« place et la position de l'astre, de dire si l'éclipse sera vi-
« sible, et n'atteindra pas un *fen*, ou bien si elle sera invi-
« sible, tout cela, d'après les règlements, est du devoir
« de l'astronome impérial, qui, cinq mois avant l'époque
« de l'éclipse, doit en faire un dessin et le présenter avec
« son rapport à l'empereur. Alors, l'empereur rend un dé-
« cret où l'on annonce cet événement à tous les bureaux
« administratifs de la capitale, ensuite dans tout le dépar-
« tement de Chun-thien-fou; enfin, on en donne avis aux
« Pou-tching-sse (trésoriers de chaque province) des 18 pro-
« vinces de la Chine, au roi de Corée et au roi d'An-nam
« (Cochinchine) qui tous, dans leurs localités respectives,
« doivent se conformer au décret impérial. »

« Remarque (à la suite du texte ci-dessus). — Le 16 de
« la 4ᵉ lune de la 24ᵉ année de Tao-kouang (1844), il y eut
« une éclipse de lune. Le tribunal des rites, informé d'a-
« vance par le bureau impérial de l'astronomie, en avait fait
« son rapport à l'empereur, et, par ses soins, cet événement
« avait été annoncé dans toutes les provinces de l'empire. »

Pour compléter les indications contenues dans le texte
précédent, il restait à connaître le détail des cérémonies
prescrites et pratiquées dans ces occasions. M. Stanislas
Julien en a encore trouvé la description complète dans le
Recueil des lois de la Chine, intitulé : *Khing-ting-thaï-thsing-
hoeï-tien-sse-li*, lequel, au liv. CCCLXXXIX, fol. 1, à la
2ᵉ année de l'empereur *Chun-tch'i* (1645), s'exprime ainsi :

« Toutes les fois qu'il arrive une éclipse de soleil, on

« attache des pièces de soie à la porte du ministère des
« rites, appelée *I-men* ; et, dans la grande salle, on place
« une table pour brûler des parfums au haut de la tour
« appelée *Lou-thaï* (la Tour de la Rosée). La garde impé-
« riale place 24 tambours des deux côtés, à l'intérieur de
« la porte *I-men;* le *Kiao-fang-sse* place la musique ou les
« musiciens au bas de la tour *Lou-thaï*. Il place chaque
« magistrat au haut de la tour *Lou-thaï*, à l'endroit où ils
« doivent s'incliner pour saluer. Tous sont tournés du côté
« du soleil. Quand le président de l'astronomie a annoncé
« que le soleil commence à être entamé, tous les magis-
« trats, en habit de cour, se rangent et se tiennent debout.
« A un signal donné, ils se mettent à genoux, et alors la
« musique commence à se faire entendre.

   « Chaque magistrat fait trois prostrations et neuf révé-
« rences, après quoi la musique s'arrête. Quand les magis-
« trats du tribunal des rites ont fini d'offrir des parfums,
« tous les magistrats s'agenouillent. Le *Kiao-sse-kouan*
« s'avance avec un tambour et la baguette du tambour;
« ensuite il frappe le tambour pour *délivrer le soleil*. Le
« président du ministère des rites frappe trois coups de
« tambour, et alors on frappe tous les tambours ensemble,
« Quand le président du bureau de l'astronomie a annoncé
« que l'astre a recouvré sa forme arrondie, les tambours
« s'arrêtent. Chaque magistrat s'agenouille trois fois, et
« frappe neuf fois la terre de son front. La musique recom-
« mence; quand ces cérémonies sont finies, la musique
« s'arrête. Puis tous les magistrats se retirent chacun de
« leur côté.

« Quand la lune est éclipsée, on se réunit dans le bureau
« du Thaï-tch'ang (président des cérémonies), et l'on ob-
« serve les mêmes rites pour délivrer l'astre. »

———

Si j'ai insisté avec tant de détail sur ces pratiques superstitieuses que les Chinois conservent encore de nos jours,
après que la cause purement physique des phénomènes
célestes auxquels ils les appliquent, est connue de tous les
peuples civilisés, et l'est probablement d'eux-mêmes, ce
n'est pas pour me donner l'inutile plaisir de faire ressortir
leur bizarrerie ou leur ignorance. En cela, comme dans
l'observation des cérémonies relatives aux phases solaires,
ce qu'il faut voir, c'est l'invariable persistance du gouvernement et de la nation chinoise dans les usages publics anciennement adoptés; persistance par suite de laquelle, à toutes
les époques, et en toutes choses, pour eux, la gloire du présent a été de se montrer les stricts continuateurs du passé.
Ce trait saillant et distinctif de leur caractère national nous
a déjà servi, dans les pages précédentes, pour suivre, avec
le fil d'une chronologie certaine, l'histoire de leur astronomie dans un intervalle de 30 siècles, depuis les dynasties
actuelles jusqu'aux Tcheou. Ce même esprit de conservation
va maintenant nous guider encore dans les temps plus reculés où nous le retrouvons le même; et, en le suivant, nous
verrons se développer avec évidence les prescriptions
mystérieuses de l'astronomie primitive contenue dans le
Chou-king; prescriptions, dont l'obscurité nous resterait im-

pénétrable, si nous l'abordions sans nous y être préparés comme nous l'avons fait. Cela complétera et terminera l'exposé que je me suis proposé de faire de cette antique astronomie, qui, dans sa simplicité native, a suffi, pendant tant de siècles, aux besoins d'une société civile dont la population embrasse presque la moitié du genre humain.

VI

L'ASTRONOMIE DU *CHOU-KING*.

Jusqu'ici je n'ai fait aucune mention ni aucun usage des indications astronomiques contenues dans les premiers chapitres du *Chou-king*. Conformément au plan que je m'étais tracé au début de ces études, j'ai voulu remonter par degrés, des temps relativement modernes aux temps plus anciens, en recueillant sur ma route les documents qui pouvaient l'assurer et l'éclairer. Étant ainsi arrivé avec certitude jusqu'à l'avénement des Tcheou, époque à laquelle l'astronomie chinoise paraît avoir été complétement fixée, nous pouvons maintenant nous aider de ce passé pour étendre nos investigations sur les essais antérieurs, en les interprétant avec la connaissance des résultats et des idées que nous avons vu en avoir été la conséquence. C'est précisément ainsi que M. Stanislas Julien, quand il a entrepris de traduire le *Chou-king*, a d'abord attaqué les chapitres les plus modernes pour arriver à l'intelligence des plus anciens.

Mais, avant de nous engager dans ces premiers documents de l'astronomie chinoise, il faut apprécier le degré de confiance que nous pouvons leur accorder. Ils nous sont donnés par Confucius, non pas comme des inventions de son esprit, mais comme ayant été consignés, à titre de faits actuels, dans des textes anciens qui s'étaient conservés jusqu'à son temps. Il nous faut donc les admettre aussi à ce même titre, de narrations contemporaines des observations qui s'y trouvent rapportées. Car Confucius n'aurait eu aucun intérêt, ni aucun motif, pour les imposer faussement à la postérité; et, dans la plupart des cas, il ne lui aurait pas été possible d'inventer, par une spéculation rétrospective, les détails astronomiques que nous trouvons avoir dû effectivement se réaliser sous le climat de la Chine, plus de 15 siècles avant lui.

Afin de nous préparer à les apprécier, même à les comprendre, il faut remettre sous nos yeux l'état du ciel tel qu'il était à l'époque ancienne où on les présente comme ayant été observés. Pour ceux que je considérerai d'abord, et qui sont contenus dans le chapitre *Yao-tien* du *Chou-king*, cette époque, suivant les computations chronologiques les plus vraisemblables, remonte à 2357 années avant l'ère chrétienne. D'après cette donnée, il me serait bien facile de les reproduire tels qu'ils ont eu lieu alors, si je pouvais mettre sous les yeux de mes lecteurs un globe céleste, à pôles mobiles, entraînant avec lui son équateur et ses cercles de déclinaison [1]. Car il suffirait de l'ajuster à l'époque

---

[1] La Faculté des sciences de Paris possède un appareil de ce genre, que j'ai fait construire pour elle, il y a bien des années, et qui m'a été du plus utile secours dans toutes mes recherches d'astronomie ancienne, en me permettant de reproduire, dans son ensemble et ses détails, le ciel de chaque époque, tel qu'il s'offrait aux regards des observateurs, sous le climat et dans la localité que je voulais considérer. J'ai décrit la construction de cet in-

désignée, en amenant le pôle boréal à 35° de hauteur sur l'horizon, ce qui est la latitude de Si-'ngan-fou, ville du Chen-si, où l'empereur Yao résidait; et l'instrument, ainsi disposé, offrirait la représentation fidèle du ciel tel qu'on le voyait dans cette localité 2357 ans avant notre ère. Mais, n'ayant pas ici la possibilité de recourir à ce genre de démonstration en quelque sorte matérielle, j'y ai suppléé par des déterminations théoriques qui en résumeront tous les éléments essentiels. J'ai calculé par les formules de la mécanique céleste, pour cette même date, les coordonnées équatoriales des 28 étoiles qui limitaient les divisions stellaires auxquelles les Chinois rapportaient les positions angulaires de tous les autres astres, considérés dans leurs passages par le méridien; et j'en ai formé le tableau que j'ai inséré à la suite de mon premier article, p. 266 et 267. Il nous fournira tous les renseignements numériques dont nous aurons besoin pour comprendre, et replacer idéalement sur le contour du ciel, les indications astronomiques contenues dans le texte du *Chou-king* que nous allons analyser.

Le premier que j'en extrairai, parce qu'il va nous être d'une utilité principale, c'est la connaissance des positions que les points équinoxiaux et solsticiaux occupaient parmi les 28 divisions chinoises à l'époque de 2357, pour laquelle le tableau est calculé. A cet effet, il suffit de chercher dan quelles divisions se trouvaient les points du ciel dont les ascensions droites avaient alors pour valeur 0° ou 360°, 90°,

strument dans la 3ᵉ édition de mon *Traité d'astronomie*, tome IV, p 641 et suiv.

180°, 270°. Or la 8e colonne de notre tableau nous montre que ces quatre points étaient répartis de la manière suivante :

<pre>
Équinoxe vernal dans Mao + 1° 29′ 44″
Solstice d'été. . . . Sing + 2° 23′ 20″
Équinoxe d'automne Fang — 0° 22′ 14″ } c'est-à-dire de cette quantité
Solstice d'hiver. . . Hiu + 6° 45′ 3.″   en avant de Fang.
</pre>

Ces évaluations peuvent être affectées de petites erreurs s'élevant, tout au plus, à quelques minutes de degré, tant par suite des incertitudes que présentent les formules quand on les applique à des |temps si reculés, que parce que je n'ai pas tenu compte des mouvements propres qu'ont pu avoir les étoiles considérées. Mais tout cela est sans importance comparativement aux incertitudes que comportaient des observations faites alors à la simple vue.

Voici maintenant les paroles que le chapitre *Yao-tien* du *Chou-king* attribue à l'empereur Yao. S'adressant à deux grands personnages de sa cour, appelés Hi et Ho, qui paraissent spécialement chargés de présider aux observations astronomiques, il leur ordonne : « de se conformer avec « un soin respectueux aux lois du ciel suprême, de calcu- « ler les mouvements du soleil et de la lune, d'observer « les espaces sans étoiles (probablement compris entre les « étoiles déterminatrices), et de faire connaître au peuple « les temps et les saisons [1]. »

Il entre ensuite dans le détail des observations qu'il fau-

---

[1] *Chou-king*, traduction de Gaubil, publiée par De Guignes, Paris, 1770, in-4°. p. 6. M. Stanislas Julien a eu la bonté de me traduire littéralement,

dra faire pour fixer les époques de l'année qui répondent aux milieux des quatre saisons : printemps, été, automne, hiver. Il charge de ces opérations quatre personnages différents, auxquels il donne les instructions suivantes :

« Le premier devra se rendre dans l'agréable vallée *Yu-y* « (située à l'orient de la résidence impériale), pour y aller « avec respect au-devant du soleil levant, et régler ce « qu'on fait au printemps. Le milieu du printemps se re- « connaît par l'égale durée du jour et de la nuit, et par « l'astre *Niao* (qui marque le commencement de la division « équatoriale *Sing*.)

« Le second devra se porter à *Nan-kiao* (lieu situé au « midi), pour observer avec un soin respectueux le point « le plus élevé (de la route du soleil), et régler ce qu'on fait « en été. Le milieu de l'été se reconnaît par la plus longue « durée du jour et par l'astre *Ho* (qui marque le com- « mencement de la division équatoriale *Fang*).

« Le troisième observateur devra se rendre à l'occident, « dans la localité appelée *Meï-kou* (vallée obscure), pour « reconnaître avec respect le soleil couchant, et régler les « travaux de l'automne. Le milieu de l'automne se recon- « naît par l'égale durée de la nuit et du jour, et par l'astre « *Hiu* (qui marque le commencement de la division équa- toriale de ce nom).

« Enfin, le quatrième devra se rendre dans la localité « septentrionale appelée *Yeou-tou* (située au nord de la ré-

sur le texte original, les passages que j'emprunte à Gaubil, de manière à rendre au besoin plus complète, ou plus précise, l'interprétation que ce savant missionnaire en avait donnée.

« sidence impériale), pour y observer les changements pro-
« duits par l'hiver. Le milieu de l'hiver se reconnaît par la
« plus courte durée du jour, et par l'astre *Mao* (qui marque
« le commencement de la division équatoriale de ce nom). »

Dans nos habitudes européennes de considérer les observations astronomiques d'un point de vue purement abstrait, on peut s'étonner de voir l'empereur Yao envoyer
quatre astronomes vers les quatre points cardinaux de l'horizon, dans des stations éloignées de sa résidence, pour y
observer les équinoxes et les solstices, ce qu'un seul aurait
pu faire dans un même lieu. Mais nous voyons déjà apparaître ici l'idée, à la fois astrologique et religieuse, qui s'est
maintenue chez les Chinois dans tous les siècles postérieurs, que les quatre saisons de l'année sont présidées par
autant de génies qui les amènent chacun d'un point particulier de l'horizon, et au-devant desquels on va les saluer
à leur arrivée dans les emplacements consacrés à cet usage
autour de la résidence impériale. Ceci est encore un
exemple de la persévérance de ce singulier peuple à conserver invariablement, dans tous ses actes, les traditions et
les coutumes de l'antiquité.

Un trait bien remarquable des instructions adressées par
l'empereur Yao à ses astronomes, c'est l'indication qu'il
leur donne des quatre divisions équatoriales, Sing, Fang,
Hiu, Mao, pour reconnaître successivement les milieux des
quatre saisons, printemps, été, automne, hiver. D'après ce
que nous a fait voir tout à l'heure notre tableau de la
page 364, ces quatre divisions étaient précisément celles
dans lesquelles le soleil se trouvait alors aux époques des

deux équinoxes et des deux solstices, et elles sont ici énumérées dans l'ordre même suivant lequel le soleil les parcourait, du moins en commençant la liste par celle des quatre qui contenait le solstice d'été. Un accord si juste et si continu ne peut pas être fortuit. Il prouve qu'au temps de l'empereur Yao, les Chinois connaissaient déjà les positions méridiennes de ces quatre phases solaires, séparées les unes des autres par $\frac{1}{4}$ du contour du ciel. Supposant alors, comme ils l'ont toujours fait, que le soleil décrit ce contour entier en $365^j \frac{1}{4}$ avec un mouvement uniforme, ces quatre phases devaient se succéder pour eux à des intervalles égaux, comprenant chacun le quart de ce nombre, c'est-à-dire $91^j \frac{5}{16}$; de sorte qu'une seule étant fixée par l'observation, les trois autres s'en déduisaient. Elles marquaient ainsi déjà les milieux de leurs quatre saisons, conformément au mode de détermination qu'ils ont depuis toujours invariablement employé.

Il reste à expliquer comment ces quatre époques de l'année, ainsi définies, pouvaient être reconnues dans le ciel au moyen des indications que l'empereur Yao donne à ses astronomes, indications d'après lesquelles la division Sing devait leur désigner le milieu du printemps, Fang le milieu de l'été, Hiu le milieu de l'automne, Mao le milieu de l'hiver; chacune servant ainsi d'indice pour la saison qui suit. Selon Gaubil, l'observation se faisait le soir au coucher du soleil, et le lieu actuel de cet astre, dans les divisions équatoriales, se concluait de celle qui se voyait dans le méridien au même instant. Mais cette explication n'est valable que pour les instants des deux équinoxes. En effet, l'obliquité de l'écliptique étant alors de 24°, et les observations se faisant sous le parallèle boréal de 35° environ, lorsque le soleil se couchait le jour du solstice d'été, π du scorpion, déterminatrice initiale de la division Fang, se trouvait de 18° 32′ à l'*occident* du méridien; et, lorsque cet astre se couchait au moment du solstice d'hiver, η pléiade, déterminatrice initiale de la division Mao, se trouvait de 16° 40′ à l'*orient* de ce plan, deux résultats de calcul que le globe confirme. Ces écarts auraient été trop considérables, pour que la seule présence des divisions Sing ou Mao dans le haut du ciel pût indiquer, avec une suffisante exactitude, l'arrivée du soleil au point solsticial d'été ou d'hiver. Mais ce que nous avons vu précédemment sur les procédés employés par les Chinois des temps postérieurs, pour des déterminations analogues, nous fournit une interprétation bien naturelle. Supposez, en effet, que l'on eût déterminé directement *le jour* où se produisait une de ces deux phases, le solstice d'hiver, par exemple, ce qui pouvait se faire, à quelques jours près, par les observations du gnomon, ou par la plus courte durée du jour visible, comme Yao le prescrit. Alors les trois autres devaient se trouver séparées de celle-là, et entre elles, par des intervalles égaux de $91^{\mathrm{j}} \frac{5}{16}$, en admettant l'uniformité du mouvement du soleil, ainsi que les Chinois l'ont toujours pratiqué; et les divisions stellaires qui contenaient, ou étaient censées contenir, ces quatre points cardinaux de sa route, devaient se succéder au méridien à $\frac{1}{4}$ de jour, ou 25 *khe*, de distance les unes des autres, ce qui pouvait aïsément les faire reconnaître à leur passage dans ce plan, quand il s'opérait pendant la nuit. Ainsi le passage de Sing au méridien, $\frac{1}{4}$ de jour, ou 25 *khe* après le soleil, désignait le solstice d'été, et le passage de Mao dans ce même plan, à ce même intervalle de 25 *khe* après le soleil, désignait pareillement le jour du solstice d'hiver, ce qui s'accorde très-bien avec les instructions de l'empereur. Cela suppose seulement l'observation assidue de ces passages au méridien, et la mesure du temps; ce qu'on ne saurait leur refuser, puisqu'ils étaient parvenus à déterminer la durée de l'année solaire dans les limites de $\frac{1}{4}$ de jour, et d'autres résultats plus délicats encore comme nous allons bientôt le voir.

Mais auparavant, je ferai remarquer que ces énoncés de l'empereur Yao ne peuvent pas avoir été des inventions de Confucius. Car, de son temps, cinq siècles environ avant l'ère chrétienne, les quatre points cardinaux de la route du soleil n'occupaient plus les divisions Mao, Sing, Fang, Hiu, dans lesquelles le texte du *Chou-king* les place. Leur mouvement continuel de rétrogradation les avait amenés dans des divisions bien différentes. Le solstice d'hiver par exemple avait quitté la division *Hiu*, la 22ᵉ de notre liste générale. Il avait traversé entièrement la division *Nu*, la 21ᵉ, où l'avait trouvé Tcheou-kong, et de là il était remonté dans la division *Nieou*, la 20ᵉ. Les trois autres avaient suivi ce même mouvement. Or, Confucius, ni aucun de ses contemporains, n'aurait été en état de revenir à ce passé par un calcul rétrospectif, que les astronomes des Han eux-mêmes auraient été incapables d'effectuer pour leur propre temps. Il n'a donc rapporté ces anciennes positions comme ayant

24

été reconnues au temps d'Yao, que parce qu'il les trouvait attestées dans les mémoires qu'il jugeait authentiques, et qui s'étaient transmis jusqu'à lui.

Après avoir donné ses instructions sur les observations des phases solaires, l'empereur Yao s'adresse à deux autres personnages, qui paraissent avoir été chargés de diriger en chef la confection du calendrier impérial : « Remarquez, « leur dit-il, une période de 36 décades (360 jours), plus « 6 jours. L'intercalation d'une lune et la détermination des « quatre saisons servent à la disposition parfaite de l'année. « Cela étant exactement réglé, chacun s'acquittera de son « emploi, selon le temps et la saison, et tout sera dans le « bon ordre. »

Le calendrier des Chinois de cette époque était donc luni-solaire, comme l'a été celui de tous les peuples primitifs. Mais il avait déjà ce caractère qui lui est resté propre, que son but unique était de suivre, avec une fidélité scrupuleuse, les mouvements apparents des deux astres, sans être assujetti à aucune exigence étrangère, provenant, comme chez les Grecs, de conventions artificielles antérieurement imposées par les usages politiques ou religieux; ceux-ci, à la Chine, ayant été intentionnellement établis en conformité présumée avec les lois du ciel, et non pas d'après des idées préconçues. Déjà, dans ce premier arrangement, on reconnaît le type de celui qui s'est depuis perpétué. On y distingue quatre saisons comprenant chacune $\frac{1}{4}$ de l'année solaire, et ayant leurs milieux fixés aux instants des équinoxes et des solstices. Chaque saison contient trois douzièmes d'année, désignés individuellement dans les textes postérieurs par le nom de Tchong-ki. Et, à ces Tchong-ki, sont attachées autant de lunaisons, parmi lesquelles on en intercale occasionnellement une treizième, quand cela devient nécessaire pour maintenir l'accord des deux astres. La simplicité de l'énoncé qui rappelle la convenance de cette intercalation, comme un fait connu, sans entrer dans aucun détail sur son mode d'application, semble indiquer qu'elle s'opérait d'après une règle déjà fixée. Une tradition incontestée apprend, d'ailleurs, que l'année civile s'ouvrait alors par la lunaison qui coïncidait avec le commencement du printemps. Telle fut donc l'organisation complète de ce calendrier de Yao, adoptée après lui par toutes les dynasties des Hia, comme je l'ai précédemment annoncé [1].

Je passe tout de suite au règne de Tchong-kang, le 5ᵉ successeur de l'empereur Yao, dont Gaubil fixe l'avénement à l'an 2159 avant notre ère. Dans les premières années du règne de ce prince (à la 5ᵉ, 2155, selon Gaubil, et 2128, suivant la chronique Tchou-chou), le chapitre *Yn-tching* du *Chou-king* rapporte une éclipse de soleil accompagnée de circonstances qui en font une époque particulièrement mé-

---

[1] J'ai dit plus haut, page 334, que les Tcheou avaient reculé d'une lunaison le commencement de l'année civile, et avaient appelé 1ʳᵉ lune celle qui contenait le solstice d'hiver. Gaubil, dans son *Histoire de l'astronomie chinoise*, pages 174-176, fait remarquer que Confucius n'approuvait pas ce changement, et jugeait plus naturel de prendre pour 1ʳᵉ lune celle qui contenait le *commencement* du printemps, comme le faisait le calendrier des Hia; ce dont il rapporte comme preuves plusieurs passages du *Tch'un-thsieou* de Confucius, dans lesquels cette opinion est très-clairement, quoique indirectement, exprimée. Ceci confirmerait donc, au besoin, que, dès le temps d'Yao, le calendrier chinois fut réellement établi et mis en usage dans la forme que la tradition et le *Chou-king* lui attribuent; car il serait impossible de croire que Confucius eût attaché tant d'importance à le rappeler, s'il n'avait pas considéré son existence comme indubitable.

morable dans l'histoire de l'astronomie chinoise. Deux principaux personnages de la cour, appelés encore Hi et Ho, avaient la direction supérieure des travaux astronomiques, ce qui paraît avoir été dès lors une des charges les plus importantes de l'État. Au lieu de s'occuper de leur emploi dans la capitale, ils allèrent dans les provinces susciter des mouvements contre l'empereur; et, pendant leur absence, il survint une éclipse de soleil qu'ils n'avaient ni prévue, ni annoncée. Alors Tchong-kang envoya contre eux ses troupes, pour les punir de leur révolte autant que de leur négligence, et à ce sujet le texte dit [1].

« Ces personnages, Hi et Ho, ont ruiné leur vertu. Ils
« se sont abrutis en se plongeant dans le vin. Ils ont tourné
« le dos à leur charge. Ils ont quitté leur poste. Ils ont été
« les premiers à bouleverser les lois du ciel. En s'éloi-
« gnant, ils ont abandonné leurs fonctions. Au 1er jour de
« la 3e lune d'automne, [le soleil, étant dans Fang, n'est
« pas demeuré entier][2]. L'aveugle a battu le tambour [3].

[1] Je rapporte ce passage d'après la traduction littérale que M. Stanislas Julien a bien voulu faire pour moi, non pas d'après la version tartare qu'a suivie Gaubil, et qui me paraît avoir été faite avec peu d'intelligence de la question astronomique, mais d'après le texte même du *Chou-king*, tel qu'il se lit dans l'original.

[2] Le membre de phrase que j'ai enfermée ici entre des parenthèses carrées, m'a paru exprimer le fait astronomique plus littéralement que les autres versions qu'on a données du même passage. J'essayerai plus bas de justifier cette substitution.

[3] Dans ces anciens temps, et sous les Tcheou même, le service de la musique impériale était fait par des aveugles, sous des chefs doués de la vue. Dans le Tcheou-li, les *musiciens aveugles*, *Kou-moung*, forment un corps composé de 300 individus, distingués en trois classes, dirigés par des *conducteurs clairvoyants* et placés dans le département du *Ta sse-yo*, le grand maître de la musique impériale, liv. XVII, fol. 15. Leurs principales fonc-

« Les officiers sont accourus à cheval. Les petits employés
« sont accourus à pied. Hi et Ho ont été stupides et
« aveugles pour ce qui regarde les signes célestes. Par
« là, ils ont encouru la peine capitale décrétée par les
« anciens rois. »

On voit déjà apparaître ici, à l'occasion de l'éclipse, les
mêmes dispositions superstitieuses qui sont demeurées en
vigueur dans tous les siècles suivants : le bruit du tambour
pour sonner l'alarme; le concours des mandarins en armes
pour venir au secours de l'astre éclipsé. Chez les Chinois,
tout ce qui a été *une fois* officiellement établi et pratiqué
ne se perd plus [1].

On conçoit l'extrême intérêt qu'il y avait à constater,
par le calcul astronomique, la réalité de cette éclipse du
Chou-king, la plus ancienne dont il soit fait mention dans
les annales du genre humain. Aussi, depuis la restauration
de l'astronomie sous les Han, les historiens et les astronomes chinois ont-ils réuni tous leurs efforts pour retrouver l'année et la date précise de cette éclipse du soleil,
d'après les circonstances particulières qui la signalaient.

---

tions sont énumérées et décrites en détail au livre XXIII, fol. 18, 21, 26.
Mais, au temps des Tcheou, c'était l'empereur lui-même qui frappait le grand
tambour *loui-kou*, le tambour du tonnerre, pour venir au secours de l'astre
éclipsé. (*Tcheou-li*, kiv. XII, fol. 11.)

[1] Quand Gaubil décrit les circonstances de l'éclipse mentionnée dans le
chapitre *Yn-tching* du *Chou-king*, sa traduction porte : « A la dernière lune
« d'automne, le soleil et la lune en conjonction n'ont pas été d'accord dans
« Fang. » L'expression *n'ont pas été d'accord* présente la rencontre des deux
astres comme amenant une sorte de lutte entre eux. J'ai appris de M. Stanislas Julien que cette idée de lutte a son principe dans un préjugé enra-
ciné chez les Chinois. Quand la lune éclipse le soleil, partiellement ou en
totalité, ils disent qu'elle l'entame, littéralement qu'elle le *mange*, et le mot

On n'a pas, en effet, d'autres indices qui la désignent. Car, malheureusement, le chapitre du *Chou-king* qui en fait mention n'indique pas l'année où elle a eu lieu; ce qui doit peu surprendre, puisque rien ne prouve que le cycle de soixante jours, qui, depuis les Han, sert à compter continuement les années, leur fût appliqué alors. On a pour unique renseignement que l'éclipse est arrivée le 1er jour de la 3e lune d'automne, dans le calendrier bien connu des Hia; et qu'en outre, le soleil ainsi que la lune se trou-

chi, manger, est celui que Confucius emploie constamment pour désigner les nombreux exemples d'éclipses de soleil qu'il cite dans le *Tch'un-thsieou*.

Désirant toutefois vérifier, par moi-même, l'exactitude de l'interprétation donnée par Gaubil, j'ai prié M. Stanislas Julien de vouloir bien me traduire *mot à mot* le passage correspondant du *Chou-king*, et voici le résumé des communications que j'ai reçues de lui à ce sujet.

TEXTE CHINOIS.	TRADUCTION LITTÉRALE.
Chin	Terme générique, pouvant également désigner le soleil, la lune, ou les astres en général (*Dictionnaire impérial de Kang-hi*).
Pou	Pas
Tsi	Se rassembler, et, par extension, être d'accord[a].
Vu	Dans
Fang	Fang

[a] Le mot *tsi*, que Gaubil a rendu par *être d'accord*, est composé de deux caractères dont l'un signifie *oiseau à queue courte*, et l'autre *arbre*. D'après l'étymologie que donne le *Chouĕ-wĕn*, le plus ancien des dictionnaires chinois, ce verbe exprime le fait des *oiseaux qui se rassemblent, ou qui sont rassemblés sur un même arbre.* Par suite de cette origine, on a donné au mot *tsi* le sens général de *se rassembler*, et, dans l'application simultanée à plusieurs sujets distincts, il prend le sens de *s'accorder ensemble, se mettre d'accord*. Gaubil lui a donné, et a dû lui donner cette dernière signification, ayant traduit *chin* par le soleil et la lune. Mais le mot chinois, en lui-même, désigne seulement *l'un ou l'autre astre*, considéré indi-

vaient alors dans la division stellaire Fang, comprise entre les cercles horaires des étoiles π et σ du scorpion. Ce dernier caractère est très-précieux, parce que l'intervalle équatorial ainsi défini a toujours été extrêmement restreint, et a très-peu varié, n'occupant que 5° 2′ 25″ en l'année 2357 avant notre ère, et 5° 34′ 10″ en 1800. Mais, pour en faire un usage profitable et certain, il faut d'abord avoir une théorie de la précession et du déplacement de l'écliptique, qui soit assez exacte pour s'appliquer sans erreur jusqu'à des temps si reculés; et il faut, en outre, avoir des tables du soleil et de la lune assez parfaites pour oser les étendre aussi jusque-là. Or, ces secours, ou plutôt ces instruments indispensables pour une computation rétrograde aussi longue, manquaient absolument aux astronomes chinois, et ils manquaient aussi aux missionnaires qui ont voulu l'entreprendre. De sorte que les résultats de ces calculs, d'après lesquels on a voulu fixer l'époque du Tchong-kang, et, par suite, poser un jalon dans les pre-

viduellement. La particularité qu'il ajoute, qu'ils étaient *en conjonction* dans Fang n'est pas dans le texte, et elle est inutile. Car la division Fang n'ayant qu'une amplitude très-restreinte, si le soleil et la lune s'y trouvaient réunis et luttant l'un contre l'autre, ils y étaient nécessairement, selon le langage des astronomes, *en conjonction*. Mais cette expression, *en conjonction*, semble trop abstraite et trop scientifique pour l'époque où le chapitre *Yn-tching* du *Chou-king* fut rédigé.

Dans la version mandchoue de ce livre, composée par l'ordre et sous les yeux de l'empereur Khang-hi, le mot *chin* est pris comme désignant individuellement *le soleil*. Mais, pour le reste du passage, elle ne suit pas le sens littéral du texte chinois, et elle y substitue cette paraphrase, que *le soleil, dans Fang, avait été caché par la lune*.

En résumé : la version mandchoue et la traduction de Gaubil désignent, avec une égale évidence, le fait astronomique que le *Chou-king* veut mentionner. Mais, si l'on donne au mot *chin* sa signification individuelle, *le soleil*, il faut attribuer au verbe *tsi* un sens également relatif à cet astre seul, et j'ai cru pouvoir légitimement le faire, en disant qu'il n'est pas demeuré *entier*, *in se totus teres atque rotundus*, ce qui offre l'expression la plus simple et la plus fidèle du fait observé, en prenant le verbe *tsi* dans le sens propre que lui assigne sa composition idéographique, *se rassembler, former un tout*.

miers siècles de l'histoire chinoise, sont tous à déterminer de nouveau.

Gaubil s'est occupé plus que personne de cette recherche. D'après les tables imparfaites qu'il avait entre les mains, il trouvait une éclipse de soleil qui lui semblait satisfaire à toutes les conditions du *Chou-king*. Selon son calcul[1], conforme à celui d'un grand astronome chinois du temps des Ming, la conjonction vraie qui donnait cette éclipse aurait eu lieu le 11 octobre de l'année 2155 des chronologistes, à $6^h 57'$ du matin, temps de Pékin, et à $6^h 49'$ du matin sous le méridien de *'Gan-y-hien*, résidence de l'empereur Tchong-kang; de sorte que le soleil s'y serait levé éclipsé. En outre, il se serait alors trouvé dans la station Fang, comme le veut le texte. Mais, à la vérité, la grandeur de l'éclipse n'aurait été que de *deux doigts*, c'est-à-dire que la lune aurait seulement couvert la sixième partie du diamètre du soleil; ce qui eût été bien peu apparent, et peu susceptible d'être remarqué, surtout à un tel instant du jour.

Fréret combattit fortement le résultat de Gaubil, en s'appuyant surtout sur cette dernière circonstance. Il voulait y substituer une autre éclipse de l'an 2007, que Dominique Cassini avait calculée, et qu'il trouvait aussi avoir eu lieu, sinon dans la station Fang, du moins tout auprès. Gaubil résista toujours à cette substitution, d'après des considérations historiques; et l'on peut voir dans sa Chronologie, ainsi que dans son *Histoire de l'astronomie chinoise*, les motifs sur lesquels il appuie son sentiment.

La petitesse de l'éclipse trouvée par Gaubil, jointe à

[1] Gaubil, *Observations*, partie II, p. 144

l'heure où elle s'était opérée, me l'avait toujours rendue suspecte, au moins pour la Chine, d'après une considération générale, qui s'applique à toutes les époques anciennes, et que je vais tout à l'heure expliquer. C'est pourquoi, lorsque je repris, en 1840, l'étude de l'astronomie chinoise dans le *Journal des Savants*, je priai feu Largeteau, mon confrère au bureau des longitudes, calculateur très-habile, de vouloir bien calculer de nouveau cette éclipse, d'après les tables de la lune de Damoiseau, et celles du soleil de Delambre, les plus exactes que l'on eût alors; et, pour être assuré d'opérer sur les mêmes dates, je lui remis le calcul original d'un des compagnons de Gaubil, que l'on m'avait confié. Largeteau a trouvé qu'en effet l'éclipse avait eu lieu sous le méridien de 'Gan-y-hien, au jour assigné, mais pendant la nuit, longtemps avant le lever du soleil, et qu'ainsi elle n'avait pas été visible à la Chine. J'ai rapporté les éléments numériques de ce résultat dans le *Journal des Savants* de 1840, p. 241. Je vais seulement expliquer la considération générale qui le faisait prévoir.

Les intervalles de temps que les planètes emploient pour revenir en conjonction avec une même étoile, ne sont affectés que de très-petites variations ou inégalités, que l'on appelle périodiques, parce qu'elles accomplissent toutes les phases de leurs valeurs dans des espaces de temps d'une durée finie, que l'on peut assigner par le calcul, et qui sont généralement peu étendus. D'après cela, si l'on compare entre elles de pareilles conjonctions, assez éloignées pour que ces inégalités aient parcouru un grand nombre de fois leurs périodes, leur influence intermédiaire s'évanouit dans l'intervalle, et n'est plus sensible que dans leurs valeurs extrêmes dont on tient compte; par suite de quoi on obtient ainsi les mouvements tels qu'ils seraient, si les inégalités dont il s'agit n'existaient pas. C'est ce qu'on appelle les *mouvements moyens*, qui se trouvent ainsi rigoureusement constants pour chaque planète; et l'on a prouvé, de nos jours, que cette constance est un résultat mécanique de la théorie de l'attraction.

Mais, par une remarquable exception, que le célèbre astronome Halley signala le premier, et que Laplace a prouvé être une conséquence des variations séculaires de l'excentricité de l'orbe terrestre, le mouvement de la lune, dépouillé de toutes ses inégalités périodiques, comme on vient de le dire, n'est pas exactement uniforme. Il s'accélère quand cette excentricité diminue, comme cela est arrivé depuis les plus anciens temps jusqu'à nos jours, et il se ralentira, au contraire, dans les siècles à venir, lorsque cette excentricité augmentera. La comparaison des éclipses observées par les Chaldéens, par les Arabes, et par les astronomes modernes, a confirmé ce résultat de la théorie; et la vitesse de l'accélération a été empiriquement évaluée en lui donnant la valeur nécessaire pour que, dans la condition admise d'un mouvement moyen uniformément accéléré, ces éclipses aient eu réellement lieu aux instants que les observateurs contemporains leur assignaient.

Prenons maintenant les tables de la lune, établies sans la connaissance de ce phénomène d'accélération, comme étaient, par exemple, celles de la Hire, dont se servaient les missionnaires. Le mouvement moyen y est supposé uni-

forme ; et sa vitesse a été déterminée par la condition
qu'elles satisfassent le mieux possible aux observations actuelles. Ce mode d'évaluation le donne donc plus rapide
qu'il ne l'a été autrefois. Ignorant cette circonstance, de-
mandons à nos tables de nous indiquer le lieu où se trouvait la lune à une date très-ancienne, comme celle de
l'éclipse du *Chou-king*, et supposons qu'elles nous la présentent alors en conjonction avec le soleil à un certain instant déterminé. Ce sera une erreur, et la vraie conjonction
aura été plus éloignée de nous que cet instant-là. Car, avec
nos tables imparfaites, nous attribuons à la lune un mouvement de transport, qui, dans sa constance supposée, se
trouve être plus rapide qu'il ne l'a été réellement dans les
temps anciens auxquels nous l'appliquons. Nous la faisons
donc retourner trop vite en arrière, et, puisque nous la
ramenons ainsi en conjonction avec le soleil à un certain
moment, c'est une preuve que son mouvement ralenti ne
l'y aurait pas ramenée dans le même intervalle de temps,
à partir de notre époque. Son lieu vrai était donc alors
plus près de nous que nous ne le trouvons par le calcul ;
et, si elle a éclipsé ce jour-là le soleil, elle l'a fait plus tôt
que ne le marquent nos tables. La petite éclipse de Gaubil
n'a donc pas eu lieu à la Chine au lever du soleil, mais
dans la nuit qui l'a précédé. L'éclipse de Cassini n'a pas eu
lieu non plus avec les circonstances qu'il supposait ; et,
comme le même raisonnement est applicable à toutes les
déterminations que l'on a pu faire de ces phénomènes,
avant que les tables de la lune fussent perfectionnées par
l'introduction de l'équation séculaire du moyen mouve-

ment, on voit qu'il faudrait calculer de nouveau tous ceux sur lesquels on a pu vouloir établir des époques chronologiques très-anciennes. Je désire que la généralité de cette conséquence excuse l'abstraction des détails techniques auxquels j'ai été contraint de recourir pour la démontrer.

Malgré l'insuccès de la tentative faite par Largeteau, en 1840, l'espoir de retrouver l'éclipse du *Chou-king* dans quelqu'une des années du xxiie siècle avant notre ère n'est pas encore entièrement perdu. Depuis quelques années, la théorie des mouvements de la lune a été l'objet d'études nouvelles, qui l'ont déjà considérablement améliorée, et qui promettent de l'améliorer encore dans un prochain avenir. L'accélération séculaire du moyen mouvement de ce satellite, qui a une si grande influence dans le calcul de ses positions anciennes, a été soumise à une révision directe, dont les résultats ont été fort imprévus. En procédant à ce difficile travail par deux voies entièrement différentes, MM. Adams, en Angleterre, et Delaunay en France, ont été conduits presque simultanément à reconnaître que la quantité de cette accélération, en tant qu'elle dépend des seules actions réciproques, du soleil, de la lune et de la terre, est notablement moindre que Laplace ne l'avait trouvée, et que ne semblent l'indiquer les observations modernes; de sorte qu'il reste à découvrir si, comme on l'a jusqu'à présent supposé, ces réactions en sont l'unique cause, ou si les autres corps de notre système planétaire n'y auraient pas une part d'influence dont, jusqu'ici, on n'avait pas tenu compte. Tant que cette alternative ne sera pas décidée, on ne saurait étendre avec sûreté les tables de la

lune jusqu'à des observations aussi anciennes que l'éclipse
du *Chou-king*. Donc, en résumé, dans l'état actuel de la
science, on ne peut pas affirmer théoriquement que cette
éclipse est vraie, comme on ne peut pas assurer non plus
qu'elle est fausse; d'où il suit que, à défaut de la certitude
mathématique, il nous faut recourir aux vraisemblances
pour nous former une opinion raisonnée sur cette question
d'antiquité. Or, en considérant la multitude des particularités mentionnées dans le récit du *Chou-king*, particularités conformes à l'usage et à l'esprit chinois, les vraisemblances me paraissent être toutes en faveur de la réalité de
l'éclipse. Car, dans la supposition contraire, quel motif aurait-on pu avoir d'entourer de tant de détails un fait faux,
mais si naturel qu'il aurait suffi de l'énoncer pour le faire
croire. Cela eût été tout à fait inutile. Confucius lui-même
ne prend pas tant de peine quand il rapporte occasionnellement une éclipse dans ses annales du royaume de
Lou. Il dit tout simplement : « dans telle année de tel
« prince et dans telle lune, on a observé une éclipse de
« soleil. » Les autres historiens chinois ne s'expriment pas
autrement dans des cas semblables, et, s'ils ajoutent quelques détails accessoires à cette simple assertion, ce n'est
jamais dans l'intention d'attester la réalité du phénomène,
mais pour mentionner des événements politiques dont il a
été l'occasion, ou que des circonstances particulières y ont
été rattachées. Rien ne nous autorise donc aujourd'hui à
croire que l'éclipse du *Chou-king* n'ait pas réellement eu
lieu, avec les particularités que le texte lui assigne, et nous
devons attendre que le perfectionnement ultérieur des ta-

bles de la lune nous apporte de nouvelles lumières pour en pouvoir juger plus sûrement.

Ici se termine la longue tâche que j'avais entreprise, trop imprudemment, peut-être, sous le poids de mes quatre-vingt-sept années. J'ai suivi l'astronomie chinoise dans toutes les phases qu'elle a parcourues pendant un intervalle de plus de quarante siècles. Je l'y ai trouvée invariablement attachée aux mêmes pratiques d'observation et aux mêmes formes simples qu'elle avait adoptées dès sa naissance, considérant toujours les mouvements des corps célestes au seul point de vue de leur utilité pour régler les usages civils, et pour fournir des pronostics astrologiques, sans laisser jamais apercevoir le besoin, ou même la pensée, d'en faire l'objet d'une étude spéculative. Dans ce tableau que j'ai tracé de la science chinoise, je crois avoir rempli la promesse que j'avais faite de montrer clairement ce qu'elle est, et ce qu'elle n'est pas. Me voyant donc sorti, vie et bagues sauves, de cet engagement périlleux, je prends humblement congé de mes lecteurs en disant à chacun d'eux avec le poëte :

Si quid novisti rectius istis,
Candidus imperti, si non, his utere mecum.

(Hor. *Ep*. I, vi.)

NOTES MATHÉMATIQUES

FAISANT SUITE AU PRÉCIS DE L'HISTOIRE DE L'ASTRONOMIE CHINOISE

Note 1, afférente au 3ᵉ article, page 304.

*Limites de dates, entre lesquelles sont comprises les deux indications
de solstices mentionnées dans le* Tchcou-pey.

Quand on veut transporter, avec une complète rigueur, d'une époque à une autre, les coordonnées équatoriales, appartenant aux diverses
étoiles déterminatrices des *sieou* chinois, il faut opérer comme l'a fait
Laplace dans les *Additions à la Connaissance des temps* de 1811,
page 424, ou suivre la voie plus simple que j'ai exposée dans mon
Traité d'astronomie, tome IV, page 622 [1]. Mais, quand on veut seulement savoir à quelle époque une de ces étoiles s'est trouvée dans le
colure des solstices, on peut, si elle n'a qu'une faible latitude, effectuer
le transport avec une approximation toujours suffisante, en la considérant comme située sur l'écliptique même, à l'époque prise pour

---

[1] Je saisis l'occasion de signaler ici une erreur typographique tout à fait inexplicable, qui se trouve à la ligne 13 de cette même page 622. Elle porte sur celui
des éléments du transport qui est désigné par le symbole α'. Sa valeur exactement
calculée, comme je l'indique, est :

$$\alpha' = -0°. 41'. 28''. 7$$

tandis que l'imprimé porte faussement :

$$\alpha' = -0°. 6'. 12''.$$

Cette erreur typographique est, d'ailleurs, purement locale, car tout le calcul
du transport a été effectué avec la valeur correcte de α', comme on le voit par les
membres mêmes qui sont rapportés en tête de la page 623. Aussi le résultat défi-
nitif, qui s'en déduit comme conséquence, et qui se lit à la ligne 5 de cette même
page, est parfaitement exact

origine du temps; et alors le calcul s'effectue avec une extrême simplicité, en y appliquant l'expression de la rétrogradation du point équinoxial sur l'écliptique mobile, que j'ai désignée par le symbole ψ', au
même tome IV, page 337. Cette expression est :

$$(1{,}7012261) \qquad (\bar{4}{,}0527343).$$

$$(1) \qquad \psi' = + \, 50''{,}260414 \, t + 0{,}0001129105 \, t^2.$$

t représente le temps, compté en années juliennes de 365^j $\frac{1}{4}$, à partir
du 1er janvier 1800, avec le signe positif pour les époques postérieures
à cette date, et négatif pour les antérieures. On a placé au-dessus de
chaque coefficient numérique son logarithme tabulaire, pour faciliter
les calculs.

Je figurerai symboliquement cette expression par la formule littérale :

$$(1) \qquad \psi' = a \, t + b \, t^2$$

Quand t sera donné, on obtiendra directement ψ'; quand ψ' sera
donné, on obtiendra t par la formule inverse :

$$(2) \qquad t = \frac{\psi'}{\frac{1}{2} a + \left\{ \frac{1}{4} a^2 + \psi' b \right\}^{\frac{1}{2}}}$$

Je viens maintenant aux applications.

Le *Tcheou-pey* dit qu'à une certaine époque, qu'il n'indique pas, *le
solstice d'hiver était dans la division équatoriale Nicou, et le solstice
d'été dans la division Tsing*. Il s'agit de savoir dans quel temps, ou
plutôt entre quelles limites de temps, les deux solstices ont pu être
ainsi placés.

Pour nous guider dans cette recherche, il faut recourir au tableau
général de la page 266, où les 28 divisions équatoriales sont rangées
dans l'ordre suivant lequel leurs étoiles déterminatrices traversaient
successivement le méridien, à l'époque la plus ancienne où les Chinois
les ont observées.

Un fait attesté par la tradition, et confirmé par la théorie, c'est que
le solstice d'hiver est toujours allé en remontant dans cette liste à
mesure que l'on se rapproche des temps modernes. D'après cela,
l'époque la plus récente de sa présence dans la division *Nicou* est celle
qui l'avait amenée au commencement de cette division, dont la déter

minatrice initiale est β du Capricorne. Cette étoile avait donc alors pour longitude 270°.

Or, d'après notre tableau, au 1ᵉʳ janvier 1800, les coordonnées écliptiques de β du Capricorne avaient les valeurs suivantes :

$$l = 301°.15'.11'' \qquad \text{Latitude } \lambda = + 4°.36'.46'' \text{ b.}$$

A l'époque désignée, cette longitude était :

$$l' = 270°$$

donc : Arc de rétrogradation, en arrière de 1800,

$$\psi' = - 31°.15'.11''$$

Pour cette valeur de ψ' prise avec son signe négatif, notre formule (2) donne, en années juliennes, comptées du 1ᵉʳ janvier 1800 :

$$t = - 2250^A,09$$

d'où, retranchant — 1800, il reste, à partir de l'ère chrétienne,

$$- 450^A,09$$

Maintenant il faut examiner si, à cette époque, le solstice d'été se trouvait dans la division *Tsing*, et quel point de son amplitude il occupait.

D'après notre tableau de la page 266, au 1ᵉʳ janvier 1800, cette division était comprise entre les limites de longitude suivantes :

Limite initiale μ des Gémeaux   longitude   92°. 50'. 21''
Limite finale θ du Cancer   longitude 122°. 56'. 24''

En appliquant à ces deux étoiles l'acte de rétrogradation commun

$$- 31°.15'.11''$$

leurs longitudes respectives acquièrent les valeurs suivantes :

μ des Gémeaux 61°. 15'. 10''   θ du Cancer 91°. 41'. 13''

La longitude du point solsticial d'été, 90°, dépasse la première de ces deux valeurs et est moindre que la seconde. Ainsi, à l'époque considérée, 450 ans avant notre ère, le solstice d'hiver étant au commencement de la division *Nieou*, le solstice d'été se trouvait dans la division *Tsing*, à une distance de sa limite finale égale à 1°.41'.13". Ce qui satisfait à l'énoncé du *Tcheou-pey*.

Ceci reconnu, faites descendre le solstice d'hiver de cette quantité dans *Nieou*, ce qui donnera en somme la rétrogradation totale :

$$\psi' = - 31°.15'.11" - 1°.41'.13" = - 32°.56'.24"$$

à partir de 1800. Alors le solstice d'hiver sera descendu de 1°.41'.13" dans l'intérieur de la division *Nieou*, dont l'amplitude écliptique surpasse 7°.40', et le solstice d'été se trouvera amené à la limite finale de la division *Tsing*, ce qui satisfera encore à l'énoncé du *Tcheou-pey*.

Cette nouvelle valeur de ψ' étant introduite dans notre formule (1), elle donne, à partir du 1ᵉʳ janvier 1800,

$$t = - 2372^A,05,$$

ou, à partir de l'ère chrétienne,

$$t = - 572^A,05$$

Conséquemment, la présence simultanée des deux solstices dans *Nieou* et dans *Tsing*, telle que le *Tcheou-pey* l'énonce, s'est effectivement réalisée, et a subsisté, dans tout l'intervalle de temps compris entre les années 450 et 572 avant l'ère chrétienne, comme je l'ai annoncé dans le texte du 3ᵉ article, page 304.

Note 2, afférente à la page 306, ligne 14.

Cette détermination du lieu que le solstice d'hiver occupait, parmi les Sieou chinois, 1100 ans avant l'ère chrétienne, a été rendue fameuse par les calculs rétrospectifs auxquels Laplace l'a soumise; car il en a tiré, à la fois, une confirmation éclatante de nos théories modernes et une preuve manifeste de la précision surprenante avec laquelle l'observation a été faite.

Gaubil, dans son *Histoire de l'astronomie chinoise* [1], mentionne cette observation comme étant attribuée en toute certitude à Tcheou-kong; et en même temps il explique le mode de construction par lequel ce prince astronome y avait rapporté ses douze divisions de l'écliptique, divisions essentiellement différentes des dodécatémories grecques [2], quoique

[1] *Lettres édifiantes*, t. XXVI, p. 124-125, édition de 1783.
[2] *Journal des Savants*, année 1840, p. 54 et 144-146.

Gaubil les confonde toujours avec elles dans ses énoncés, en les désignant par des symboles pareils. Malheureusement, selon son usage trop
ordinaire, Gaubil ne disait pas où il avait puisé ses précieuses indications; de sorte que, jusque-là, elles reposaient uniquement sur son
autorité. Mais, quand je repris ce sujet en 1840, je remarquai un passage de son *Traité de chronologie* qui semblait pouvoir nous donner sur
cela quelque lumière. Car, à la page 230, revenant par occasion sur
cette observation de Tcheou-kong, il dit qu'elle se trouve rapportée
dans l'*Astronomie des Han orientaux*, et aussi dans une compilation
historique intitulée *Tien-yuen-li-li*, qui fut rédigée sous le règne de
l'empereur Khang-hi par un lettré nommé *Su*. Nous ne possédons pas
le premier de ces ouvrages à Paris: mais le second se trouve à la Bibliothèque impériale. M. Stanislas Julien, avec son habileté et sa complaisance habituelles, a bien voulu guider mon fils dans la recherche
du passage cité, et on le retrouva dans la partie de l'ouvrage intitulée
Section des documents anciens, exactement tel que Gaubil le rapporte.

Toutefois on n'avait là encore que l'énoncé d'une tradition généralement admise. Ce n'était ni la citation immédiate d'un texte de
Tcheou-kong, ni même la réproduction du passage de l'*Astronomie
des Han* relative à cet ancien solstice, ce qui serait une autorité presque
équivalente, puisqu'il était certainement impossible qu'à une telle époque les astronomes chinois eussent remonté avec tant de justesse, par
un calcul rétrograde, à un solstice si éloigné d'eux. Heureusement l'é-
rudition inépuisable de M. Stanislas Julien a rempli, pour nous, ce *desideratum*. Il a découvert, dans deux recueils chinois qu'il possédait,
la citation textuelle et concordante d'un passage extrait de ce traité
même, où les douze signes écliptiques établis par Tcheou-kong sont
mentionnés individuellement, et définis par leurs relations avec les
28 divisions équatoriales, en faisant commencer le premier des douze
au solstice d'hiver, placé alors, comme le dit Gaubil, au 2ᵉ degré chinois de la division *Nu*, dont la déterminatrice initiale est l'étoile ε du
Verseau. Gaubil nous apprend encore[1] que ce traité d'astronomie, intitulé *Kien-Siang, image du ciel*, fut composé en l'an 206 de notre ère,
sous l'empereur Hien-ti, le dernier des Han, par deux savants personnages, l'un, appelé Lieou-hong, était l'astronome en titre de l'empereur; l'autre, T'sai-yong, était président du Collége des Historiens; d'où
l'on voit qu'ils réunissaient, à eux deux, toutes les conditions désirables
pour connaître et apprécier les anciens documents d'astronomie que

---

[1] *Recueil de Souciet*, part. II, p. 26 et 27.

l'on possédait alors. Les textes découverts par M. Stanislas Julien sont rapportés comme étant de Tsai-yong. Il les a remis à mon fils, qui me les a traduits, en indiquant, selon la constante coutume de son maître, la section et la page du livre où ils se trouvent consignés. J'ai inséré sa traduction dans mes articles de 1840, page 150, en développant les conséquences qui s'en déduisent.

J'ai trouvé depuis un document confirmatif de celui-là. En énumérant les 12 signes écliptiques établis par Tcheou-kong, Tsai-yong désigne nominalement celui des royaumes feudataires auquel chacun de ces signes est supposé astrologiquement présider. Or, dans la traduction du *Tcheou-li* faite par mon fils, livre XXVI, fol. 20, le texte mentionne également cette spécialité d'influences dont la répartition est attribuée à l'astrologue officiel, le Pao-tchang-ki. Sur cela, le commentateur Tching-khang-tching, contemporain de Tsai-yong, reconnaît que cette ancienne répartition est perdue, probablement par suite de la dissolution de l'organisation fédérale établie par les Tcheou, et il se borne à rapporter celle qui est admise de son temps. Or, dans le tableau qu'il en fait, les noms des 12 signes écliptiques de Tcheou-kong, l'ordre dans lequel il les énumère, la désignation des royaumes auxquels chacun d'eux préside, offrent une identité parfaite avec le texte attribué à Tsai-yong; d'où résulte une preuve nouvelle et irrécusable que ce texte a été originairement écrit sous les Han, et non pas fabriqué dans des temps postérieurs.

L'observation du solstice d'hiver, faite par Tcheou-kong, 1100 ans avant notre ère, a une si grande importance dans l'histoire de l'astronomie, que je n'ai pas jugé inutile de rassembler ici les preuves qui en constatent l'authenticité.

SUR LES NAKSHATRAS

DES HINDOUS

PREMIÈRE LETTRE A M. TH. BENFEY[1]

Paris, le 9 décembre 1861

Monsieur,

C'est moi qui me trouve très-honoré et très-heureux
de la lettre que vous venez de m'écrire. J'en suis on ne
peut plus reconnaissant. Dans tout le cours de ma longue
carrière scientifique, je n'ai jamais eu en vue que la recherche de la vérité; et je ne m'en suis cru en possession,
qu'après avoir vu les résultats de mes efforts sanctionnés
par l'autorité des personnes qui en étaient les juges légi-
times. Votre lettre me donne cette assurance pour le précis de l'histoire de l'astronomie chinoise qui m'a occupé

[1] Cette lettre a été imprimée dans le journal *Orient und Occident* que
dirige et publie à Gœttingue M. Théodore Benfey. Tom. I, 4ᵉ cahier.

toute cette année. C'est ma récompense. L'opinion des gens, peu ou mal informés, favorable ou défavorable, m'est complétement indifférente. Même, dans le premier cas, je dirais volontiers, comme Phocion à ses amis, après avoir prononcé un discours qui avait été fort applaudi par le peuple d'Athènes : « est-ce que j'aurais dit quelque sottise ? » Pour les travaux de l'intelligence, comme dans les décisions politiques, je ne fais aucun cas du suffrage universel.

L'intérêt bienveillant que vous me témoignez m'enhardit à vous soumettre une idée, qui, *si elle se trouvait justifiée par les épreuves que l'érudition pourrait lui faire subir*, terminerait, à l'amiable, toutes les controverses aujourd'hui élevées sur la nature et l'origine des Nakshatras primitifs des Hindous.

Prenons d'abord le texte réputé le plus ancien, où on les voit mentionnés. Dans un passage du *Rig-Véda*, VIII, 3, 20, cité par M. Max Müller, il est dit :

Soma (la Lune) *est dans le sein de ces Nakshatras.*

Comment ces Nakshatras primitifs étaient-ils constitués ? C'est la première question qu'il faut se faire.

Or, je dis que ce n'étaient pas, que ce ne pouvaient pas être des divisions du ciel, marquées par des étoiles prises sur la route mensuelle de la lune. En effet, le plan de l'orbe lunaire n'est pas fixe dans le ciel. Il tourne continuellement autour de l'axe de l'écliptique, en conservant, sur le plan de ce cercle céleste, une inclinaison moyenne d'environ 5°, qui éprouve de très-petites variations périodiques. Ainsi, dans son mouvement révolutif, qui s'accomplit en dix-huit ans juliens et à peu près sept

mois et demi, il contient des étoiles sans cesse différentes,
entre lesquelles, par conséquent, on ne peut pas établir
des intervalles fixes, qui soient toujours situés sur la route
changeante que la lune parcourt mensuellement. Les Chinois, qui rapportaient généralement les positions méridiennes des astres à vingt-huit étoiles, toujours les mêmes,
auraient pu, s'ils l'avaient voulu, considérer les intervalles
équatoriaux compris entre elles comme autant de *mansions*
passagères, appartenant spécialement à la lune. Mais les
plus minutieuses recherches, faites à ce sujet, dans les
textes originaux et les traditions, par M. Stanislas Julien
et mon fils, ne leur ont pas découvert le moindre indice
de cette pensée. Les Chinois considèrent leurs vingt-huit
Sieou comme les *demeures momentanées* du soleil, de la
lune, des planètes, des comètes, en un mot, de tous les
astres qui se meuvent parmi les étoiles, sans les attribuer
particulièrement à aucun d'eux.

Si les Nakshatras *primitifs* des Hindous n'étaient pas des
divisions stellaires prises sur la route mensuelle de la lune,
on peut leur concevoir un autre mode de formation, qui
aurait été bien plus simple et plus naturel. Ce serait qu'ils
eussent désigné, dans chaque lunaison, certaines époques,
ou certains intervalles temporaires, auxquels on aurait
attribué des influences favorables ou défavorables, comme
saint Augustin nous apprend qu'on le faisait, de son temps,
chez les Romains, et comme bien des gens le font encore
de nos jours, n'osant pas se mettre en voyage, ou entreprendre certaines opérations agricoles, ou commencer un
traitement médical, quand la lune est en décours. Les

Hindous n'auraient-ils pas, très-anciennement, sans au
cune science, sans aucun échafaudage astronomique, attaché des pronostics de ce genre à chacun des 27 ou 28 jours
de chaque mois pendant lesquels la lune nous est visible,
ce qui aurait produit leurs 27 ou 28 Nakshatras? Ce ne sont
là, sans doute, que des conjectures, mais si naturelles,
qu'elles semblent mériter qu'on examine si les anciens
textes védiques n'en offriraient pas quelque indication.

En supposant qu'elles se trouvassent ainsi justifiées, le
reste s'expliquerait de soi-même. Quand les brahmes ont
voulu remplacer leur astronomie primitive par une science
abstraite et mathématique, comme nous la voyons établie
dans le *Sûrya-Siddhânta*, les 28 *Sieou* chinois, régulièrement définis par leurs étoiles déterminatrices, leur
offraient la matière, toute préparée, d'une substitution
savante à faire aux Nakshatras primitifs : et, ne voulant
les employer qu'à des applications astrologiques, ils purent,
sans inconvénient, les adopter pour cet usage, contrairement à leur destination originaire ; de même qu'ils ont
dénaturé l'emploi des excentriques et des épicycles grecs,
quand ils se les sont appropriés.

Si les choses se sont passées comme je viens de le dire,
les Nakshatras primitifs des Hindous, et ceux du *Sûrya-
Siddhânta*, seraient des institutions de nature et d'origine
entièrement différentes, l'une indigène, l'autre étrangère ;
et tous les efforts d'érudition que l'on a faits, que l'on
voudrait faire, pour dériver les nouveaux des anciens, seraient sans fondement, comme sans résultat. Mais, dans

tous les cas, ceux qui prétendraient établir cette dérivation, auraient pour obligation première de nous faire connaître, d'après des documents positifs, en quoi les Nakshatras primitifs consistaient.

Je m'excuserais de vous avoir entretenu, avec tant de détails, d'une simple conjecture, si la question qu'elle concerne ne m'avait paru devoir vous intéresser, comme étant un des juges les plus compétents et les mieux préparés, pour la décider.

En vous réitérant, etc.　　　　　　　J. B. Biot.

P. S. Si vous pensez qu'il y aurait quelque utilité à publier cette lettre, à cause du *desideratum* qu'on y signale, disposez-en comme vous le jugerez à propos.

DEUXIÈME LETTRE A M. TH. BENFEY [1]

Paris, le 13 janvier 1862.

Monsieur,

La lettre que vous m'avez fait l'honneur de m'adresser, en date du 3 de ce mois, m'a causé un sensible plaisir; non-seulement par les sentiments d'approbation bienveillante que j'y trouve exprimés, mais encore, et plus peut-être, parce qu'elle m'ouvre près de vous une voie de consultation

---

[1] Inédite.

éclairée, à laquelle je suis très-heureux de pouvoir recourir, étant indépendante de tout parti pris à l'avance,
comme il le faut dans les recherches de critique, pour
arriver à la vérité. Lorsque, il y a vingt-deux ans, je fus
conduit, sans l'avoir prévu, à découvrir l'identité astronomique des 28 *Sieou* chinois avec les 28 Nakshatras des
Hindous, qui n'en étaient que la reproduction déguisée, je
ne connaissais ces Nakshatras que par la description et
l'analyse détaillée que Colebrooke en a données d'après le
Sûrya-Siddhânta; et c'était ainsi exclusivement à ceux-là
que l'identification s'appliquait. Le rejet absolu que M. Weber crut pouvoir opposer à cette dérivation, en la déclarant
tout simplement impossible, me fit comprendre que, sous
ce même nom de Nakshatras, nous entendions probablement, lui et moi, des institutions d'époques et de nature
différentes, dont l'une, indigène et propre à l'Inde, aurait
été remplacée postérieurement par celle qui dérive des *Sieou.*
Je m'attachai donc à isoler cette dernière question de l'autre, et à demander aux indianistes de vouloir bien nous
définir positivement, d'après des textes védiques d'une
originalité incontestable, en quoi ces Nakshatras primitifs
consistaient.

Dans la lettre que j'eus l'honneur de vous écrire à ce
sujet, je ne prétendais nullement vous présenter de ce
problème une solution, que j'osasse regarder comme certaine, ou seulement comme acceptable au premier abord.
Cela n'aurait nullement convenu à l'incompétence que je
me reconnais en pareille matière. Mon but unique était
d'indiquer, par un exemple *possible,* le genre de solutions

auxquelles il me paraissait raisonnable de tendre : non pas
de celles qui supposeraient l'emploi des théories astronomiques et mathématiques, mais seulement l'intuition attentive des phénomènes célestes les plus apparents. Encore, dans ce cas même, il ne faudrait les appuyer que
sur des faits distinctement énoncés, et non pas sur des inductions de mots qui peuvent avoir plusieurs sens. Ainsi,
dans ce passage du *Rig-Véda*, cité par M. Max Müller, si
le mot Nakshatra a, comme vous le pensez, le sens générique d'*astre*, on ne peut plus y voir que l'énoncé d'un
simple fait de toute évidence, et non pas l'indication d'une
institution astronomique, fondée sur des divisions stellaires
du ciel, telle que les astronomes hindous en ont depuis
attaché l'idée au mot Nakshatra. Mais il ne m'appartient
pas de me hasarder dans ces domaines de la philologie.

A propos du travail que M. Weber prépare sur les Nakshatras, j'ai ouï dire qu'il se propose de rassembler les
textes des calendriers attachés aux ouvrages védiques, sous
le nom de *Djyotisha*. Ce sera une publication importante,
et qui pourra fournir beaucoup de lumières. Déjà, celui
de ces calendriers dont Colebrooke a donné un trop court
extrait, porte les marques évidentes d'un travail moderne.
En sera-t-il ainsi des autres? Mais, pour que cette collection ait toute l'utilité qu'on en peut attendre, il est bien à
désirer que M. Weber nous donne, non pas seulement la
traduction, mais le texte sanscrit de ces documents. Car,
par la liberté d'interprétation que permettent souvent les
mots dont se composent des textes pareils, il n'est pas
rare que les traducteurs y introduisent insciemment leurs

idées propres, à la place de la signification précise. Par exemple, dans son exposé de l'astronomie chinoise, Ideler, trouvant les *Sieou* désignés sous la dénomination d'*hôtelleries, lieux de passage*, en a fait, de son autorité privée, des *mansions lunaires*, spécialité dont on ne trouve aucune indication quelconque dans les textes chinois, et qui est essentiellement contraire à la nature ainsi qu'à la généralité de leur emploi, pour fixer la position de *tous les astres* doués de mouvements propres, quand ils passent au méridien. Mais l'idée de *mansions lunaires*, accréditée alors parmi les orientalistes, a prévalu dans son esprit sur la simple vérité qui s'offrait si naturellement à lui.

Adieu, monsieur; je vous retourne cordialement tous vos souhaits de bonne année, et je vous prie de vouloir bien permettre que je vous entretienne quelquefois de cette astronomie primitive de l'Inde, sur laquelle vous pouvez si bien nous instruire.

J'ai, etc. J. B. BIOT.

FIN DES ÉTUDES SUR L'ASTRONOMIE INDIENNE
ET SUR L'ASTRONOMIE CHINOISE.

TABLE DES MATIÈRES

FIN DE LA TABLE DES MATIÈRES.